现代安全技术管理系列丛书

管道风险评价与完整性管理

苗金明　编著

清华大学出版社
北京

内 容 简 介

本书以 2005 年以后颁布实施的相关国家标准、行业标准为依据编写,充分吸收了管道风险管理技术发展的新成果。全书共六章,主要内容包括基础知识、管道风险管理技术概述、管道风险评价 KENT 评分法、管道风险评价的专家评分法、城镇埋地燃气管道风险评价、油气管道完整性管理。

本书可供油气管道、城镇燃气等相关企业的管理人员、技术人员、检测人员、运维人员、安全管理人员和大专院校相关专业师生学习、参考,可作为专门培训教材,也可作为从事地下管道安全评价和检测服务单位技术人员的教材与工具书,亦可供管线管理人员、管道的设计施工人员和地下管线检测人员参考使用。

图书在版编目(CIP)数据

管道风险评价与完整性管理/苗金明编著.—北京:清华大学出版社,2021.10
(现代安全技术管理系列丛书)
ISBN 978-7-302-58848-1

Ⅰ.①管…　Ⅱ.①苗…　Ⅲ.①石油管道—风险评价　Ⅳ.①TE973

中国版本图书馆 CIP 数据核字(2021)第 158273 号

责任编辑:刘翰鹏
封面设计:傅瑞学
责任校对:刘　静
责任印制:宋　林

出版发行:清华大学出版社
网　　　址:http://www.tup.com.cn,http://www.wqbook.com
地　　　址:北京清华大学学研大厦 A 座　　邮　　编:100084
社 总 机:010-62770175　　邮　　购:010-62786544
投稿与读者服务:010-62776969,c-service@tup.tsinghua.edu.cn
质量反馈:010-62772015,zhiliang@tup.tsinghua.edu.cn
课件下载:http://www.tup.com.cn,010-83470410
印 装 者:三河市天利华印刷装订有限公司
经　　销:全国新华书店
开　　本:185mm×260mm　　印　张:17　　字　数:389 千字
版　　次:2021 年 10 月第 1 版　　印　次:2021 年 10 月第 1 次印刷
定　　价:49.00 元

产品编号:090659-01

　　作为国民经济五大运输部门之一的管道运输,其安全性较高、稳定性较高、运价较低,近年来发展迅速,现已成为全球油气运输的首选工具。管道运输在国民经济运输中的比重,是衡量一个国家文明和发达程度的重要标志。虽然油气管道泄漏、爆裂、燃爆等危险事件发生的概率较低,但潜在危险还是客观存在的。与此同时,随着燃气在城镇得到广泛普及,城市燃气管道事故也越来越多,造成了一定的人员伤亡和财产损失,给城市公共安全带来严重威胁。有危险就有风险,风险管理技术正是为降低事故风险而引入的一种新型管理技术。在近30年的开发研究与应用实践中,管道风险评价与完整性管理技术在许多国家取得了明显的经济效益和社会效益。

　　本书以2005年以后颁布实施的相关国家标准、行业标准为依据编写,充分吸收管道风险管理技术发展的新成果。全书共六章,主要内容包括基础知识、管道风险管理技术概述、管道风险评价KENT评分法、管道风险评价的专家评分法、城镇埋地燃气管道风险评价、油气管道完整性管理。本书主要目的是介绍管道风险评价与完整性管理的基本内容、方法、思路和通用模型及规范,有利于全方位了解和理解管道风险评价、完整性管理的工作流程、步骤和内容以及整体思路方法。

　　本书概念清晰、准确,知识体系完整,内容丰富,实用性强,与我国实际情况密切联系。本书可供油气管道、城镇燃气等相关企业的管理人员、技术人员、检测人员、运维人员、安全管理人员和大专院校相关专业师生学习、参考,可作为专门培训教材,也可作为从事地下管道安全评价和检测服务单位技术人员的教材与工具书,亦可供管线管理人员、管道的设计施工人员和地下管线检测人员参考使用。

　　北京劳动保障职业学院各级领导和专业教师对本书的编写提出了许多宝贵的意见和建议,在此一并表示感谢。同时,还要真诚地感谢本书所列参考文献的所有作者,他们坚实而卓有成效的工作为本书的完成奠定了基础并提供重要资料来源。

　　由于编者水平有限,书中难免存在不足之处,恳切地希望读者批评、指正,提出指导建议及修改意见。

编著者

2021年6月

CONTENTS

目 录

基 础 知 识

　　自从有了人类,便有了风险,风险一直伴随着人类社会的发展。虽然几千年前人类就认识到了风险的存在,但一直到 18 世纪,"风险"一词才被提出来研究。18 世纪,法国著名的"经营管理之父"法约尔第一次把风险的管理列为企业管理的重要职能。到了 19 世纪,随着工业革命的展开,企业风险管理的思想开始萌芽,并且在西方国家的保险行业首先引入和发展了风险管理的思想和方法,进而迅速渗透和应用于金融证券、企业经营领域之中。目前,安全风险管理已被我国广泛应用于铁路、石油、电力、核工业、航空航天等众多领域。自从管道被人类用作输送物质和能量的工具以来,人们开始关注其安全性,将风险管理的方法引入管道运行经营管理之中,并从管道设施运行的自身特点出发,将管道风险管理深化拓展为完整性管理,提高了管道运行的安全性,帮助改善了管道企业的经营效益,取得了良好的成效。

第一节　熵 与 安 全

　　为什么风险会始终伴随着人类? 人们所追求的安全到底有哪些制约? 要想搞清楚这些问题并找到最终答案,必须从认识"熵"开始。

一、熵及其影响

　　"熵"(Entropy)这一中文译名是意译而来的。1923 年,德国物理学家普朗克来中国讲学,我国物理学家胡刚复做翻译,苦于无法将 Entropy 这一概念译成中文。他根据 Entropy 为热量与温度之商,而且这个概念与火有关,就给"商"字加"火"旁,构成一个新字"熵"。

1. 热力学第二定律——熵增原理

　　1854 年,热力学主要奠基人之一、德国物理学家鲁道夫·克劳修斯给出了可逆循环过程中热力学第二定律的数学表示形式,首次引入了一个新的后来被定名为熵(1865 年)的状态参量。在热力学中,熵是工质(即工作介质)的一个状态参数,用 s 表示,其基本定义是:对微小的可逆传热过程,可取热源加给工质的热量 δq 除以

绝对温度 T 所得的商值为 ds，即

$$ds = \left(\frac{\delta q}{T}\right)_{\text{rev}} \tag{1-1}$$

式(1-1)是熵的微分形式的定义式。此式适用于可逆过程。对于微小的不可逆过程，式(1-1)不成立，则为

$$ds > \left(\frac{\delta q}{T}\right)_{\text{irr}} \tag{1-2}$$

工质的熵是一个状态参数，无论是可逆过程还是不可逆过程，只要初、终状态相同，工质熵的变化都相同。熵是工质的状态参数，状态一定，工质的熵就有确定的值；熵的变化只与工质的初、终态有关，与过程的路径无关；不可逆过程的熵变可以在给定的初、终状态之间任选一个可逆过程进行计算。熵是广延量。如果参加过程的工质是 1kg，那么熵用小写字母 s 表示，其单位为 J/(kg·K)；如果质量是 m kg 的工质，则用大写字母 S 表示，即 $S=ms$，其单位是 J/K。

考察一个孤立系统，参加过程的工质是 m kg。对于孤立系统来说，与外界没有热量交换，$\delta Q = 0$。孤立系统中如果进行得失可逆过程，则从式(1-1)可得

$$S_2 - S_1 = \int_1^2 \frac{\delta Q}{T} = 0$$

即在孤立系统中如进行的是可逆过程，则系统的熵不变，$S_2 = S_1$。若孤立系统中进行的是不可逆过程，则从式(1-2)可得

$$S_2 - S_1 > \int_1^2 \frac{\delta Q}{T}, \quad \text{即} \quad S_2 - S_1 > 0$$

即在孤立系统中，如进行不可逆过程，则系统的熵增加，$S_2 > S_1$。

综合上述两种情况可得

$$\Delta S_{\text{isol}} = S_2 - S_1 \geqslant 0, \quad \text{或} \quad dS_{\text{isol}} \geqslant 0 \tag{1-3}$$

式(1-3)即热力学第二定律表达式，式中的等号适用于可逆过程，大于号适用于不可逆过程，说明熵参数是不守恒的，只有在可逆过程中孤立系统的熵才守恒。由于客观世界中一切实际过程都是不可逆的，因此孤立系统中的一切实际过程的熵总是增加的。这就是孤立系统的熵增原理，即孤立系统中的一切实际过程，总是向着熵增加的方向进行。熵增原理是一个不守恒定律。

孤立系统熵增原理就是热力学第二定律的一个重要结论，它说明自然界中有关热过程进行的方向性和不可逆性。在热力学中，熵是用来说明热运动过程的不可逆性的物理量，反映了自然界出现的热的变化过程是有方向性的、不可逆的。

1889 年，玻尔兹曼在研究气体分子运动过程时，在统计现象的基础上用统计的方法来研究分子运动的行为，对熵首先进行微观解释，并提出下列公式。

$$S = k \ln \Omega \tag{1-4}$$

式中，k 为玻尔兹曼常数；Ω 为系统分子的状态数。

这个公式反映了熵函数的统计学意义，它将系统的宏观物理量 S 与微观物理量 Ω 联系起来，成为联系宏观与微观的重要桥梁之一。基于上述熵与热力学概率之间的关系，后经普朗克·吉布斯进一步研究，他们认为，在由大量粒子(原子、分子)构成的系统中，熵就

表示粒子之间无规则的排列程度,或者说表示系统的混乱程度,越"乱",熵就越大;越有序,熵就越小。进一步可以得出结论:系统的熵值直接反映了它所处状态的均匀程度,系统的熵值越小,它所处的状态越是有序;越不均匀,系统的熵值越大,它所处的状态越是无序,越均匀。如图 1-1 所示,系统总是力图自发地从熵值较小的状态向熵值较大(即从有序走向无序)的状态转变,这就是孤立系统"熵值增大原理"的微观物理意义。

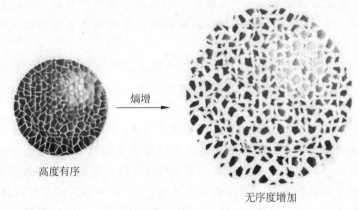

图 1-1 熵增示意图

2. 熵的影响

自然界是由物质和能量组成的。热力学第一定律是能量守恒及转换定律,热力学第二定律是熵增定律。这两个定律告诉人们,宇宙的能量总和是个常数,总的熵是不断增加的。

宇宙的能量总和一开始便是固定的,而且永远不会改变。这也就是说人们既不能创造能量,也不能消灭能量,只是把能量从一种状态转化为另一种状态。世界上的一切都是由能量生产的。世间万物的形态、结构和运动都不过是能量的不同聚集与转化形式的具体表现而已。一个人、一幢大楼、一辆汽车或一叶青草,都体现了从一种形式转化为另一种形式的能量。高楼拔地而起,青草的生长,都耗费了在其他地方聚集起来的能量。

熵增原理告诉人们,在一个系统中,如果听任它自然发展,那么能量差总是倾向于消除的。能量密度的差异倾向于变成均等是自然界中的一个普遍规律。换句话说,熵将随着时间推移而增大。能量从密度较高的地方向密度较低的地方流动。

人们可以看到熵的两种状态:①自然(或者自发)状态。在这种状态下结构呈"混乱"或"无序"状;②在外界的拉力下规则地排列起来的状态。一般情况下,系统中的元素呈"混乱"或"无序"状态。而在外界的力量作用下,这些元素呈规则排列状态。用"熵"的概念可以描述某一种状态自发变化的方向,把混乱的状态称为"高熵",而有规则排列的状态则称为"低熵"。当外力去除后,物质世界的状态总是自发地转变成无序,系统中排列整齐的元素就会自然地向紊乱的状态转变,从"低熵"变到"高熵"。

【例 1-1】 让一个热物体同一个冷物体相接触,热物体将冷却,冷物体将变热,直到两个物体达到相同的温度为止。例如,等量的开水和冰混合后变成温水。

【例 1-2】 若把两个水库连接起来,并且其中一个水库的水平面高于另一个水库,那么万有引力就会使高水面水库的水面降低,低水面的水库水面升高,直到两个水库的水面等高。河水越过水坝流入湖泊。当河水下落时,它可被用来发电,驱动水轮,或做其他形式的功。然而水一旦落到坝底,就处于不能再做功的状态。在水平面上没有任何势能的水连最小的轮子也带不动。这两种不同的能量状态分别被称为"有效的"或"自由的"能量,和"无效的"或"封闭的"能量。

【例1-3】 橡皮筋拉紧和放松时,分子结构的状态是不一样的。放松时它的分子结构像一团乱麻交织在一起,拉长时那些如同链状的分子就会沿着拉伸的方向比较整齐地排列起来。

【例1-4】 用一个密封的箱子,中间放一个隔板。在隔板的左边空间注入烟。如果把隔板去掉,左边的烟就会自然(自发)地向右边扩散,最后均匀地占满整个箱体。这种状态称为"无序"。

【例1-5】 烧掉一块煤,它的能量虽然并没有消失,但却经过转化随着二氧化硫和其他气体一起散发到空间中去。虽然燃烧过程中能量并没有消失,但再也不能把同一块煤重新烧一次来做同样的功了。热力学第二定律解释了这个现象。它告诉人们每当能量从一种状态转化到另一种状态时,会"得到一定的惩罚"。这个惩罚就是所谓的熵。

按照一些后现代的西方社会学家观点,熵的概念被其移植到社会学中。人类社会随着科学技术的发展及文明程度的提高,社会"熵"——社会生存状态及社会价值观的混乱程度将不断增加。按其学术观点,现代社会中疾病疫病流行,社会革命、经济危机爆发周期缩短,人性物化都是社会"熵"增加的表征。

熵指的是物质系统的热力学函数,在整个宇宙中,当一种物质转化成另外一种物质后,不仅不可逆转物质形态,而且会有越来越多的能量变得不可利用。也就是说,大量人类制造的化工产品、能源产品一经使用,不可能再变成有利的东西,宇宙本身在物质的增殖中走向"热寂",走向一种缓慢的熵值不断增加的死亡。当前人类社会正是这个样子:大量的产品和能源转化成不能逆转的东西,垃圾越来越多,人类社会逐步地走向一个恶化的热寂死亡状态。

人类社会并非一定会变得更进步、更文明。相反地,人类如同宇宙中的其他事物一样,常态和最终命运一定是变得更混乱和无序。过去五千年,人类文明的进步只是因为人类学会利用外部能量(牲畜、火种、水力等)。越来越多的能量注入,使得人类社会向着文明有序的方向发展。

从小到大,人们受到的教育是"明天会更好"。但是这句话是有条件的。正常情况下,明天其实会更糟,因为熵在累积,只有不断注入新的能量处理熵,明天才会更好。

人们只是依靠更大的能量输入,在压制熵的累积。不断增加的熵,正在各个方面爆发:垃圾污染、地球变暖、土地沙化、PM2.5、物种灭绝……甚至心理疾病、孤独感和疏离感的暴增,其实都是熵的增加对人类精神造成的结果。

人们需要能量,让世界变得有秩序,但这样是有代价的。物理学告诉人们,没有办法消除熵和混乱,人们只是让某些局部变得更有秩序,把混乱转移到另一些领域。人类社会正在加速发展。表面上,人们正在经历一个减熵过程,一切变得越来越有秩序,自动化带来了便捷。但是,能量消耗也在同步放大,为了解决越来越多的熵,人们不得不寻找更多的能量,这又导致熵的进一步增加,从而陷入恶性循环。

二、安全的属性与范畴

1. 安全的特有属性

《周易·系辞》里,"安"与"危"是相对的,并且如同"危"表达了现代汉语的"危险"一样,"安"表达的就是"安全"的概念。"无危则安,无缺则全",即安全意味着没有危险且尽善尽美。这是与人们的传统的安全观念相吻合的。

没有危险是安全的特有属性,也是基本属性。需要指出的是,无论在辞书中,还是在学术研究中,人们经常把安全与"不受威胁""不出事故"等联系在一起,但是不能因此认为"不存在威胁""不出事故""不受侵害"就是安全的特有属性。安全肯定是不受威胁、不出事故、不受侵害的,但是不受威胁、不出事故、不受侵害并不一定就安全。某些不安全状态也可能有"不存在威胁"或"不受威胁"的属性。例如,当某一主体没有受到外部威胁但却因内在因素而不安全时,不受威胁便成了这种特殊情况下不安全的属性。这是一种不受威胁或没有威胁状态下的不安全。

因此,"不存在隐患""不存在威胁""不受威胁""不出事故""不受侵害"等并不是安全的特有属性。那么,什么是安全的特有属性呢?安全的特有属性就是"没有危险"。只是没有外在威胁,并不是安全的特有属性。只是没有内在的疾患,也不是安全的特有属性。但是,包括没有威胁和没有疾患这样内外两个方面的"没有危险",则是安全的特有属性。

不过,有危险并不代表不安全,只要"危险、威胁、隐患等"在人们的可控范围内,就可以认为其是安全的。对于"安全"一词,大家可能在理解上有一些误区或者理解不完全,例如,在工作、生活等环境中,危险是无处不在的,相信大家也能举出很多危险的例子(如开车、乘飞机、操作设备等),但是不能因为这些危险的存在就说不安全,可以认为:面对危险是否有对策?对策是否有效?对策是否已落实?这才是判断安全的有效方法。没有危险的安全状态几乎不存在,如果一味地追求没有危险,大家试想一下我们的工作和生活将如何进行?

2. 安全的范畴

(1) 安全的客观性。无论是安全主体自身,还是安全主体的旁观者,都不可能仅仅因为对于安全主体的感觉或认识不同而真正改变主体的安全状态。一个已经处于自由落体状态下的人,不会由于他自我感觉良好而真正安全;一个躺在坚固大厦内一张坚固的大床上而且确实没有任何危险的人,也不会因认为自己危在旦夕就真的面临危险。因此,安全不仅是没有危险的状态,而且这种状态是客观的,不依人的主观意志为转移。

(2) 安全的主体。没有危险作为一种客观状态,不是一种实体性存在,而是一种属性,因而它必然依附一定的实体。当安全依附于人时,那么便是"人的安全";当安全依附于国家时,那么便是"国家安全";而当安全依附于世界时,便是"世界安全"。这些承载安全的实体,也就是安全所依附的实体,可以说就是安全的主体。客观的安全状态,必然是依附于一定的主体。在定义"安全"概念时,必须把安全是一种属性而不是一种实体这一特点反映出来。因此,可以进一步说:安全是主体没有危险的客观状态。

安全的范畴可以确定为,安全是主体没有危险的客观状态,如果以自然人个体作为依附对象来考察,安全则是人的身心免受外界(不利)因素影响的存在状态(包括健康状况)及其保障条件。

安全是状态与过程的统一,安全是静态与动态的统一,安全是现实与未来的统一。在安全的意义中,可以说安全可能表述的是一种状态,也是一种过程,一种趋势。安全状态是指人在某一时间处于该状态下,人的身心不会受到伤害。这种状态是各种事物的安全、环境的安全、管理的安全等有机组合在一起的状态,它表示的是静态的安全。而安全过程或趋势,则是指按时间序列组合起来的安全状态或若干具有一定安全度的安全状态按时间顺序发展,安全度越来越高的趋势的一种集合。这里强调安全状态与过程的统一,主要体现在安全具有动态特性。不同时代对安全的要求是不同的,而且,随着时代的发展,人们对安全的要求也会越来越高。每个时代都有其安全状态的表现和要求,而历史则成为每个时代相对应的安全状态的组合。因此,人们不仅要求现实的状态要符合安全要求,而且要求状态的发展趋势也要符合安全的发展规律。安全的发展目标则表示未来的安全状态。所以,要满足现实的安全要求,也要考虑未来的安全要求,这是可持续发展战略对安全的要求。

3. 安全感与安全

正因为安全是客观的,因而它与安全感是两个不同的概念,它本身并不包括安全感这样的主观内容。有人认为安全既是一种客观状态,又是一种主观状态(心态)。我们认为,安全作为一种状态是客观的,它不是也不包括主观感觉,甚至可以说它没有任何主观成分,是不以人的主观愿望为转移的客观存在。

安全感虽然不能归结为安全的一方面内容,但它同样也是一种客观存在着的主观状态,是在研究安全问题(包括国家安全问题)时需要研究的。但与安全是一种客观状态不同,安全感可以说是安全主体对自身安全状态的一种自我意识、自我评价。这种自我意识和自我评价与客观的安全状态有时比较一致,有时可能相差甚远。例如,有的人在比较安全的状态下感觉非常不安全,终日里觉得处于危险中;也有的人虽然处于比较危险的境地,但却认为自己很安全,对危险视而不见。这种现象除了说明安全感与安全的实际状态并不完全一致外,也说明了"安全感"与"安全"是两个不同的概念。

4. 安全的绝对性和相对性

理论上说,绝对的安全在无条件情况下是不存在的。理论都是基于条件系统的,即条件的复数形式。那么,在一个固定阶段的本质安全的状态下,我们可以认为此条件下是绝对安全的。如果放置在一个长时期的历史状态下,安全则只能是相对的。绝对安全和相对安全是一种辩证(分辩论证)关系。

(1) 安全标准是相对的。因为人们总是逐步揭示安全的运动规律,提高对安全本质的认识,向安全本质化逐渐逼近。影响安全的因素很多,以明显和潜隐形式表征客观(宏观)安全。安全的内涵引申程度及标准严格程度取决于:人们的生理和心理承受的范围、科技发展的水平和政治经济状况、社会的伦理道德和安全法学观念、人民的物质和精神文明程度等现实条件。安全标准应成为保护公众的安全规范,并以严格的科学依据为基础。公众接受的相对安全与本质安全之间有差距,现实安全标准是有条件的、相对的,并随着社会物质文明和精神文明程度的提高而提高。

（2）安全的局部稳定性。无条件地追求绝对安全,特别是巨系统的绝对安全是不可能的。但有条件地实现人的局部安全或追求物的本质安全化,则是可能的、必需的。只要利用系统工程原理调节、控制安全的要素,就能实现局部稳定的安全。安全协调运转正如可靠性及工作寿命一样,有一个可度量的范围,其范围由安全的局部稳定性所决定。

三、熵与安全的联系

1. 墨菲法则

1949 年,美国空军准备着手研究宇宙飞船、飞行器,首要解决的问题就是人究竟能承受多大的加速度。于是研究人员制作了这样一个装置:将一个人固定在小车上,小车可以沿轨道以极大的加速度向前冲,再以极大的加速度停止。要想测量小车的加速度,则需要一种名为加速度计的装置,而墨菲就是研究加速度计的工程师。研究开始前,墨菲分发了一大批加速度计,由助手将其安装,结果使用时这些加速度计全部失灵。墨菲到现场检查发现,助手有条不紊地将 16 个加速度计全部装在错误的位置,于是他说了这样一句话:只要一件事有可能出错,那么就一定会出错。在事后的一次记者招待会上,斯塔普将其称为“墨菲法则”,并以极为简洁的方式作了重新表述:凡事可能出岔子,就一定会出岔子。墨菲法则在技术界不胫而走,因为它道出了一个铁的事实:技术风险能够由可能性变为突发性的事实。

现在,一般将墨菲法则表述为:如果有一件坏事,它是可能发生的,无论发生的可能性多小,也一定会发生。墨菲法则并不是一种强调人为错误的概率性定理,而是阐述了一种偶然中的必然性。

“墨菲法则”忠告人们:面对人类的自身缺陷,最好还是想得更周到、全面一些,采取多种保险措施,防止偶然发生的人为失误导致的灾难和损失。归根结底,“错误”与我们一样,都是这个世界的一部分,狂妄自大只会使我们自讨苦吃,我们必须学会如何接受错误,并不断从中汲取成功的经验。生活中每个人都有可能遇到倒霉事,有时还涉及人身安全的问题,绝不能掉以轻心。

【例 1-6】 有些人喜欢开车时接打电话,可能经历 100 次都没有出事,但你只要继续这样做,总有一天“墨菲法则”会发挥作用,到那时就晚了。当意外发生时,我们没有必要怨天尤人,坏事不会总是发生在一个人身上。也许你今天踩西瓜皮摔倒了,但是在地球某处,还有另一个人和你一起摔倒呢。

2. 安全与熵的内在本质联系

以人类的生产、生活实践作为研究对象,将人所处的环境看作“人机环境”组成的孤立系统。“墨菲法则”所揭示的现象与熵增定律所表达的规律具有高度相似性,它可以在安全问题与熵之间架起一座联系的桥梁。

熵的多少代表了系统能量分布的均衡程度,或系统中的元素呈“混乱”或“无序”状态的程度。熵增定律强调,在一个系统中,如果听任它自然发展,那么能量差总是倾向于消除的,能量从密度较高的地方向密度较低的地方流动。或者说,当外力去除之后,物质世界的状态总是自发地转变成无序,系统中排列整齐的元素就会自然地向紊乱的状态转变,从“低熵”变到“高熵”。人机环境系统是人们利用能量使用外力所打造和维持的一个实现人类目的、为人类服务的人工系统,一旦由于某种原因能量不受约束或外力失效,这个系统必然会出现混乱无序、能量的均衡化,进而对人类自身的安全和财产安全造成损害。因此,根据熵增定律,人类的生产生活过程总是存在着熵增趋势。发生事故也就是必然趋势。要想避免事故、阻止这样的趋势,就必须输入能量施加外力来遏制熵增,保持活动、系统的有序化、规则化,保证能量按照相应的方式具有集中强度。

所谓危险的威胁是人类活动及所处系统的熵增加到一定程度,又没有外力进行干预而表现出来的一种状态。安全是施加外力干预、满足保障条件使人在活动及所处系统中免受危险威胁的客观状态。熵的量值可以用来表示系统的现实危险程度。

为什么"世间好物不坚牢,彩云易散琉璃脆?"就是因为事物维持美好的状态是需要能量的,如果没有能量输入,美好的状态就会结束。如果不施加外力影响,事物永远向着更混乱的状态发展。比如,房间如果没人打扫,只会越来越乱,不可能越来越干净。自然界的力量试图使人们创造的东西处于无序状态。

由此可断定:除非人们一直做些适当的工作,采取必要的干预措施,否则管线总要发生故障。发生泄漏造成管道输送物质泄放到大气中及地面上,或是设备及其部件的老化等造成其恢复到加工前状态,则显示了事情的无序和更加自然的状态。

【例 1-7】 锈蚀:金属总是试图回复到原来的矿物质状态。气体的扩散与混合是一个不可逆过程。

【例 1-8】 无人维护的建筑物最终将倒塌;缺乏日常维护保养的机器(高度有序装置)也将发生故障。

【例 1-9】 输送油气的管道和自来水管道,如长期无人管理,不做维护、不检查、不巡线,不采取措施保护管线免受外界各种因素的损害,管道必将破损泄漏,发生事故。

第二节　基本术语与名词

一、风险与危险

何谓风险?风险是危险的同义词吗?

1. 风险

对于风险,目前仍有多种论述,如风险是在给定条件下存在的可能结果间的差异;风险是一种与损失相联系的潜在损失;风险是指潜在损失的变化范围与幅度;风险是指引起损失产生的不确定性等。风险总是用在这样的一些场合,即未来将要发生的结果是不确定的,但不确定并不等于风险。不确定这一术语描述的是一种心理状态,它是存在于客观事物与人们认识之间的一种差距,反映了人们由于难以预测未来活动和事件的后果而产生的怀疑态度。

根据中外学者的观点,风险可定义为损失的不确定性、人为活动消极后果发生的可能性。风险与人们有目的的行为、活动有关,当人们从事的各种活动与期望发生不利的偏差时,人们就会认为该项活动有风险。客观条件的不确定性是风险的重要成因,这种不确定性既包括主观对客观事物运行规律认识的不完全确定,也包括事物本身存在的客观不确定。

《风险管理 术语》(GB/T 23694-2013)定义,风险是指不确定性对目标的影响。在该定义中,影响是指偏离预期,可以是正面的或负面的,或二者均有;目标可以是不同方面(如财务、健康与安全、环境等)和层面(如战略、组织、项目、产品和过程等)的目标;通常用潜在事件、后果或者两者的组合来区分风险;通常用事件后果(包括情形的变化)和事件发生可能性的组合来表示风险;不确定性是指对事件及其后果或可能性的信息缺失或片面了解的状态。这是一个具有广泛意义的范畴,包含了各种偏离目标的预期和可能。风险既包括风险发生的不确定性(或概率),也包括风险导致的后果的严重程度。

(1)可能性(likelihood)是某事件发生的机会。无论是以客观的或主观的、定性或定量的方式来定义、度量或确定,还是用一般词汇或数学术语来描述(如概率,或一定时间内的频率),在风险管理术语中,"可能性"一词都用来表示某事件发生的机会。"可能性"(likelihood)这一英语词汇在一些语言中没有直接与之对应的词汇,因此经常用"概率"(probability)这个词代替。不过,在英语中,"概率"常常被狭义地理解为一个数学词汇。因此,在风险管理术语中,"可能性"应该有着与许多语言中使用的"概率"一词相同的解释,而不局限于英语中"概率"一词的意义。

(2)概率(probability)是对事件发生的机会的度量,用 0~1 的数字表示。0 表示不可能发生,1 表示确定发生。

(3)频率(frequency)是单位时间内事件或结果的数量。频率可以用于过去的事件或潜在的未来事件,也可用于测量可能性/概率。

(4)脆弱性(vulnerability)是指易受风险源影响的内在特性。

通过上述分析,本书采用的风险定义为:风险是指客观存在的,在特定情况下、特定期间内,某一事件导致的最终损失的不确定性。风险具有三个特性:客观性、损失性、不确定性。

《风险管理 术语》(GB/T 23694-2013)明确规定,风险的描述(risk description)是对风险所做的结构化的表述,通常包括四个要素:风险源、事件、原因和后果。这是对风险的定性描述。

(1)风险源(risk source)是指可能单独或共同引发风险的内在要素,可以是有形的,也可以是无形的。

(2)事件(event)是某一类情形的发生或变化,可以是一个或多个情形,并且可以由多个原因导致,包括没有发生的情形,有时可称为"事故",没有造成后果的事件还可称为"未遂事件""事故征候""临近伤害""幸免"。

(3)后果(consequence)是某事件对目标影响的结果。一个事件可以导致一系列后果;后果可以是确定的,也可以是不确定的;对目标的影响可以是正面的,也可以是负面的;后果可以定性或定量表述;通过连锁反应,最初的后果可能升级。

当然在工作实践中往往可采用数学的方式对风险进行定量描述。风险是对人们从事生产或社会活动时可能发生的有害后果的定量描述,即风险是在一定时期产生有害事件的概率与有害事件后果的函数:

$$R = f(p, q) \tag{1-5}$$

式中,R 为风险;p 为出现该风险的概率;q 为风险损失的严重程度。

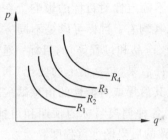

图1-2　等风险量曲线

上式反映的是风险量的基本原理,具有一定的通用性。多数情况下以离散形式来定量表示风险的发生概率及其损失。

$$R = \sum p_i \cdot q_i \tag{1-6}$$

与风险量有关的另一个概念是等风险量曲线,就是由风险量相同的风险事件所形成的曲线,如图1-2所示。不同等风险量曲线所表示的风险量大小与其与风险坐标原点之间的距离成正比,即距原点越近,风险量越小;反之,则风险量越大。

由于概率值难以取得,因此常用频率代替概率,这时风险量可表示为

$$风险量 = \frac{事故次数}{时间} \times \frac{事故损失}{事故次数} = \frac{事故损失}{时间} \tag{1-7}$$

式中,时间可以是系统的运行周期,也可以是一年或几年;事故损失可以表示为死亡人数、损失工作日数或经济损失等;风险量是二者之商,可以定量表示为百万工时死亡事故率、百万工时总事故率等,对于财产损失可以表示为千人经济损失率等。

人们在考察风险时,始终关联三个维度,即风险与人们有目的的活动有关、风险与行动方案的选择有关、风险与世界的未来变化有关。风险的本质是指构成风险特征,影响风险的产生、存在和发展的因素,可归结为三个因素:风险因素、风险事故和风险损失。它们构成了风险存在的基本条件。

2. 危险

在《风险管理 术语》(GB/T 23694-2013)中将危险(hazard)定义为潜在伤害的来源。危险可以是一类风险源。

根据系统安全工程的观点,危险是指系统中存在导致发生不期望后果的可能性超过了人们的承受程度。从危险的概念可以看出,危险是人们对事物的具体认识,必须指明具体对象,如危险环境、危险条件、危险状态、危险物质、危险场所、危险人员、危险因素等。

危险可以被理解为人们对客观事物(系统)存在的某种风险的主观认识和判断结果,其代表了客观事物(系统)存在的某种风险的量值达到了人们难以承受的程度时,人们对其所表现出的具体状态的一种心理感受。可见,危险实际上就是指被人们所认识到的、客观上存在的一个或一组具有某种潜在的造成损害或失败的可能性。易燃性和毒性都是具有危险特性的范例。

3. 风险与危险的辨析

风险不是危险的同义词。区分出风险与危险的不同点是十分重要的:人们能够化解风险,却无法改变危险。因为风险由有害事件发生概率与有害事件后果共同决定,而危险是指客观存在的造成危害后果的可能性。

【例1-10】　当某人穿过繁忙的街道时,面临的危险是显而易见的。一般说来,置身于车辆交织的街道,有可能被其中的一辆或几辆车相撞而造成重大人身伤亡事故,这是完全能预见的。

危险来自运动车辆的撞击;而风险却依赖于人们如何穿越街道。他极有可能认识

到：穿越道路时走人行道，或在司机关照不到的地方多加小心，那么风险就会降低。而危险则是不可改变：他仍可能会被车撞。但若依靠谨慎的行为，则可降低其伤亡的风险。倘若坐着装甲车穿越道路，其风险将更进一步地下降，因为他已经降低了造成危害后果的可能性。

定义的风险不是一个静态值，可能会经常地发生变化。外界条件通常也是变化的。随着这些条件的变化，就有可能发生事件，风险将随事件发生的可能性及其后果而变化。又由于条件也将随着时间发生变化，时间就成了风险的间接要素。当进行风险评价时，实际上如同拍下了风险进程的即时照。

二、风险评价

风险评价因应用于不同的行业或领域，也称为危险评价或安全评价，往往因出于不同的目的和要求，其定义往往有多种。先了解一下《风险管理 术语》(GB/T 23694-2013)对风险评价所下的定义。

（1）风险评估(risk assessment)是指包括风险识别、风险分析和风险评价的全过程。

（2）风险识别(risk identification)是指发现、确认和描述风险的过程，包括对风险源、事件及其原因和潜在后果的识别，可能涉及历史数据、理论分析、专家意见以及利益相关者的需求。

（3）风险分析(risk analysis)是指理解风险性质、确定风险等级的过程。风险分析是风险评价和风险应对决策的基础，包括风险估计。

（4）风险评价(risk evaluation)是指对比风险分析结果和风险准则，以确定风险和/或其大小是否可以接受或容忍的过程。风险评价有助于风险应对决策。

需要说明一下，英文单词 assessment 既可翻译为评价，也可翻译为评估。所以，在中文中，风险评价、风险评估严格区分开来较难，两者本来就是一回事。在很多场合，风险评价与风险评估是混同使用的。《油气输送管道风险评价导则》(SY/T 6859-2012)对风险评价、风险评估的定义与《风险管理 术语》(GB/T 23694-2013)是有很大差异的（参见第二章第二节）。实际上，在油气输送行业，更习惯于使用风险评价，这也是很多管道行业标准包括国家标准的用法。因此，本书统一按照国家标准、行业标准采用风险评价的说法。

以下有四个关于风险评价的定义。这些定义与《风险管理 术语》(GB/T 23694-2013)的定义在本质上是一致的，异曲同工，大同小异，因其适用对象不同，导致各定义所强调的侧重点也有所不同。

定义 1：对系统存在的危险性进行定性或定量分析，依据已有的专业经验，建立评价标准和准则，对系统发生危险性的可能性及其后果严重程度进行系统分析，根据评价结果确定风险级别，划分为若干等级，根据不同级别采取不同的控制措施。

定义 2：评价风险大小以及确定风险是否可容许的全过程。

定义 3：指针对不同类别风险运用恰当的手段（如数学模型）评价风险可能带来的损失。

定义 4：以实现工程和系统的安全为目的，应用安全系统工程的原理和方法，对工程和系统中存在的危险及有害因素等进行识别与分析,判断工程和系统发生事故和职业危害的可能性及其严重程度,提出安全对策及建议,制定防范措施和管理决策的过程。

不管出于何种目的和要求给风险评价下定义,这些定义究其本质都是相同的。归纳起来,那就是一个完整的风险评价需要回答以下 3 个问题:①什么情况可能出事故?②它可能会怎样?③后果是什么?

三、风险管理

《风险管理 术语》(GB/T 23694-2013)明确规定,风险管理(risk management)是指在风险方面指导和控制组织的协调活动。风险管理过程(risk management process)是将管理政策、程序和操作方法系统地应用于沟通、咨询、明确环境以及识别、分析、评价、应对、监督与评审风险的活动中。

风险管理就是一个识别、确定和度量风险,并制订、选择和实施风险处理方案的过程。风险管理应是一个系统的、完整的过程,一般也是一个循环过程。风险管理过程包括风险识别、风险评价、风险对策决策、实施决策、检查五方面内容。

从经济学的视角出发,风险管理可以理解为:在降低风险的收益与成本之间进行权衡并决定采取何种措施的过程。理想的风险管理,是一连串排好优先次序的过程,使其中可以引致最大损失及最可能发生的事情优先处理,而相对风险较低的事情则延后处理。现实情况中,优化的过程往往很难决定,因为风险和发生的可能性通常并不一致,所以要权衡两者的比重,以便作出最合适的决定。风险管理亦要面对有效资源运用的难题。这牵涉到机会成本(opportunity cost)的因素。把资源用于风险管理,可能会使能运用于有回报活动的资源减低;而理想的风险管理,则希望能够花最少的资源去尽可能化解最大的危机。

对于现代企业来说,风险管理就是通过风险的识别、预测和衡量,选择有效的手段,尽可能地降低成本,有计划地规避风险,以获得企业安全生产的经济保障。这就要求企业在生产经营过程中,对可能发生的风险进行识别,预测各种风险发生后对资源及生产经营造成的消极影响,使生产能够持续进行。由此可见,风险的识别、风险的预测(风险评价)和风险的处理(风险控制)是企业风险管理的主要步骤。

严格来说,风险评价是风险管理中的一个环节和步骤。但有时,人们使用的风险评价一词包含了风险管理的全过程。因此,各种资料中使用的风险评价存在着广义和狭义之分。广义的风险评价涵盖了风险管理的全过程,而狭义的风险评价是指风险管理中的一个环节和步骤。

第三节　风险评价原理和模型

一、风险评价原理

在进行风险评价时,虽然评价的领域、对象、方法、手段种类繁多,而且被评价系统的特性、属性、特征条件千变万化,各不相同,但风险评价思维方式却是类似的。由此,可归纳出风险评价的四个基本原理,即相关原理、类推原理、惯性原理和量变到质变原理。

1. 相关原理

一个系统的属性、特性与事故危害存在着因果的相关性,这是系统因果评价方法的理论基础。

1)系统的基本特征

风险评价把所有研究的对象都视为系统。系统是指为实现一定的目标,由许多个彼此有机联系的要素组成的整体。系统有大有小,千差万别,但所有的系统都具有以下特征。

(1)目的性:任何系统都具有目的性,要实现一定的目标(功能)。

(2)集合性:每一个系统都是由若干个(两个或两个以上)元素组成的整体,或是由若干个层次的要素(子系统、单元、元素集)集合组成的整体。

(3)相关性:一个系统内部各要素(或元素)之间存在着相互影响、相互作用、相互依赖的有机联系,通过综合协调,实现系统的整体功能。在相关关系中,二元关系是基本关系,其他复杂的相关关系是在二元关系的基础上发展起来的。

(4)阶层性:在大多数系统中,存在着多个阶层,通过彼此作用,相互影响和制约,形成一个系统整体。

(5)整体性:系统的要素集、相关关系集、各阶层构成了系统的整体。

(6)适应性:系统对外部环境的变化有着一定的适应性。

系统的整体目标(功能)的实现是组成系统的子系统、单元综合发挥作用的结果。不仅系统与子系统、子系统与单元之间有着密切的关系,而且各子系统之间、各单元之间、各元素之间,也都存在着密切的关系。所以,在评价过程中,只有找出这种相关关系,并建立相关模型,才能正确地对系统的风险或安全作出评价。

2)系统的结构

系统的结构可用下列公式表达:

$$E = \max f(X, R, C) \tag{1-8}$$

式中,E 为最优结合效果;X 为系统组成的要素集,即组成系统的所有元素;R 为系统组成要素的相关关系,即系统各元素之间的所有相关关系;C 为系统组成的要素及其相关关系在各阶层上可能的分布形式;f 为 X、R、C 的结合效果函数。

通过对系统的要素集(X)、关系集(R)和层次分布形式(C)的分析,可阐明系统整体的性质。欲使系统目标达到最佳程度,只有使上述三者达到最优组合,才能产生最优的结合效果 E。

对系统进行风险评价,就是要寻求 X、R 和 C 的最合理的结合形式,即具有最优结合效果 E 的系统结构形式,在对应的系统目标集和环境约束因素集的条件下,给出最安全的系统结合方式。例如,一个系统一般是由若干生产装置、物料、人员(X 集)集合组成,其工艺过程是在人、机、物料、作业环境相结合的过程(人控制的物理、化学过程)中进行的(R 集),生产设备的可靠性、人的行为的安全性、安全管理的有效性等因素层次上存在各种分布关系(C 集)。风险评价的目的就是寻求系统要达到最佳生产(运行)状态时的最可靠、最安全、最卫生的有机结合方式。

因此,在评价之前要研究与系统安全有关的组成要素、各要素之间的相关关系以及它们在系统各层次的分布情况。例如,要调查、研究构成的所有要素(人、机、物料、环境等),明确它们之间存在的相互影响、相互作用、相互制约的关系和这些关系在系统的不同层次中的不同表现形式等。

3)因果关系

有因才有果,有果必有因,这是事物发展变化的规律。事物的原因和结果之间存在着密切的函数关系。通过研究、分析各个项目(工程)或系统之间的依存关系和影响程度,可以探求其变化的特征和规律,预测其未来的发展变化趋势.

事故和导致事故发生的各种原因(危险因素)之间存在着相关关系,表现为依存关系和因果关系。危险因素是原因,事故是结果,事故的发生是许多因素综合作用的结果。分析各因素的特征、变化规律、影响事故发生和事故后果的程度以及从原因到结果的途径,揭示其内在联系和相关程度,才能在评价中得出正确的分析结论,采取恰当的对策。

【例1-11】 可燃气体泄漏爆炸事故是可燃气体泄漏、泄漏的可燃气体与空气混合达到爆炸极限,以及存在引燃能源三个因素共同作用的结果。而这三个因素又是设计失误、设备故障、安全装置失效、操作失误、环境不良、管理不当等一系列因素造成的。爆炸后果的严重程度又和可燃气体的性质(闪点、燃点、扩散性、燃烧速度、燃烧热值等)、可燃性气体的爆炸量、空间密闭程度及空间内设备的布置等有着密切的关系,在评价中需要分析这些因素的因果关系和相互影响的程度,并定量地加以评述。

事故的因果关系是:事故的发生有其原因因素,而且事故往往不是由单一原因因素造成的,而是由若干个原因因素结合在一起,当符合事故发生的充分与必要条件时,事故就必然会立即爆发,多一个原因因素不必要,少一个原因因素事故就不会发生,而每一个原因因素又由若干个二次原因因素构成,以此类推,还有三次原因因素、四次原因因素等。

消除一次原因因素、二次原因因素、三次原因因素、……、n次原因因素,破坏发生事故的充分与必要条件,事故就不会产生,这就是采取技术、管理、教育等方面的安全对策的理论依据。事故及其发生的原因层次分析如图1-3所示。

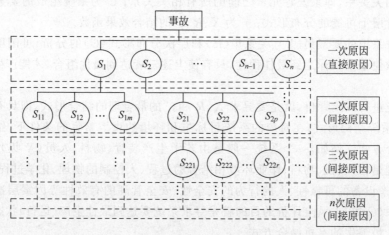

图1-3　事故及其发生的原因层次分析

在项目(工程)或系统中,找出事故发展过程中的相互关系,借鉴同类情况的数据、典型案例等,建立起接近真实情况的数学模型,会使评价取得较好的效果,而且数据模型越接近真实情况,效果越好,评价也就越准确。

2.类推原理

"类推"亦称"类比推理"。类比推理是人们经常使用的一种逻辑思维方法,常用来推出一种新知识。在人们认识世界和改造世界的活动中,类比推理有着非常重要的作用,在风险评价中同样也有着特殊的意义和重要作用。

类比推理是根据两个或两类对象之间存在的某些相同或相似的属性,从一个已知对象具有某个属性来推出另一个对象也具有此种属性的一种推理方法。

【例 1-12】 颤振曾是空气动力学中的一个难题,飞机的机翼在高速飞行中会产生颤振现象(一种有害的振动)。飞行越快,机翼的颤振越强烈,甚至造成机翼折断,发生机毁人亡的空难悲剧。为了克服在高速飞行时飞机机翼产生的颤振问题,科学家和试验人员做过种种试验,花费了大量精力和时间试图解决,但最终都以失败告终。后来,研究人员在观察蜻蜓飞行时,从蜻蜓的翅膀上获得了灵感:蜻蜓之所以能够有效、灵活自如地控制翅膀的颤振,是因为在它的半透明翅膀的前缘有一块加厚的色素斑,这种色素斑称为"翅痣",可使蜻蜓在快速飞行和转弯时不受颤振的困扰。这是蜻蜓长期进化的结果。如果将翅痣去掉,蜻蜓飞行时就变得荡来荡去。实验证明,蜻蜓翅痣的角组织使蜻蜓飞行时消除了颤振。于是,人们就模仿蜻蜓,在飞机机翼末端的前缘装上了类似的加厚区,颤振现象竟奇迹般地被克服了,由此而产生的空难也就完全可以避免了。

类比推理的基本模式为:若 A、B 表示两个不同对象。A 有属性 P_1、P_2、$\cdots$、P_m、P_n,B 有属性 P_1、P_2、$\cdots$、P_m,且 $n > m$,则对象 B 也具有属性 P_n。对象 A 与 B 的类比推理可用公式(1-9)表示。

$$A \text{ 有属性 } P_1、P_2、\cdots、P_m、P_n$$
$$\frac{B \text{ 有属性 } P_1、P_2、\cdots、P_m}{\text{所以,B 也有属性 } P_m (n > m)} \tag{1-9}$$

类比推理的结论不是必然的,所以在应用时要注意提高其结论的可靠性,其方法有以下几个。

① 尽量多地列举两个或两类对象所共有或共缺的属性。

② 两个类比对象所共有或共缺的属性越本质,则推出的结论越可靠。

③ 两个类比对象共有或共缺的属性与类推的属性之间如果具有本质的和必然的联系,则推出结论的可靠性就高。

类比推理常常被人们用来类比同类装置或类似装置的安全可靠性或事故风险情况,然后采取相应的对策防患于未然,实现安全生产。

类比推理不仅可以由一种现象推算出另一种现象,还可以依据已掌握的实际统计资料,采用科学的统计推算方法来推算,得到基本符合实际所需的资料,以弥补调查统计资料的不足,供分析研究使用。

类推评价法的种类及其应用领域取决于被评价对象或事件与先导对象或事件之间联系的性质。若这种联系可用数字表示,则称为定量类推;若这种关系只能定性处理,则称为定性类推。常用的类推方法有以下几种。

（1）平衡推算法。平衡推算法是指根据相互依存的平衡关系来推算所缺的有关指标的方法。

【例1-13】 利用海因里希关于重伤、死亡、轻伤和无伤害事故的比例为1：29：300的规律，在已知重伤死亡数据的情况下，可推算出轻伤和无伤害数据；利用事故的直接经济损失与间接经济损失的比例为1：4的关系，可从直接损失推算间接损失和事故总经济损失；利用爆炸破坏情况推算离爆炸中心一定距离处的冲击波超压忆（Δp，MPa）或爆炸坑（漏斗）的大小，进而推算爆炸物的 TNT 当量。

（2）代替推算法。代替推算法是指利用具有密切联系（或相似）的有关资料和数据来推算所需的资料和数据的方法。例如，对新建装置的安全预评价，可使用与其类似的已有装置的资料和数据对其进行评价。在安全评价中，人们常常通过类比同类或类似装置的检测数据进行评价。

（3）因素推算法。因素推算法是指根据指标之间的联系，从已知因素的数据推算有关未知指标数据的方法。例如，已知系统事故发生概率 P 和事故损失严重度 S，就可利用风险率 R 与 P、S 的关系来求得风险率 R。

（4）抽样推算法。抽样推算法是指根据抽样或典型调查资料推算系统总体特征的方法。这种方法是数理统计分析中常用的方法，是以部分样本代表整个样本空间来对总体进行统计分析的一种方法。

（5）比例推算法。比例推算法是指根据社会经济现象的内在联系，用某一时期、某一地区、某一部门或某一单位的实际比例，推算另一类似时期、类似地区、类似部门或类似单位有关指标的方法。例如，控制图法的控制中心线是根据上一个统计期间的平均事故率来确定的。国外行业安全指标通常也都是根据前几年的年度事故平均数值来确定的。

（6）概率推算法。概率是指某一事件发生的可能性大小。事故的发生是一种随机事件。任何随机事件，在一定条件下是否发生是没有规律的，但其发生概率是一客观存在的定值。因此，根据有限的实际统计资料，采用概率论和数理统计方法可求出随机事件出现各种状态的概率。用概率值来预测系统未来发生事故的可能性大小，以此来衡量系统危险性的大小和安全程度的高低。

3. 惯性原理

任何事物在其发展过程中，从其过去到现在以至将来，都具有一定的延续性，这种延续性称为惯性。利用惯性可以研究事物或评价一个项目（工程）或系统的未来发展趋势。例如，从一个单位过去的安全生产状况、事故统计资料中找出安全生产及事故发展变化的趋势，就可以推测其未来的安全状态。

利用惯性原理进行评价时应注意以下两点。

（1）惯性的大小。惯性越大，影响越大；反之，则影响越小。一个生产经营单位，如果疏于管理、违章作业、违章指挥、违反劳动纪律的现象严重，则事故就多，若任其发展则会愈演愈烈，而且有加速的态势，惯性会越来越大。对此，必须立即采取相应对策，破坏这种格局，也就是中止或改变这种不良惯性，才能防止事故的发生。

（2）互相联系与影响。一个项目（工程）或系统的惯性是这个系统内的各个内部因素之间互相联系、互相影响、互相作用并按照一定的规律发展变化的一种状态趋势。因此，只有当系统稳定，受外部环境和内部因素的影响产生的变化较小时，其内在联系和基本特征才可能延续下去，该系统所表现的惯性发展结果才基本符合实际。但是，绝对稳定的系统是没有的，因为事物发展的惯性在外力作用时可使其加速或减速甚至改变方向，这样就需要对一个系统的评价进行修正，即在系统主要方面不变，而其他方面有所偏离时，应根据其偏离程度对所出现的偏离现象进行修正。

4. 量变到质变原理

任何一个事物在发展变化过程中都存在着从量变到质变的规律。同样，在一个项目（工程）或系统中，许多有关安全的因素也都存在着从量变到质变的规律。在评价一个项目（工程）或系统的安全时，也都离不开从量变到质变的原理。许多定量评价方法中，有关等级的划分，一般都应用了从量变到质变的原理。

【例 1-14】 《道化学公司火灾、爆炸危险指数评价法》（第七版）中，关于按 F&EI（火灾、爆炸指数）划分的危险等级，从 1 至 $\geqslant 159$，经过了 $\leqslant 60$、$61\sim 96$、$97\sim 127$、$128\sim 158$、$\geqslant 159$ 的量变到质变的不同变化层次，即分别为最轻级、较轻级、中等级、很大级、非常大级；而在评价结论中，中等级及其以下的级别是可以接受的，而很大级、非常大级则是不能接受的。

【例 1-15】 我国根据《噪声作业量级》（LD 80—95），将噪声按噪声值 [dB(A)] 和接噪时间分别划分为 0 级、Ⅰ级、Ⅱ级、Ⅲ级和Ⅳ级；而且规定，噪声超过 115dB(A) 的作业，无论接噪时间长短，均属Ⅳ级。

【例 1-16】 爆炸时产生的冲击波超压 Δp（MPa）值达到 $0.02\sim 0.03$ 时，人体轻微损伤；达到 $0.03\sim 0.05$ 时，人体听觉器官损伤或骨折；达到 $0.05\sim 0.10$ 时，人体内脏严重损伤或死亡；大于 0.10 时，则大部分人员死亡。

【例 1-17】 时间就是生命，心跳停止 $4\sim 6$min 后，由于大脑严重缺氧而使脑细胞受到严重损害，甚至不能恢复，需要立即进行心肺复苏；心跳停止 4min 内复苏者有 50% 可能被救活；$4\sim 6$min 开始复苏者，10% 可被救活；超过 6min 复苏者，存活率只有 4%；10min 以后开始复苏者，存活的可能性更小。

因此，在进行风险评价时，考虑各种危险、有害因素对人体的危害，以及对采用的评价方法进行等级划分时，均需要应用从量变到质变的原理。

上述四个评价原理是人们经过长期研究和实践总结出来的。在实际评价工作中，人们综合应用这些基本原理指导风险评价，并创造出各种评价方法，进一步在各个领域中加以运用。

掌握评价的基本原理可以建立正确的思维程序，对于评价人员拓展思路、合理选择和灵活运用评价方法都是十分必要的。由于世界上没有一成不变的事物，评价对象的发展也不是过去状态的简单延续，评价的事件也不会是类似事件的机械再现，相似不等于相同。因此，在评价过程中，还应对客观情况进行具体细致的分析，以提高评价结果的准确性。

二、风险评价模型

1. 风险评价模型的类型

在研究实际系统时，为了便于试验、分析、评价和预测，总是先设法对所要研究的系统的结构形态或运动状态进行描述、模拟和抽象。它是对系统或过程的一种简化,虽然不再包括原系统或过程的全部特征,但能描述原系统或过程输入、中间过程和输出的本质性的特征,并与原系统或过程所处的环境条件相似。

风险评价的模型一般可分为以下三种类型。

(1)形象模型。形象模型是系统实体的放大或缩小,如建造舰船和飞机用的模型、作战计划用的沙盘、土木工程用的建筑模型等。

(2)模拟模型。模拟模型是在一组可控制的条件下,通过改变特定的参数来观察模型的响应,预测系统在真实环境条件下的性能和运动规律。例如,在水池中对船模进行航行模拟试验,飞机模型在风洞中模拟飞行过程,在实验室条件下利用计算机模拟自动系统的工作过程等。

(3)数学模型。数学模型也称符号模型,它用数学表达式来描述实际系统的结构及其变量间的相互关系。

【例1-18】　化工装置利用 ICI 蒙德法进行单元评价时,其火灾、爆炸、毒性指标由下式(1-10)描述:

$$D = B\left(1 + \frac{M}{100}\right)\left(1 + \frac{P}{100}\right)\left(1 + \frac{S+Q+L}{100} + \frac{T}{400}\right) \tag{1-10}$$

式中,D 为 DOW/ICI 全体指标;B 为物质系数;M 为特殊物质危险性;P 为一般工艺危险性;S 为特殊工艺危险性;Q 为量危险性;L 为配置危险性;T 为毒性危险性。

2.风险评价模型的特点

评价模型不是直接研究现实世界的某一现象或过程的本身,而是设计出一个与该现象或过程相类似的模型,通过模型间接地研究该现象和过程。

设计评价模型最本质的一条特征就是抓住"相似性"。具体地说,就是在两个对象之间找到某种相似性,这样两个对象之间就存在着"原型—模型"关系。

对于庞大、复杂的系统,如社会系统或军事技术系统,要做实验很难或根本不可能做,而评价模型可以取而代之。评价模型是现实系统的抽象或者模仿,是由那些与分析的问题有关的部分或者因素构成的,它表明了这些有关部分或因素之间的关系。使用评价模型的优点有以下几点。

(1)使现实系统被简化,易理解。

(2)可操作性强,一些参数的改变比在现实中要容易。

(3)敏感度大,可显示出哪些因素对系统影响更大,而且可通过不断改进,寻求更符合现实特性的模型,以此指导建立现实系统,并使之达到最佳状态。

(4)通过模拟试验满足系统要求,耗资少。

评价模型是描述现实系统的,因此必须反映实际情况。由于它是抽象的,因而又高于实际,且又便于研究实际系统的共性,从而有助于解决被抽象的实际系统中的问题。同样,评价模型也能指导其他有这些共性的实际问题的解决。

评价模型是现实系统的一个抽象表示形式,如果搞得太复杂甚至和实际情况一样,就失去利用评价模型的意义。一般总是做一个比实际对象远为简单的模型,同时又希望在实际中使用它来预测及解释一些现象时有足够的精确度。任何一个实际现象总要涉及大量的因素(或变量),但确定导致其现象产生的本质因素时,往往只要抓住其主要因素即可。用字母、数字及其他符号来体现变量以及它们之间的关系,是最一般、最抽象的模型,它使人们一点也想象不出原来所代表的现实是什么。符号模型通常采用数学表达的形式。数学模型中的参数和变量最容易改变,因此也最容易操作。数学模型在系统工程和运筹学等方面是十分重要的。

第四节　风险评价方法概述

目前国内外已研究开发出许多种不同特点、不同适用对象和范围、不同应用条件的评价方法和商业化的风险评价软件包。每种评价方法都有其适用范围和应用条件,方法的误用会导致错误的评价结果。因此,在进行风险评价时,应根据风险评价对象和要实现的风险评价目标,选择适用的风险评价方法。本节主要介绍一些国内外常用的风险评价方法。

一、风险评价方法分类

风险评价方法分类的目的是根据风险评价对象选择适用的评价方法。风险评价方法的分类方法很多,常用的有按评价结果的量化程度分类法、按评价的推理过程分类法、按针对的系统性质分类法、按风险评价要达到的目的分类法等。

1. 按照结果的量化程度分类

按照风险评价结果的量化程度,风险评价方法可分为定性风险评价方法和定量风险评价方法。

1) 定性风险评价方法

定性风险评价方法主要是根据经验和直观判断能力对生产系统的工艺、设备、设施、环境、人员和管理等方面的状况进行定性的分析,评价结果是一些定性的指标,如是否达到了某项风险指标、事故类别和导致事故发生的因素等。目前,常用的定性风险评价方法有:①安全检查法(safety review,SR);②安全检查表分析法(safety checklist analysis,SCA);③专家评议法(也称专家现场询问观察法);④预先危险性分析(preliminary hazard analysis,PHA);⑤故障类型及影响分析(failure mode effects analysis,FMEA);⑥故障假设分析法(what...if,WI);⑦危险和可操作性研究(hazard and operability study,HAZOP);⑧人员可靠性分析(human reliability analysis,HRA);⑨因素图分析法;⑩事故引发和发展分析。

2) 定量风险评价方法

定量风险评价方法是在大量分析实验结果和事故统计资料基础上获得的指标或规律(数学模型),对生产系统的工艺、设备、设施、环境、人员和管理等方面的状况进行定量的计算,评价结果是一些定量的指标,如事故发生的概率、事故的伤害(或破坏)范围、定量的危险性、事故致因因素的事故关联度或重要度等。

按照风险评价给出的定量结果的类别不同,定量风险评价方法还可以分为概率风险评价法、伤害(或破坏)范围评价法和危险指数评价法。

（1）概率风险评价法。概率风险评价法是根据事故的基本致因因素的事故发生概率，应用数理统计中的概率分析方法，求取事故基本致因因素的关联度（或重要度）或整个评价系统的事故发生概率的风险评价方法。常用的方法有：①故障类型及影响分析（FMEA）；②故障（事故）树分析（fault tree analysis，FTA）；③事件树分析（event tree analysis，ETA）；④逻辑树分析；⑤概率理论分析；⑥马尔可夫模型分析；⑦模糊数学矩阵综合评价法；⑧统计图表分析法。

（2）伤害（或破坏）范围评价法。伤害（或破坏）范围评价法是根据事故的数学模型，应用数学方法，求取事故对人员的伤害范围或对物体的破坏范围的风险评价方法。液体泄漏模型、气体泄漏模型、气体绝热扩散模型、池火火焰与辐射强度评价模型、火球爆炸伤害模型、爆炸冲击波超压伤害模型、蒸气云爆炸超压破坏模型、毒物泄漏扩散模型和锅炉爆炸伤害 TNT 当量法都属于伤害（或破坏）范围评价法。

（3）危险指数评价法。危险指数评价法是应用系统的事故危险指数模型，根据系统及其物质、设备（设施）和工艺的基本性质和状态，采用推算的办法，逐步给出事故的可能损失、引起事故发生或使事故扩大的设备、事故的危险性以及采取风险措施的有效性的风险评价方法。常用的危险指数评价法有：①美国道化学公司的"火灾、爆炸危险指数评价法"（DOW hazard index）；②英国 ICI 公司蒙德部的"火灾、爆炸、毒性指数评价法"（Mond index）；③易燃、易爆、有毒重大危险源评价法；④日本劳动省的"化工企业六阶段法"；⑤单元危险指数快速排序法。

2．按照推理过程分类

按照风险评价的逻辑推理过程，风险评价方法可分为归纳推理评价法和演绎推理评价法。

归纳推理评价法是从事故原因推论结果的评价方法，即从最基本的危险、有害因素开始，逐渐分析导致事故发生的直接因素，最终分析到可能的事故。

演绎推理评价法是从结果推论原因的评价方法，即从事故开始，推论导致事故发生的直接因素，再分析与直接因素相关的间接因素，最终分析和查找出致使事故发生的最基本危险、有害因素。

3．按照要达到的目的分类

按照风险评价要达到的目的，风险评价方法可分为事故致因因素风险评价方法、危险性分级风险评价方法和事故后果风险评价方法。

事故致因因素风险评价方法是采用逻辑推理的方法，由事故推论最基本的危险、有害因素或由最基本的危险、有害因素推论事故的评价法。该类方法适用于识别系统的危险、有害因素和分析事故，属于定性风险评价法。

危险性分级风险评价方法是通过定性或定量分析给出系统危险性的风险评价方法。该类方法适应于系统的危险性分级。该类方法可以是定性风险评价法，也可以是定量风险评价法。

事故后果风险评价方法可以直接给出定量的事故后果，给出的事故后果可以是系统事故发生的概率、事故的伤害（或破坏）范围、事故的损失或定量的系统危险性等。

4．按照对象的不同分类

按照评价对象的不同，风险评价方法可分为设备（设施或工艺）故障率评价法、人员失误率评价法、物质系数评价法、系统危险性评价法等。

二、常用风险评价方法简介

1. 安全检查方法

安全检查方法(safety review,SR)可以说是第一个安全评价方法,有时也称为工艺安全审查、设计审查或损失预防审查。它可以用于建设项目的任何阶段。对现有装置(在役装置)进行评价时,传统的安全检查主要包括巡视检查、正规日常检查或安全检查(例如,如果工艺尚处于设计阶段,设计项目小组可以对一套图纸进行审查)。

安全检查的目的是辨识可能导致事故、引起伤害和重要财产损失或对公共环境产生重大影响的装置条件或操作规程。一般安全检查人员主要包括与装置有关的人员,即操作人员、维修人员、工程师、管理人员、安全员等,具体视工厂的组织情况而定。

安全检查的目的是提高整个装置的操作安全度,而不是干扰正常操作或对发现的问题进行处罚。完成安全检查后,评价人员对亟待改进的地方应提出具体的措施、建议。

2. 安全检查表法

在评价过程中,为了查找工程和系统中各种设备、设施、物料、工件、操作以及管理和组织措施中的危险和有害因素,事先把检查对象加以分类,将大系统分割成若干小的子系统,编制成表,这种表称为安全检查表。在评价过程中,以提问或打分的形式,将检查项目列表逐项检查,避免遗漏,这种方法称为安全检查表法(safety checklist analysis,SCA)。

3. 预先危险分析法

预先危险分析法(preliminary hazard analysis,PHA)用于对危险物质和装置的主要区域进行分析,包括在设计、施工和生产前,对系统中存在的危险性类别、出现条件、事故导致的后果进行分析,其目的是识别系统中的潜在危险,确定其危险等级,防止危险发展成事故。

预先危险分析可以达到四个目的:①大体识别与系统有关的主要危险;②鉴别产生危险的原因;③预测事故发生对人员和系统的影响;④判别危险等级,并提出消除或控制危险性的对策措施。

预先危险分析方法通常用在对潜在危险了解较少和无法凭经验觉察的工艺项目的初期阶段。用于工艺装置的初步设计或研究和开发。当分析一个庞大的现有装置或无法使用更为系统的方法时,常优先考虑 PHA 法。

4. 故障假设分析方法

故障假设分析方法(what...if,WI)是一种对系统工艺过程或操作过程的创造性分析方法。使用该方法的人员应对工艺熟悉,通过提问(故障假设)的方式来发现可能潜在的事故隐患。

故障假设分析方法一般要求评价人员用 what...if 作为开头,对有关问题进行考虑。任何与工艺安全有关的问题,即使关系不大,也可提出并加以讨论。

通常,将所有的问题都记录下来,然后将问题分门别类。例如,按照电气安全、消防安全、人员安全等问题分类,然后分别进行讨论。对正在运行的现役装置,则与操作人员进行交谈,所提出的问题要考虑到任何与装置有关的不正常的生产条件,而不仅仅是设备故障或工艺参数的变化。

5. 故障假设分析/检查表分析方法

故障假设分析/检查表分析方法(what…if/checklist analysis,WI/CA)是由具有创造性的假设分析方法与安全检查表分析方法组合而成的,它弥补了两种方法单独使用时各自的不足。

【例 1-19】 安全检查表分析方法是一种以经验为主的分析方法,用它进行安全评价时,成功与否很大程度取决于检查表编制人员的经验水平。如果检查表编制得不完整,评价人员就很难对危险性状况做出有效的分析。而故障假设分析方法则鼓励评价人员思考潜在的事故和后果,它弥补了检查表编制时可能存在的经验不足;检查表则使故障假设分析方法更系统化。

故障假设分析/检查表分析方法可用于工艺项目的任何阶段。与其他大多数的评价方法相类似,这种方法同样需要有丰富工艺经验的人员完成,常用于分析工艺中存在的最普遍的危险。虽然它也能够用来评价所有层次的事故隐患,但故障假设分析/检查表分析方法一般是对过程中的危险进行初步分析,然后可用其他方法进行更详细的评价。

6. 危险和可操作性研究法

危险和可操作性研究法(hazard and operability study,HAZOP)是一种定性的安全评价方法,基本过程以引导词为引导,找出过程中工艺状态的变化(即偏差),然后分析偏差产生的原因、后果及可采取的对策。危险和可操作性研究技术是基于这样一种原理,即背景各异的专家们若在一起工作,就能够在创造性、系统性和风格上互相影响和启发,能够发现和鉴别更多的问题,要比他们独立工作并分别提供工作结果更为有效。

危险和可操作性分析的本质,就是通过系列会议对工艺流程图和操作规程进行分析,由各种专业人员按照规定的方法对偏离设计的工艺条件进行过程危险和可操作性研究。所以,危险和可操作性分析技术与其他安全评价方法的明显不同之处是其他方法可由操作人员单独去做,而危险和可操作性分析则必须由多方面的、专业的、熟练的人员组成的小组来完成。

7. 故障类型及影响分析

故障类型及影响分析(failure mode effects analysis,FMEA)是系统安全工程的一种方法,根据系统可以划分为子系统、设备和元件的特点,按实际需要将系统进行分割,然后分析各自可能发生的故障类型及其产生的影响,以便采取相应的对策,提高系统的安全可靠性。

FMEA 辨识可直接导致事故或对事故有重要影响的单一故障。在 FMEA 中不直接确定人的影响因素,但人为失误操作影响通常作为一种设备故障模式表示出来。

8. 故障(事故)树分析

故障(事故)树(fault tree analysis,FTA)是一种描述事故因果关系的有方向的"树",故障树分析是系统安全工程中重要的分析方法之一。它能对各种系统的危险性进行识别评价,既能进行定性分析,又能进行定量分析,具有简明、形象化的特点,体现了以工程方法研究安全问题的系统性、准确性和预测性。FTA 作为安全分析评价和事故预测的一种先进的科学方法,已得到国内外的广泛认可和采用。

FTA 不仅能分析事故的直接原因,而且能深入发掘事故的潜在原因,因此,在工程或设备的设计阶段,在事故查询或编制新的操作方法时,都可以使用 FTA 对它们的安全性作出评价。

9. 事件树分析

事件树分析(event tree analysis,ETA)是用来分析普通设备故障或过程波动(称为初始事件)导致事故发生的可能性的方法。

事故是由典型设备故障或工艺异常(初始事件)引发的结果。与故障树分析不同,事件树分析是使用归纳法,事件树可提供系统性的记录事故后果的方法,并能确定导致后果的事件与初始事件的关系。

事件树分析适用于分析那些产生不同后果的初始事件。事件树强调的是事故可能发生的初始原因以及初始事件对事件后果的影响。事件树的每一个分支都表示一个独立的事故序列,对一个初始事件而言,每一个独立事故序列都清楚地界定了安全功能之间的关系。

10. 危险指数方法

危险指数方法(risk rank,RR)是通过对几种工艺现状及运行的固有属性进行比较计算,确定各种工艺危险特性的重要性,并根据评价结果,确定进一步评价的对象的评价方法。

危险指数方法可用在工程项目的各个阶段(可行性研究、设计、运行等),或在详细的设计方案完成之前,或在现有装置危险分析计划制订之前。它也可用于在役装置,作为确定工艺及操作危险性的依据。目前已有几种危险指数方法得到了广泛的应用。

危险指数方法使用起来可繁可简,形式多样,既可定性,又可定量。例如,评价者可依据对作业现场危险度、事故概率、事故严重度的定性评价,对现场进行简单分级,通过对工艺特性赋予一定的数值组成数值图表,可用此表计算数值化的分级因子。下面简单介绍几种常用的危险指数方法。

(1) 日本化工企业六阶段评价法。日本劳动省提出的"化工装置安全评价方法"又称"化工企业六阶段安全评价法",是应用安全检查表、定量危险性评价、事故信息评价、故障树分析以及事件树分析等方法,分成六个阶段,采取逐步深入,进行定性评价和定量评价的综合评价方法,是一种考虑较为周到的评价方法。

(2) 道化学火灾、爆炸危险指数评价法。美国道化学公司提出了物质指数作为系统安全工程的评价方法。1966 年,该公司又进一步提出了火灾、爆炸指数的概念,表示火灾、爆炸的危险程度。1972 年,他们又提出了以物质的闪点(或沸点)为基础,代表物质潜在能量的物质系数,结合物质的特定危险值、工艺过程及特殊工艺的危险值,计算出系统的火灾、爆炸指数,以评价该系统火灾、爆炸危险程度的评价方法,即道化学评价法第三版。之后他们又以第三版为蓝本,陆续推出了新的版本,1993 年推出了最新的第七版。

(3) 蒙德火灾、爆炸毒性指标评价法。英国帝国化学公司(ICI)在对现有装置和设计建设中的装置的危险性进行研究时,既肯定了道化学公司的道化学火灾、爆炸危险指数法,又在其定量评价的基础上对第三版作了重要的改进和扩充,增加了毒性的概念和计算方法,并提出了一些补充系数。

11. 人员可靠性分析

人员可靠性分析(human reliability analysis,HRA)是人机系统成功的必要条件。人的行为受很多因素影响,这些行为成因要素可以是人的内在属性,如紧张、情绪、教养和经验;也可以是外在因素,如工作间、环境、监督者的举动、工艺规程和硬件界面等。影响人员行为的成因要素数不胜数。尽管有些行为成因要素是不能控制的,但许多却是可以控制的,可以对一个过程或一项操作的成功或失败产生明显的影响。

【例1-20】 评价人员可以把人为失误考虑到故障树之中,一项检查表分析可以考虑这种情况——在异常状况下,操作人员可能将本应关闭的阀门打开了。典型的危险和可操作性研究通常也把操作人员失误作为工艺失常(偏差)的原因考虑进去。尽管这些安全评价技术可以用来寻找常见的人为失误,但它们还是主要集中于引发事故的硬件方面。当工艺过程中手工操作很多时,或者当人-机界面很复杂,难以用标准的安全评价技术评价人为失误时,就需要特定的方法去评价这些人为因素。

有许多不同的方法可供人为因素专家用来评价工作情况。一种常用的方法叫作作业安全分析(job safety analysis,JSA),但该方法的重点是作业人员的个人安全。作业安全分析是一个良好的开端,但就工艺安全分析而言,人员可靠性分析方法更为有用。人员可靠性分析技术可用来识别和改进行为成因要素,从而减少人为失误的机会。这种技术分析的是系统、工艺过程和操作人员的特性,寻找失误的源头。如果不与整个系统的分析相结合而单独使用 HRA 技术,会因为太突出人的行为而忽视了设备特性的影响。所以,在大多数情况下,建议将 HRA 方法与其他安全评价方法结合使用。一般来说,HRA 技术应该在其他评价技术(如 HAZOP、FMEA、FTA)之后使用,以识别出具体的、有严重后果的人为失误。

12. 作业条件危险性评价法(LEC)

美国的 K. J. 格雷厄姆(Keneth J. Graham)和金尼(Cilbert F. Kinney)研究了人们在具有潜在危险环境中作业的危险性,提出了以所评价的环境与某些参考环境的对比为基础,将作业条件的危险性作为因变量,事故或危险事件发生的可能性(L)、暴露于危险环境的频率(E)及危险严重程度(C)为自变量,确定了它们之间的函数式。根据实际经验,他们给出了3个自变量的各种不同情况的分数值,采取对所评价的对象根据情况进行打分的办法,根据公式计算出其危险性分数值 R,再在危险程度等级表或图上查出其危险性分数值对应的危险程度。这是一种简单易行的评价作业条件危险性的方法。

13. 定量风险评价法(QRA)

在危险分析方面,定性和半定量的评价是非常有价值的。但是这些方法仅是定性的,不能提供足够的量化数量,特别是不能对复杂、危险的工业流程等提供足够的信息和决策的依据。定量风险评价可以将风险的大小完全量化,风险可以表述为事故发生的频率和事故后果的乘积。QRA 对这两方面均进行评价,并提供足够的信息,为业主、投资者、政府管理者提供有利的定量化的决策依据。

对于事故后果模拟分析,国内外有很多研究成果,如美国、英国、德国等发达国家,早在 20 世纪 80 年代初便完成了以 Burro、Coyote、Thorney Island 为代表的一系列大规模现场泄漏扩散实验。到了 90 年代,又针对毒性物质的泄漏扩散进行了现场实验研究。迄今为止,已经形成了数以百计的事故后果模型,如著名的 DEGADIS、ALOHA、SLAB、TRACE、ARCHIE 等。基于事故模型的实际应用也取得了发展,如 DNV 公司的 SAFETY Ⅱ 软件是一种多功能的定量风险分析和危险评价软件包,包含多种事故模型,可用于工厂的选址、区域和土地使用决策、运输方案选择、优化设计、提供可接受的安全标准等。

Shell Global Solution 公司提供的 Shell FRED、Shell SCOPE 和 Shell Shepherd 3 个序列的模拟软件涉及泄漏、火灾、爆炸和扩散等方面的危险风险评价。这些软件都是在大量实验的基础上得出的数学模型，具有很高的可信度。评价的结果用数字或图形的方式显示事故影响区域，以及个人和社会承担的风险。可根据风险的严重程度对可能发生的事故进行分级，有助于制定降低风险的措施。

三、风险评价方法的比较

各种评价方法都有各自的特点和适用范围，在应用时应根据评价对象的特点、具体条件和需要以及评价目标分析和比较，慎重选用。必要时，根据实际情况，可同时选用几种评价方法对同一评价对象进行评价，互相补充、分析、综合，相互验证，以提高评价结果的准确性。在表 1-1 中大致归纳了一些评价方法的评价目标、方法特点、适用范围、应用条件、优缺点等，选择风险评价方法时可参考。

表 1-1 系统风险分析及评价方法比较表

评价方法	评价目标	定性或定量	方法特点	适用范围	应用条件	优缺点
类比法	危害程度分级、危险性分级	定性	利用类比作业场所检测、统计数据分极和事故统计分析资料类推	职业安全评价卫生评价作业条件、岗位危险性评价	类比作业场所多，即有可比性	简便易行、检测量大、费用高
安全检查表	危险有害因素分析安全等级	定性、定量	按事先制的有标准要求的检查表逐项检查，按规定赋分标准赋分，评定安全等级	各类系统的设计、验收、运行、管理、事故调查	有事故先编制的各类检查表，有赋分、评级标准	简便、易于掌握、编制检查表难度及工作量大
预先危险性分析(PHA)	危险有害因素分析危险性等级	定性	讨论分析系统存在的危险、有害因素、触发条件、事故类型、评价危险性等级	各类系统设计，施工、生产、维修前的概略分析和评价	分析评价人员熟悉系统，有丰富的知识和实践经验	简便易行，受分析批改年假人员主观因素影响
专家评议法	分析危险有害因素，进行事故预测	定性	举行专家会议，对所提出的具体问题进行分析、预测，综合专家意见得出比较全面的结论	适合于对类似装置的安全评价和专项评价	相关专家熟悉系统，有丰富的知识和实践经验，专家覆盖面广	简单易行，比较客观。十分有用，但对专家要求比较高
故障假设分析法(WI)	分析危险有害因素以及触发条件	定性	讨论分析系统存在的危险和有害因素、触发条件及事故类型	适用于各类设备设计和操作的各个方面	分析评价人员熟悉系统，有丰富的知识和实践经验	简便易行。但受分析评价人员主观因素影响大
故障类型和因影响分析(FMEA)	故障(事故)原因影响程度等级	定性	列表、分析系统(单元、元件)故障类型、故障原因、故障影响评定影响程序等级	机械电气系统、局部工艺过程事故分析	同上 有根据分析要求编制表格	较复杂，受分析评价人员主观因素影响大

续表

评价方法	评价目标	定性或定量	方法特点	适用范围	应用条件	优缺点
故障类型和影响危险性分析（FMECA）	故障原因故障等级危险指数	定性、定量	同上。在 FMEA 基础上，由元素故障概率计算系统重大故障概率计算系统危险性指数	机械电气系统、局部工艺过程、事故分析	同 FMEA 有元素故障率、系统重大故障（事故）概率数据	较 FMEA 复杂、精确
事件树（ETA）	事故原因触发条件事故概率	定性、定量	归纳法，由初始事件判断系统事故原因及条件内各事件概率	各类局工艺过程、生产设备、装置事故分析	熟悉系统、元素间的联系的因果关系、有各事件发生概率数据	简便、易行，受分析评价人员主观因素影响大
故障（事故）树（FTA）	事故原因事故概率	定性、定量	演绎法，由事故和基本条件逻辑推断事故原因，由基本事件概率计算事故概率	宇航、核电、工艺、设备等复杂系统事故分析	熟练掌握方法和事故、基本事件间的联系、有基本事件概率数据	复杂、工作量大、精确。故障树编制有误
格雷厄姆-金尼法	危险性等级	定性、半定量	按规定对系统的事故发生的可能性、人员暴露状况、危险程序赋分，计算后评定危险性等级	各类生产作业条件	赋分人员熟悉系统，对安全生产有吩咐知识和实践经验	简便、实用、易行，受分析评价人员主观因素影响大
道化学公司法（DOW）	火灾爆炸危险性等级事故损失	定量	根据物质、工艺危险性计算火灾爆炸指数，判定采取措施前后的系统整体危险性，由影响范围、单元破坏系数激素那系统整体经济、停产损失	生产、储存、处理燃、爆、化学活泼性、有毒物质的工艺过程及其他有关工艺系统	熟练掌握方法、熟悉系统、有丰富知识和良好的判断能力，须有各类企业装置经济损失目标值	大量是技术感图表、见解明了、参数取位宽、因人而异，只能对系统整体宏观评价
日本劳动省六阶段法	危险性等级	定量、定性	检查表法定性评价，准局法定量评价，采取措施，用类比资料复评，1 级危险性装置用 ETA、FTA 等方法再评价	化工厂和有关装置	熟悉系统、掌握有关方法、具有有关知识和经验有类比资料	综合应用几种办法反复评价，准确性高、工作量大
单元危险性快速排序法	危险性等级	定量	由物质、毒性系数、工艺危险性指数毒性指标，评定单元危险性等级	同 DOW 方法的适用范围	熟悉系统、掌握有关方法、具有有关知识和经验	它是 DOW 方法的简化方法。简捷方便
危险与可操作性研究	偏离及其原因、后果、对系统的影响	定性	通过讨论，分析系统可能出现的偏离、偏离原因、偏离后果及对整个系统的影响	化工系统、热力、水力系统的安全分析	分析评价人熟悉系统、有丰富的知仪和实践经验	简便、易行，受分析评价人员主观因素影响大

四、风险评价方法的选择

任何一种风险评价方法都有其应用条件和适用范围,在风险评价中如果使用了不适合的方法,不仅浪费工作时间,影响评价工作的正常进行,还可能导致评价结果严重失真,风险评价失败。因此,在风险评价中,合理选择评价方法是十分重要的。

1. 风险评价方法的选择原则

在风险评价时,应在认真分析和熟悉被评价系统的前提下,选择风险评价方法。选择风险评价方法应遵循充分性、适应性、系统性、针对性和合理性的原则。

(1) 充分性原则。在选择风险评价方法之前,应充分分析被评价系统,掌握足够多的风险评价方法,并充分了解各种风险评价方法的优缺点、应用条件和适用范围,同时为风险评价工作准备充分的资料。

(2) 适应性原则。风险评价方法应该适应被评价的系统。被评价的系统可能是由多个子系统构成的复杂系统,各子系统评价的重点可能有所不同,每种风险评价方法都有其适应的条件和范围,应该根据系统和子系统、工艺的性质和状态,选择合适的风险评价方法。

(3) 系统性原则。风险评价方法与被评价的系统所能提供的风险评价初值和边值条件应形成一个和谐的整体。也就是说,风险评价方法获得的可信的风险评价结果,必须建立在真实、合理和系统的基础数据之上,被评价的系统应该能够提供所需的系统化的数据和资料。

(4) 针对性原则。风险评价方法应该能够得出所需的结果。根据评价目的的不同,需要风险评价提供的结果也有所不同,可能是危险有害因素识别、事故发生的原因、事故发生的概率等,也可能是事故造成的后果、系统的危险性等,风险评价方法能够给出所要求的结果时才能被选用。

(5) 合理性原则。应该选择计算过程最简单、所需基础数据最少和最容易获取的风险评价方法,使风险评价工作量和要获得的评价结果都是合理的。

2. 选择风险评价方法应注意考虑的问题

选择风险评价方法时应根据风险评价的特点、具体条件和评价目标,针对被评价系统的实际情况,经过认真地分析、比较,选择合适的风险评价方法。必要时,还要根据评价目标的要求,同时选择两种或两种以上的风险评价方法进行风险评价,各种方法互相补充、分析、综合,相互验证,以提高评价结果的可靠性。在选择风险评价方法时应该特别注意以下几方面的问题。

1) 充分考虑被评价系统的特点

(1) 根据评价对象的规模、组成部分、复杂程度、工艺类型(行业类别)、工艺过程、原材料和产品、作业条件等情况,选择评价方法。

(2) 根据系统的规模、复杂程度选择评价方法。随着规模、复杂程度的增大,有些评价方法的工作量、工作时间和费用相应地增大,甚至超过允许的范围。在这种情况下,应先用简捷的方法进行筛选,然后确定需要评价的详细程度,再选择适当的评价方法。对规模小或复杂程度低的对象,如机械工厂的清洗间、喷漆室、小型油库等,属火灾爆炸危险场所,可采用日本劳动省劳动基准局定量评价法(日本化工企业六阶段法的一部分)、单元危险性快速排序法等较简捷的评价方法。

(3)根据评价对象的工艺类型和工艺特征选择评价方法。评价方法大多适用于某些工艺过程和评价对象,如道化学、蒙德的评价方法等适用于化工类工艺过程的风险评价,故障类型和影响分析法适用于机械、电气系统的风险评价。

2)考虑评价对象的危险性

一般而言,对危险性较大的系统可采用系统的定性、定量风险评价方法,工作量也较大,如故障(事故)树、危险指数评价法、TNT 当量法等;反之,可采用经验的定性风险评价方法或直接引用分级(分类)标准进行评价,如安全检查表、直观经验法或直接引用高处坠落危险性分级标准等。

评价对象若同时存在几类主要危险、有害因素,往往需要用几种评价方法分别对评价对象进行评价。对于规模大、情况复杂、危险性高的评价对象,往往先用简单、定性的评价方法(如检查表法、预先危险性分析法、故障类型和影响分析等)进行评价,然后再对重点部位(单元)用较严格的定量法(如事件树、事故树、火灾爆炸指数法等)进行评价。

3)考虑评价的具体目标和要求的最终结果

在风险评价中,由于评价目标不同,要求的最终评价结果也不同,如查找引起事故的基本危险有害因素、由危险有害因素分析可能发生的事故、评价系统的事故发生可能性、评价系统的事故严重程度、评价系统的事故危险性、评价某危险有害因素对发生事故的影响程度等,因此需要根据被评价的目标选择适用的风险评价方法。

4)考虑对评价资料的占有情况

如果被评价系统技术资料、数据齐全,可进行定性、定量评价并选择合适的定性、定量评价方法。反之,如果一个正在设计的系统缺乏足够的数据资料或工艺参数不全,则只能选择较简单的、需要数据较少的风险评价方法。

一些评价方法,特别是定量评价方法,应用时需要有必要的统计数据(如各因素、事件、故障发生概率等)作依据;若缺少这些数据,定量评价方法的应用就受到限制。

5)考虑评价人员的情况

风险评价人员的知识、经验和习惯等,对风险评价方法的选择是十分重要的。风险评价需要全体员工的参与,使他们能够识别出与自己作业相关的危险有害因素,找出事故隐患。这时应采用较简单的风险评价方法,便于员工掌握和使用,同时还要能够提供危险性分级,因此适合采用作业条件危险性分析方法或类似评价方法。

6)合理选择道化法和蒙德法

(1)评价单元的主要物质是有毒物质,并且对毒物危害要求有具体的评价指标时,应考虑选用蒙德法。

(2)评价要求对火灾或爆炸后的影响范围、最大可能财产损失、最大可能工作日损失和停产损失等有具体的反应时,可考虑选用道化法。

(3)要求对单元的火灾、爆炸、毒性等危险因素指标有更全面地反映时,宜采用蒙德法。

(4)在项目预评价时,由于整个项目还处于初步设计阶段,很多参数处于待定状态,此时采用道化法会更合适。

一个企业需要进行风险评价时,必须请专业的风险评价机构进行风险评价,参加风险评价的人员应都是专业的风险评价人员,他们应有丰富的风险评价工作经验,掌握一定的风险评价方法,或者有专用的风险评价软件,这样才能确保使用定性、定量风险评价方法对被评价的系统进行深入的分析和系统的风险评价。

复习思考题

1. 简要说明安全的属性与范畴。安全感与安全是一回事吗？为什么？

2. 如何理解安全的相对性与绝对性？

3. 如何认识风险与危险,风险与危险两者之间的区别和联系是什么？

4. 什么是风险评价？什么是风险管理？说明两者之间的内在联系。

5. 什么是类推原理？常用的类推方法有哪些？

6. 举例说明风险评价方法是如何进行分类的。

7. 选择风险评价方法应遵循哪些原则？选择风险评价方法时应注意考虑哪些方面的问题？

8. 风险评价模型有哪几种类型？风险评价模型的特点是什么？

9. 根据实际情况,试就你感兴趣的风险评价方法说明其适用范围、实施步骤及优缺点。

管道风险管理技术概述

管道风险管理是以管道风险评价为核心内容,管道风险评价涉及很复杂的工程技术问题。因此,管道风险管理具有极强的工程技术特性,与经济领域的风险管理有着本质的不同,属于技术学科的范畴,称其为管道风险管理技术更为恰当。管道风险管理技术随着人类大量运用各类管道来传输多种能源物质应运而生。管道风险管理技术按照产生的时间先后及目的、内容、结果的不同,大体上可划分为三大类:管道风险评价技术、管道适用性评价技术和管道完整性管理技术。这三类管道风险管理技术有着内在的密切联系,相互交叉,但在内容、范围、结果和解决的问题上又有着明显的差异。

第一节　管道风险管理基础

管道是一种较安全、经济的能源输送运输方式,与公路、铁路等其他运输方式相比,管道的失效概率较小。由于管道服役条件恶劣,随着管道的老化等因素,管道的失效或损坏是不可避免的。随着管道输送介质的不同,管道的失效或损坏所造成的事故风险也存在着很大差别。开展管道风险管理,特别是输送易燃、易爆和有毒介质的管道,对于管道安全具有重要的现实意义。

一、管道基础知识

1. 管道及其分类

管道是用管子、管子连接件和阀门等连接成的,用于输送气体、液体或带固体颗粒的流体的装置。通常,流体经鼓风机、压缩机、泵和锅炉等增压后,从管道的高压处流向低压处,也可利用流体自身的压力或重力输送。管道的用途很广泛,主要用在给水、排水、供热、供煤气、长距离输送石油和天然气、农业灌溉、水利工程和各种工业装置中。管道通常按照以下方法进行分类。

(1) 按材料分类:金属管道和非金属管道。

（2）按设计压力分类：真空管道、低压管道、高压管道、超高压管道。

（3）按输送温度分类：低温管道、常温管道、中温和高温管道。

（4）按输送介质分类：给排水管道、压缩空气管道、氢气管道、氧气管道、乙炔管道、热力管道、燃气管道、燃油管道、剧毒流体管道、有毒流体管道、酸碱管道、锅炉管道、制冷管道、净化纯气管道、纯水管道。

2. 管道常见技术问题

城市中的给水、排水、供热、供煤气的管道干线和长距离的输油输气管道大多敷设在地下，而工厂里的工艺管道为便于操作和维修多敷设在地上。管道的通行、支承、坡度与排液排气、补偿、保温与加热、防腐与清洗、识别与涂漆和安全等，无论是地上敷设还是地下敷设，都是重要的问题。

（1）通行问题。地面上的管道应尽量避免与道路、铁路和航道交叉。在不能避免交叉时，交叉处跨越的高度也应能使行人和车船安全通过。地下的管道一般沿道路敷设，各种管道之间保持适当的距离，以便安装和维修；供热管道的表面有保温层，敷设在地沟或保护管内，应使管子能膨胀移动和避免被土压坏。

（2）支承问题。管道可能承受许多种外力的作用，包括本身的重量（管子、阀门、管子连接件、保温层和管内流体的重量）、流体的压力作用在管端的推力、风雪载荷、土壤压力、热胀冷缩引起的热应力、振动载荷和地震灾害等。为了保证管道的强度和刚度，必须设置各种支（吊）架，如活动支架、固定支架、导向支架和弹簧支架等。支架的设置应根据管道的直径、材质、管子壁厚和载荷等条件决定。固定支架用来分段控制管道的热伸长，使膨胀节均匀工作。导向支架使管子仅做轴向移动。

（3）坡度和排液排气。为了排除凝结水，蒸汽和其他含水的气体，管道应有一定的坡度，一般不小于千分之二。对于利用重力流动的地下排水管道，坡度不小于千分之五。蒸汽或其他含水的气体管道在最低点设置排水管或疏水阀，某些气体管道还设有气水分离器，以便及时排去水液，防止管内产生水击和阻碍气体流动。给水或其他液体管道在最高点设有排气装置，排除积存在管道内的空气或其他气体，以防止气阻造成运行失常。

（4）补偿问题。管道如不能自由地伸缩，就会产生巨大的附加应力。因此，在温度变化较大的管道和需要有自由位移的常温管道上，需要设置膨胀节，使管道的伸缩得到补偿而消除附加应力的影响。

（5）保温和加热。对于蒸汽管道、高温管道、低温管道以及有防烫、防冻要求的管道，需要用保温材料包覆在管道外面，防止管内热（冷）量的损失或产生冻结。对于某些高凝固点的液体管道，为防止液体太黏或凝固而影响输送，还需要加热和保温。常用的保温材料有水泥珍珠岩、玻璃棉、岩棉和石棉硅藻土等。

（6）防腐和清洗。为防止土壤的侵蚀，地下金属管道表面应涂防锈漆或焦油、沥青等防腐涂料，或用浸渍沥青的玻璃布和麻布等包覆。埋在腐蚀性较强的低电阻土壤中的管道须设置阴极保护装置，防止腐蚀。地面上的钢铁管道为防止大气腐蚀，在表面上涂覆以各种防锈漆。各种管道在使用前都应清洗干净，某些管道还应定期清洗内部。为了清洗方便，在管道上设置有过滤器或吹洗清扫孔。在长距离输送石油和天然气的管道上，须用清扫器定期清除管内积存的污物，为此要设置专用的发送和接收清扫器的装置。

（7）识别涂漆。当管道种类较多时，为了便于操作和维修，在管道表面上涂以规定颜色的油漆，以资识别。例如，蒸汽管道用红色，压缩空气管道用浅蓝色等。

（8）安全问题。为了保证管道安全运行和发生事故时及时防止事故扩大，除在管道上装设检测控制仪表和安全阀外，对某些重要管道还采取特殊安全措施，如在煤气管道和长距离输送石油和天然气的管道上装设事故泄压阀或紧急截断阀。它们在发生灾害性事故时能自动及时地停止输送，以减少灾害损失。

二、管道风险

参照《油气输送管道风险评价导则》（SY/T 6859-2012）的定义，具体到研究的对象管道设备设施，可以对管道风险做出如下的界定：管道风险是管道系统潜在损失的度量，是对管道系统失效事故的发生概率和后果严重程度的综合度量，通常表述为管道系统失效概率与后果的乘积。

管道输送的介质大多具有易燃、易爆和有毒的特性，一旦发生管道失效事故，人身安全、环境都会受到严重危害，并造成巨大的经济损失。所以，从后果和损失来看，油气管道与其他输送普通非危险物品介质的管道相比，具有更高的风险，带来的不良影响巨大且容易突变、激化和放大。

1. 油气管道失效事故

管道运输是石油、天然气最经济、合理的运输方式。由于石油、天然气的易燃、易爆性和具有毒性等特点，管道的安全运行非常重要。油气输送管道长时间服役后，会因外部干扰、腐蚀、管材和施工质量等原因发生失效事故，导致火灾、爆炸、中毒，造成重大经济损失、人员伤亡和环境污染。

20 世纪 50 年代以来，随着油气管道的大量敷设，管道事故屡有发生，并造成灾难性后果。迄今为止，破裂裂缝最长的管道失效事故是 1960 年美国的 Trans-Western 公司的一起输气管道脆性破裂事故，这条管道管径 76cm，钢级 X56，裂缝长度达 13km。损失最惨重的是 1989 年苏联乌拉尔山隧道附近的输气管道爆炸事故，烧毁两列列车，伤亡 1024人（其中约 800 人死亡）。

1994 年，美国新泽西州发生了天然气管道破裂泄漏着火事故，122～152m 高的火焰毁坏了 8 幢建筑。破裂处曾发生过机械损伤，壁厚减薄。1999 年，美国华盛顿发生一起汽油管道破裂事故，25 万加仑汽油流入河中并着火燃烧，导致 3 人死亡。破裂是从有机械损伤处开始的。内检测曾检测出此缺陷，但未及时处理。

2000 年 8 月，美国新墨西哥州发生天然气管道爆炸着火事故，造成 12 人死亡。这段管线于 1950 年建造，在破裂处可以发现明显的内腐蚀缺陷。2004 年 7 月 30 日，比利时布鲁塞尔以南 40km 处发生一起天然气管道爆炸着火事故，造成 21 人伤亡。管道钢级为X70，管径 91cm，壁厚 10mm。系第三方损伤引起。损伤尺寸为长 280mm、深 7mm，损伤处剩余壁厚 3mm。2004 年，陕京线榆林神木附近发生天然气泄漏，系第三方损坏，幸无人员伤亡。

2. 油气管道失效模式

失效模式是失效的表现形式。油气管道的失效模式主要包括断裂、变形、表面损伤三大类。如图 2-1 所示。陕京管线某处山洪暴发导致管道悬空,造成屈曲和振动疲劳破坏。

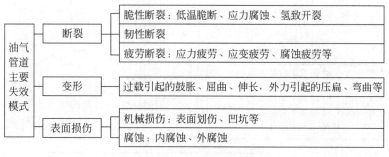

图 2-1 油气管道的失效模式

【例 2-1】 实践证明,大多数设备的故障率是时间的函数,典型故障曲线称之为浴盆曲线(bathtub curve,失效率曲线)。浴盆曲线是指产品从投入到报废为止的整个寿命周期内,其可靠性的变化呈现一定的规律。如果取产品的失效率作为产品的可靠性特征值,它是以使用时间为横坐标,以失效率为纵坐标的一条曲线,曲线的形状呈两头高,中间低,有些像浴盆,所以称为"浴盆曲线"。曲线具有明显的阶段性,失效率随使用时间变化分为三个阶段:早期失效期、偶然失效期和耗损失效期,如图 2-2 所示。

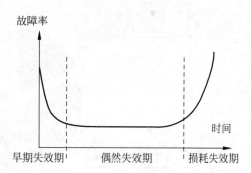

图 2-2 普通事故率曲线图(浴盆曲线)

第一阶段是早期失效期(infant mortality):表明产品在开始使用时,失效率很高,但随着产品工作时间的增加,失效率迅速降低。这一阶段失效的原因大多是由于设计、原材料和制造过程中的缺陷造成的。为了缩短这一阶段的时间,产品应在投入运行前进行试运转,以便及早发现、修正和排除故障;或通过试验进行筛选,剔除不合格品。

第二阶段是偶然失效期,也称为随机失效期(random failures):这一阶段的特点是失效率较低,且较稳定,往往可近似看作常数,产品可靠性指标所描述的就是这个时期。这一时期是产品的良好使用阶段,偶然失效主要原因是质量缺陷、材料弱点、环境和使用不当等因素引起。

第三阶段是耗损失效期(wear out):该阶段的失效率随时间的延长而急速增加,主要由磨损、疲劳、老化和耗损等原因造成。

3. 油气管道失效原因

导致油气管道失效事故发生的原因有很多。从现有的事故情况来看,油气管道失效原因包括 5 个方面:外部干扰或外部因素、管道腐蚀、管道焊接和材料缺陷、管道设备和操作错误和其他原因,如图 2-3 所示。图 2-4～图 2-7 分别给出了欧洲、美国、中国以及全世界的油气管道事故原因统计比例和事故原因的归结结果。

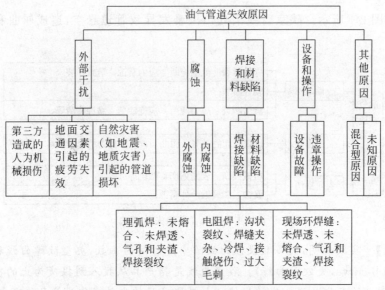

图 2-3   油气管道失效原因分析

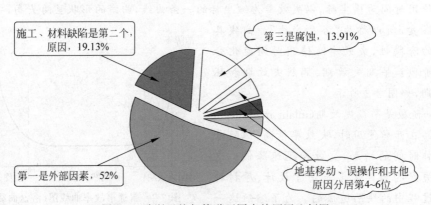

图 2-4   欧洲天然气管道不同事故原因比例图

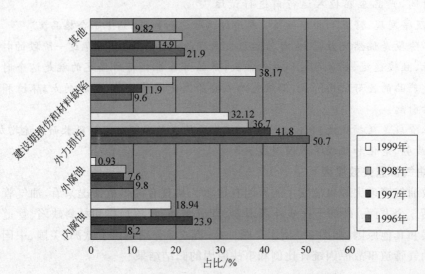

图 2-5   美国运输部 1996—1999 年事故原因统计

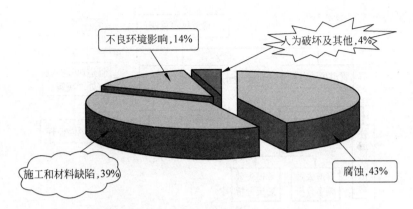

图 2-6　中国 20 世纪 90 年代以前输气管道不同事故原因比例图

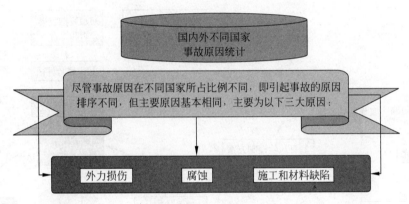

图 2-7　全世界油气管道事故原因归结图

三、管道风险管理

1. 管道风险管理的范畴

从《风险管理 术语》(GB/T 23694—2013)关于风险管理(risk management)的定义出发,结合前文有关管道风险的界定,可以定义:管道风险管理是一个识别、确定和度量管道风险,并制订、选择和实施管道风险处理方案而进行的计划、组织、协调、控制、监督等活动的过程。

管道风险管理的范畴包括管道风险的分析、评价和控制(处理),这是管道风险管理三要素。完整的管道风险管理过程包括:风险分析、风险评价、风险控制(处理决策)、风险监控四个部分,是一个闭合系统,如图 2-8 所示。

在对管道风险进行分析、评价、提出风险控制与应对方案后,随着管道风险应对计划的实施,管道风险会出现许多变化,这些变化需获得及时反馈,再进行新的管道风险分析和评价,从而调整风险应对计划并实施新的风险处理决策。完整的管道风险管理是一个伴随管道服役周期的循环管理过程,其工作模式如图 2-9 所示。

虽然管道运营管理单位在设计、施工和运行期间严格遵守各种规范,采取各种技术手

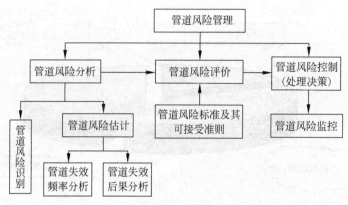

图 2-8　管道风险管理的范畴

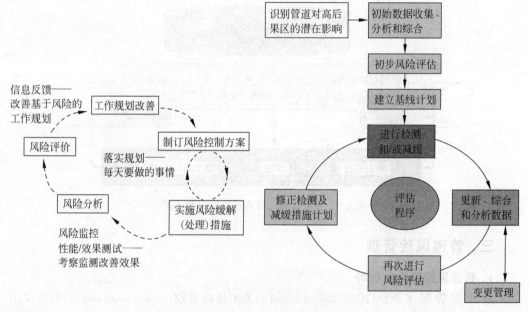

图 2-9　管道风险管理的工作模式

段防止大部分事故的发生,但仍然存在许多无法预料的事故风险威胁着管道的安全。对管道进行风险管理的目的就是识别和确定管道存在的种种风险,将有限的资金合理有效地应用到管道的维护和管理活动中,降低管道事故发生的频率和损失的严重程度,以使管道的安全状态保持在一个可接受的风险水平,从而满足政府、公众和自身的安全需要。

2.管道风险管理技术

管道风险管理技术是将管道风险分析、评价方法和风险控制方法结合起来,以管道风险评价技术为核心内容。随着管道风险管理技术不断发展和演进,先后形成了相对独立的三大技术方法体系:管道风险评价技术、管道适用性评价技术和管道完整性管理技术。这三类管道风险管理技术有着内在的密切联系,相互交叉,但在内容、范围、结果和解决的问题上又有着明显的差异。本章将介绍管道风险评价技术、管道适用性评价技术,管道完整性管理技术将在第六章进行专门的介绍。

比较管道风险评价技术、管道适用性评价技术和管道完整性管理技术，主要相同点和不同点如下，如图 2-10 所示。

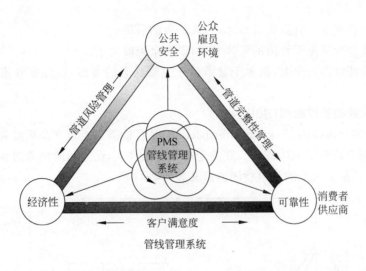

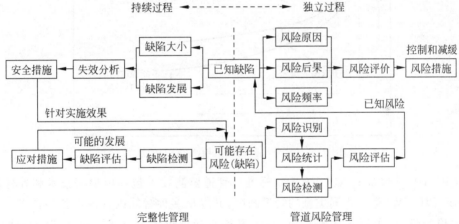

图 2-10　管道风险管理技术的比较

1）相同点

（1）目的相同：为了保证管道的安全运行。

（2）流程相同：识别/检测→评价→措施，并需要检测。基于历史数据，找出可能的薄弱环节，进行检测，再依照某一模型进行评价，得出结论。

2）不同点

（1）应用点不同。

① 风险评价针对在役管道的某个时段所有可能的项目，主要是在管道运行期间，更注重管道当前的安全状况，强调对当前管道可能存在的风险进行识别、风险评价，对不同的风险及后果应用风险接受判据，采取有针对性的风险控制措施，使风险减低到可以接受的程度。

② 适用性评价针对有缺陷的在役管道，考虑运行条件。

③ 完整性评价在全生命期,针对管道全面的运行环境,强调在管线生命期的设计、建造、运行直至报废等各个阶段都要进行持续不断地管理,是一种主动预防的管理方法,是先进管理经验的总结提炼。

(2) 侧重点不同。

① 风险评价侧重于管道失效概率,考虑失效的后果。

② 适用性评价侧重于管道的管体状况,以剩余强度为主。

③ 完整性评价考虑全面,侧重于管道处于完整状态的考虑,以保证管道的长期安全运行。

3. 基于风险的管道检测(RBI)

基于风险的管道检测(risk-based inspection)是将检测重点放在高风险和高后果的管段上,而把注意力放在低风险部分。在给定的检测条件下,基于风险的管道检测更有利于降低管道风险。基于风险的管道检测的意义如图 2-11 所示。

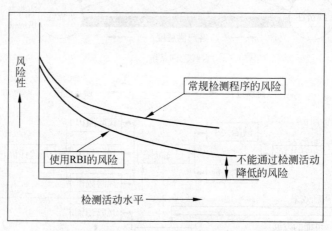

图 2-11　基于风险的管道检测(RBI)的意义

美国 API 已颁布了 API RP 580 标准。管道监测技术包括内检测技术和外检测技术。GE/PII、TWI 等对不同类型的管道缺陷,开发出多种智能内检测设备和技术。在不具备内检条件时,可以选用外检测技术(又称直接评价 DA 技术),包括 PCM、DCVG、CIPS 等技术,以及开挖后,对管体缺陷进行检测的超声、射线等无损检测技术。

第二节　管道风险评价技术

管道风险评价技术是近 40 年来发展起来的管道安全技术之一。中华人民共和国石油天然气行业标准《油气输送管道风险评价导则》(SY/T 6859-2012)对管道风险评价做出了基本规定。本节将以该标准为基础介绍管道风险评价技术。

一、管道风险评价基础

1. 基本概念

(1) 管道风险分析(risk analysis)是指根据掌握的信息估计管道风险因素对人员、财产或环境产生不利影响的可能性大小及后果的严重程度。

（2）管道风险评估（pipeline risk estimation）是指综合管道失效概率和后果的分析结果，确定管道风险水平的过程。管道风险评估就是识别对管道安全运行有不利影响的危害因素，评估事故发生的可能性和后果大小，综合估算得到管道风险大小。

（3）管道风险评定（risk evaluation）是指判断管道风险评价结果严重程度的过程，包括对风险管理措施的选择和评价。

（4）管道风险评价（risk assessment）是指管道风险分析和风险评定的过程。

通过对比上述管道风险评估和管道风险评价的定义，可以发现，它们之间是存在差异的，并不能完全等同。根据《油气输送管道风险评价导则》（SY/T 6859-2012）的规定，管道风险评价涵盖了风险分析和风险评定的内容，包括了识别风险，通过管道失效概率和后果的分析结果估算风险水平以及判断风险程度与措施的选择、评价；管道风险评估仅指通过管道失效概率和后果的分析结果估算风险水平或者风险量值，重点强调对于风险量值的定量计算、估算或者定性水平描述，取的是估计、估算之意。这与《风险管理 术语》（GB/T 23694-2013）关于风险评价、风险评估的定义是有很大差异的，要引起注意。

在很多场合，风险评价与风险评估是混同使用的。通过标准对比和语义分析，风险评价更能说明和强调过程性，而风险评估主要强调对风险水平或风险量值的估算、估计、判断。本书统一采用风险评价的提法。当使用风险评估时，主要是指对风险水平或风险量值的估算、估计或判断。

2. 管道风险评价的目的

管道风险评价的目的是：综合管道上各种失效风险发生的概率，对可能的风险进行评价，根据得到的风险值，综合考虑各种风险的后果，取得经济投入与可能的失效后果的损失之间的平衡，做出存在的风险是否可以接受，为投入的控制和缓解风险方案的决策提供依据。管道风险评价目的-风险投资理论成本优化关系如图 2-12 所示。

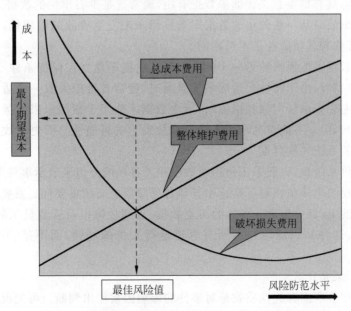

图 2-12　管道风险评价目的-风险投资理论成本优化关系

管道风险评价关键要解答好下列三个问题。

问题 1：什么情况可能出事故？

在评定可能导致管线事故的起因之前,首先必须确定事故的模型。简言之,当管道系统的任何一部分使"有效量"的产品偶尔泄漏,则存在事故。"有效量"一词就是区别"事故"与有害性的泄漏。除非输送介质具有很强的毒性,否则,法兰附近以及管道设备的微量泄漏是无关紧要的(对这里所说的事故而言)。

绝大多数管线都是带压的,这就要求其管壁具有一定强度。假如管壁缺乏足够的强度,就会发生事故。因为腐蚀或机械损伤造成的刮痕、凿痕等使得管壁变薄,降低管道强度;倘若承受的压力超越其设计能力(例如,过压、过度弯曲及过热等),亦将不可避免地发生事故。

必须全面综合地解答"什么情况可能出事故"这个问题。任何一种可能的事故模型及其起因都必须加以识别与确定。在这个阶段不考虑事故发生的概率,即使是只有极小可能性的事故类型也必须包括在内。同时,也一定会发生一些涉及许多相关事件的复杂情况。当鉴别危险性时,其他一些安全事件之间意外的相互作用则常常被人们忽略。

用于鉴别危险性的一个有效的手段就是进行危险性及其可操作性研究(HAZOPs)。在这项技术里,专家小组通过一系列会议,对虚拟的危害进行分析。这项技术的长处在于所做的风险评价是完全彻底的。

问题 2：它可能会怎样？

危险一旦被鉴别,就可以计算导致事故发生的各种事件的可能性。若几个事件必然引发事故时,那么通过综合这些独立事件的可能性就可获得事故发生的概率。对这些事件发生的可能性进行综合分析评价时,是采用连续发生性的,还是同时发生性的事件,取决于各事件间的相互作用关系。

这里,可以理想化地应用历史事件。然而,过去的历史数据通常并不是对所有可能存在的事件序列都具有借鉴意义。如果数据有用,通常这是少有事件的数据。例如,运行多年仅发生一次事故。从一些较小的数据库来推测未来发生事故的可能性,可能导致明显的误差,也就意味着其精确性是不可靠的。

使用历史数据可能面临的另一个问题是：其前提是建立在保持条件不变的情况下。例如,从历史资料看,由于腐蚀而造成多发泄漏时,经营者希望采取一些适当的措施减少泄漏。但只有在未采取任何弥补措施时,历史数据才能用于预测未来。尽管历史数据是一项重要的资料,但它不能单独地用来确定事故发生的可能性。历史事故可以给评价者对其正在评价的系统一些启发。

在风险评价系统里,一般采用每项指数中相关各项的分值来表示事件发生的可能性。每一项的分值反映出该项相对于指标中其他各项数值之间的重要性。重要性建立在一般操作人员的经验上(其中包含：事故的历史数据、近期故障以及管道员工的知识)。无论在何种情况下,这种知识均应包括所有管道运行人员的经验,而不是一个管道公司的经验。

问题 3：后果是什么？

任何风险评价所固有的性质就是对事件的影响因素作出判断。可先设置一特定事故可能造成损失的数值,那么这就是用于防范事故所能承受的花费。社会上用在安全及降低风险方面的投资是有限的,必须对投入降低风险方面的资源进行利弊权衡。

大多数损失成分易于量化。针对主要的管道事故(管道输送产品的逸出有可能引起爆炸和火灾),应对诸如破损的建筑物、车辆及其他成本(停输成本、产品漏失成本以及清扫成本等)的损失进行定量分析。然而,倘若面对人的生命丧失,将该如何评价? 在此方面已有许多论述。

确定一个人生命的经济价值通常主要采用两种方法。必须指出,这只是"统计生命",而非一个真正意义上的人的生命。在特定的情形下,社会总是愿意不惜一切代价去拯救人的生命,如救援陷入井下的矿工等。统计生命只是反映了社会为了减少意外人身伤亡的统计风险而必须花费的数额。

第一种方法是人力资本方法,就是根据"一个人"对未来社会贡献的经济损失。第二种方法是支付的意愿,考虑"一个人"可能支付多少(折合成财产和中止工作)来获得减少意外伤亡的可能性。两种方法各有其利弊。不同国家及其政府机构和不同的研究结果规定了不同的人的价值。此外,在这里需要强调,这只是统计生命的价值数据,而不能等同于任何一个真正意义上的人的价值。

【例 2-2】　美国环保署目前通常将人的价值定为一个人 150 万美元,这是已经确定的支付的极限值。要是用于救助"一个人"的成本不高于 150 万美元,那么,这个规程就被认为是合理的。

一般,对于任何特殊的企图,都由社会来决定什么才是可接受的风险水平。社会及经济等诸多因素还影响人们对风险的承受能力。当然,这些已超出了本书的范围。可是,重要的是降低风险对于社会来说是有代价的。社会将会权衡在特殊情况下为防止付出另一种代价而改进安全的费用。各种类型的价值判断有助于确定什么是可接受的风险。

【例 2-3】　在高速公路上所能接受的交通事故死亡率,对于管道行业来讲通常是不可接受的。我们是否每 10 年花一笔额外的钱用于支付 1 例交通事故? 或资助 1 个贫困儿童,两天需要花销多少人民币?

寻找降低管道风险的过程中,可能出现具有讽刺意味的现象——因为许多活动都受成本费用的驱动,所以以安全名义支出的费用可能实际上增加全局风险。

【例 2-4】　指定用于增进管道安全的某些资金,其成本的增加将促使更多的待运货物转而选择其他的输送方式。倘若那些输送方式的安全性远远低于管道输送,那么社会风险实际上是增加了。

二、管道系统风险量化计算模型

定量风险评价是对设施或作业活动中发生事故的概率和后果进行分析和定量计算,将计算出的风险值与风险管理标准相比较,判断风险是否可接受,并提出控制风险的措施建议。

定量风险评价主要回答四个问题即:评价对象可能会出现什么问题,意外事件发生的概率有多大,后果会怎么样,该意外事件的风险是否可以接受。

1. 管道风险量化计算模型

1）单项事故的风险值

设以 R_i 为第 i 种事故的风险值；P_i 为第 i 种事故出现的概率（或频率）；C_i 为第 i 种事故的后果损失，则

$$R_i = P_i \times C_i \quad (i = 1, 2, \cdots, 7) \tag{2-1}$$

对于油气管线来说，事故通常可分为外腐蚀、内腐蚀、第三方破坏、土壤移动、设计（材料）因素、系统安全因素及应力腐蚀裂缝 7 类。

2）某段管段的某项事故的风险值

设整个管线系统共划分成 m 段，而第 j 段管段的第 i 项事故的风险值为 R_{ij}，则

$$R_{ij} = P_{ij} \times C_{ij} \tag{2-2}$$

式中，P_{ij} 为第 j 段管段的第 i 项事故的概率；C_{ij} 为该段出现第 i 项事故后的后果损失。

3）整个管道系统的总风险值

设以 R_s 代表此管道系统总风险值。当管线共划分成 m 管段时，则

$$R_s = \sum_{j=1}^{m} \sum_{i=1}^{n} R_{ij} = \sum_{j=1}^{m} \sum_{i=1}^{n} P_{ij} \times C_{ij} \tag{2-3}$$

2. 风险可接受准则

风险评价结果应与风险可接受准则对比。如果当前的风险水平不能接受，那么应采取措施降低风险。下面在介绍 ALARP 原则的基础上说明个体风险和社会风险的推荐可接受准则。该准则是在统计分析我国人员伤亡事故数据的基础上制定的，推荐参照该准则评定管道的人员风险（个体风险和社会风险）。

1）ALARP 原则

ALARP 原则又称"二拉平"原则，是"最低合理可行（as low as reasonably practicable，ALARP）"原则的俗称。ALARP 原则是当前国外风险可接受水平普遍采用的一种风险判据原则。如图 2-13 所示，在定量风险评价中，ALARP 原则设定了风险容许上限和下限，将风险分为三个等级。位于上限之上的风险，不能接受；位于下限之下的风险，可以接受；中间称为 ALARP 区域，应在经济、可行的前提下采取措施尽可能地降低这一区域的

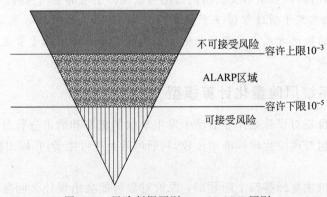

图 2-13　风险判据原则——ALARP 原则

风险水平。作为一种原则,各个企业单位可结合本行业或企业本身的实际情况制定具体的风险可接受水平。

2) 可接受个体风险准则

个体风险(individual risk,IR)是指在评价位置长期生活、工作的,并未采取任何防护措施的人员遭受特定危害而死亡的概率。对于给定的管道,个体风险等值线是沿管道轴线平行分布,个体风险受管径、输送介质、操作压力、管道失效概率、失效模式和灾害类型等因素的影响。通过给定的可接受个体风险水平,可确定管道的安全距离。

可接受个体风险准则可参照图 2-14 所示。个体风险分为三个区域,即不可接受区、可接受区和广泛接受区并遵循 ALARP 原则。

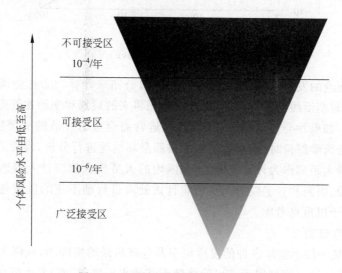

图 2-14 可接受个体风险准则推荐值

(1) 如果个体风险水平高于容许上限(10^{-4}/年),该风险不能被接受。

(2) 如果个体风险水平低于容许下限(10^{-6}/年),该风险可以接受。

(3) 如果个体风险水平基于上限和下限之间,可考虑风险的成本与效益分析,采取降低风险的措施,使风险水平尽可能低。

3) 可接受社会风险准则

社会风险用于描述事故发生的可能性和灾害导致人员伤亡数量之间的关系,或者解释为导致 N 人以上死亡事故的发生概率 F,常采用社会风险曲线(F-N 曲线)表示,如图 2-15 所示。

图 2-15 中,直线上方为不可接受区,下方为可接受区。图 2-15 表示每千米管道事故发生概率(每年)F 和事故导致的死亡人数 N 之间的关系。当该准则应用于管道时,需要确定所评价的管道长度,在该长度管道上发生的所有事故和后果都应纳入评价中。管道运营商可根据自身情况,将现有准则线平行下移,两条直线中间的区域可作为可接受区,在可能的情况下尽量降低落入该区域的风险。

社会风险的计算包括以下几点:①社会风险计算可假设管道周围人口是均匀分布,

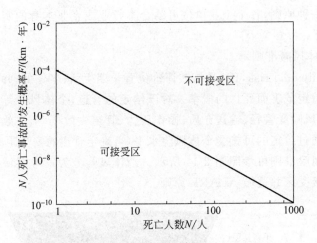

图 2-15 　可接受社会风险准则（$F\text{-}N$ 曲线）

或者按照特定地点的发展水平、建筑物布局和人口分布来计算。②社会风险不仅要考虑管道设计、建设时期沿线的人口状况，而且应考虑将来的规划和变动在管道的某些区段导致人口的增加。如果社会风险增加很大，管道运营商应考虑合适的减缓措施降低风险。③进行定点社会风险评价时，应对管道事故按照最坏情况进行分析，将管道事故能够威胁到人员安全的最大距离作为评价范围，该范围内的人员伤亡都应计入管道造成的社会风险之中。④学校、医院和养老院等人员密集且该处人员行动不便的区域是比较敏感的区域，在评价中应予以重点考虑。

4）风险矩阵模型

图 2-16 为某一简单危险事件的发生概率及危害后果的矩阵图，该图为风险评价提供了一个思路框架。这一模型揭示了风险将随着其危害后果和（或）发生概率的增大而加大加深。当然，仅仅在这个模型中很难考虑周全所有的相关因素以及它们之间相互关系，但它有助于使某些特定的风险问题具体化。

矩阵法初始阶段采用传统的对称矩阵，实际上是乘积法的改良。引入模糊概念，先由各基本因素情况分别评价事故可能性和后果严重度的等级，再根据矩阵确定运行风险等级。矩阵以纵坐标表示后果严重度，分为 5 个等级，其中 Ⅰ 表示事故后果轻微，Ⅴ 表示事故后果严重。横坐标表示事故可能性，也分为 5 个等级，其中 Ⅰ 表示事故可能性小，Ⅴ 表示事故可能性大。

矩阵中数值代表运行风险的大小。依据传统的对称矩阵（见图 2-16），管段运行风险的判别分级如下：1～3 为轻微，4～9 为一般，10～19 为较大，20 以上为极大。

根据风险管理的最新进展，应加重对后果严重度的考虑，降低事故可能性对风险等级的影响。美国石油学会《基于风险的检验规范》（API 581），将矩阵修订为非对称性的（见图 2-17）。图 2-17 中 A 区为轻微风险区；B 区为一般风险区；C 区为较大风险区；D 区为极大风险区。

与传统的对称矩阵相比，风险矩阵是非对称的，风险判断结果有明显差别。

图 2-16 对称的风险矩阵模型

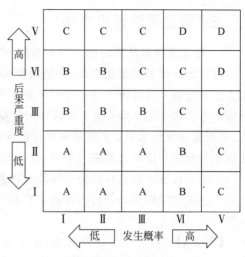

图 2-17 非对称的风险矩阵模型

【**例 2-5**】 在管道风险评价时,将评定所得的事故可能性与事故后果在矩阵上作点,该点落在哪个区就表明管道的风险为哪一等级。如图 2-18 所示。

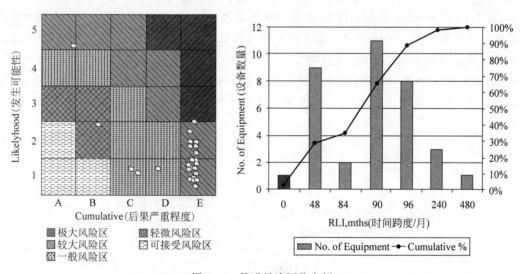

图 2-18 管道风险评价实例

【**例 2-6**】 事故可能性为Ⅱ,后果严重度为Ⅲ时,按图 2-17 则风险等级为一般,需保持正常维修,但事故可能性为Ⅲ,后果严重度为Ⅱ时,风险等级为轻微,可适当减少巡查频度,发现防腐层破损也无须安排开挖维修,待日后进行接线碰口等开挖时再顺便处理,以减少城管赔偿。

【**例 2-7**】 事故可能性为Ⅲ,后果严重度为Ⅴ时,按照图 2-16 的对称矩阵,风险等级为较大,仅需将之列入整改计划;而按图 2-17 的非对称矩阵,风险等级则为极大,需尽快安排整改。

三、管道风险评价方法

1. 管道风险评价方法的分类与选择

按照评价结果的量化程度,管道风险评价方法分为定性风险评价方法、半定量风险评价方法和定量风险评价方法。定性风险评价方法对事故的发生概率与后果采用相对的、分级的方法来描述风险;定量风险评价根据统计数据或数学模型量化管道失效概率和后果,分析管道风险水平;半定量风险评价介于定性风险评价和定量风险评价方法之间,采用量化指标来评价失效概率与后果。

风险评价方法的选择取决于风险评价的目的、经济投入、可以得到的数据完整程度等因素。常用的定性风险评价方法有安全检查表法、专家评分法等,常用定量风险评价方法有概率模型法等。

【**例 2-8**】 对于许多评价方法,其主要概念(或基本的评价步骤)可用图 2-19 进行阐明。该图揭示了某一初始事件的可能性,以及随着其可能性增大可能发生的下一个事件、某些可能将减少事件或事故的相互作用,以及可能的最终结果。这幅高度简化的插图描绘了事件的相互影响是怎样迅速产生了如此难于控制的发展过程,尤其是在考虑到了所有可能存在的起始事件时。通常也难于确定与各事件有关的可能性。例如,图 2-19 显示出,一次大的破裂产生 600 个着火点,1 点将造成爆炸;500 点则可能引发一起高温损害;而 99 点则仅能导致一场局部火灾。只不过发生着火的概率是 1/30;发生大爆裂的概率是 1/100;或许每 2 年管线遭受一次撞击。需要指出的是,上述所列的不是"真实"的数据,只不过通常是用来阐明某一观点的。而事实上,对这些数字进行估算是很困难的。因为沿着图中的任一途径将各种可能性联系起来,可能迅速形成不正确性。

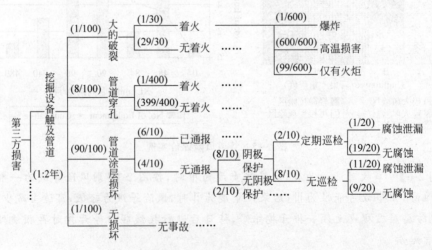

图 2-19　风险评价的判断过程

【**例 2-9**】 图 2-20 是原料输送系统示意图。图 2-21 给出了该系统发生故障的风险分析过程。

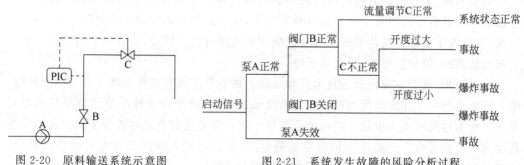

图 2-20　原料输送系统示意图　　　　图 2-21　系统发生故障的风险分析过程

HAZOP、ETA、FTA、what…if 等常针对基本情景的风险评价方法,对调查特定的情况是极其有用的,有助于确定最佳阀门位置以及安全保护系统安装、管线路由选择和其他的普遍管道分析等。它们通常注重于实际应用。

这些评价方法之间有着相同或是互为补充的地方。有时,运用其中的某种方法很难区分定性分析与定量分析。若大部分使用数字则表示定量分析,但有时数字却仅代表着定性分析评价。例如,在一个定性分析评价矩阵中,可以用数值1、2、3来代表低、中、高。

虽然每种方法都有其自身的强项与弱项,存在一定的局限性,但指数法的应用仍然很具有吸引力,其原因如下:①可快速得到答案;②分析成本低廉(一种使用有用信息的直观方法);③全面综合(能够包容不完善的认识,且易于改进成为有用的数据);④可作为一种资源配置模型的决策支持工具。该方法的一个关键核心组成部分是主观风险评价。

2. 主观风险评价法

主观风险评价法属于风险评价方法中的一个特殊类型。大多数人每天都在使用这种方法:当完全凭借某些量化数据而无法判断出风险的时候,就需使用主观风险评价法。由于受到知识水平的制约,使用主观判断、经验、直觉以及其他一些不可量化资源等要素,至少部分地造成评价结果的主观性。

专家评分法(评分系统)属于最常用、最典型的一类主观风险评价法。这类方法实际上就是人为地根据系统中各类危险有害因素或风险因素的具体特点和情况、以往统计资料等,赋予其一定的相对分值,然后利用这些分值数据按照一定的计算模型确定衡量该系统风险的相对量化数值,进而对系统风险做出评定和判断。打分一般由具有丰富经验的专家或专业人员来进行。

1)专家评分法(评分系统)

本书所讲的管道风险评价方法主要是专家评分法(评分系统),尽管是许多种方法的综合产物,但本质上还是隶属于主观风险评价法,就是将可能增添管线风险的各种环境、条件等赋予分值。分值来自以往事故的统计资料与操作人员(专家/专业人员)的经验的综合。

这项方法的最大优势在于包含大量信息。例如,除实际事故之外还考虑了些微的误差。而评分的主观性则是其最主要的缺陷。故必须特别努力以确保评分的一致性。

如上所述,某项的得分值所反映的是该项参数相对于其他各项的相对重要程度。高分值意味着具有更大的重要性。在这种情况下,更普遍和更具灾难性事故项则更为重要。因此,事故发生概率及其危害程度都会影响该项的评分值。同理,更有效的预防措施相比有效性较差的,得分应更高,更具重要性。

相对说来,这套主观评分法技术简单易懂。调查管道风险进程大体上分为两个部分。第一部分是列一个详细分项清单及所有可能预见的、可能导致管线故障的事件的相对权重——什么情况可能出事故?它可能会怎样?第二部分是对事故可能发生的潜在的危害程度进行分析评价。一般选择相对常见的危险,它具有发生激烈又持续时间长的特性。而第一部分强调的是可能改变风险发生的运行和设计。

2)专家

这里所用的术语"专家"一词,特指某个学科领域中知识渊博的人。专家不仅仅限定于科学家或其他技术人员,还应对企业全员的经验及直觉判断予以开发利用。

专家们赋予风险评价一个超出统计数据范畴的知识型框架。专家们将剔除那些不能充分地描述且无法进行判断情况的数据。同样,他们从可能得到更好数据的不同情况进行判断。例如,驾车的每一位司机都有某些专业技能,采取降低速度来补偿能见度差这一措施就是主观风险评价的一个简单应用范例。司机清楚天气变量的变化——能见度的变化将缩短司机的反应时间,进而影响风险进程。故降低车速以补偿反应时间。虽然这一实例是显而易见的,但若想单独依据统计数据而得出结论则相当困难。

经验因素和专家的直觉判断不应被忽视,因为它们不易量化。在风险评价这门技术中,如何分析评价风险增加因素和风险减少因素,通常情况下,几乎是不存在什么争议的。如果存在不能解决的分歧时,评价者可以保留自己的意见,而后在进行量化分析中得出平均值,以供评价报告所用。

四、管道风险评价流程

《油气输送管道风险评价导则》(SY/T 6859-2012)规定,完整的管道风险评价流程包括数据收集与整合、风险分析(风险因素识别、失效概率分析、失效后果分析、风险评价)和风险评定(风险严重程度和风险控制措施分析),如图2-22所示。管道风险评价是一个连续、循环的过程,应在规定的时间间隔内定期进行。当管道情况发生显著变化时,也应进行再评价。

1. 数据收集与整合

在收集各种数据之前,先应搞清下列问题:这些数据将表达什么?这些数值是如何获得的?变化的根源是什么?为何收集这些数据?

1)数据需求

不同风险评价方法需要的数据不同,应根据所选择的评价方法,确定需要收集的数据种类和数量。管道风险评价需要的基本数据包括但不限于以下数据:管道设计建设数据、管道运行维护数据、管道沿线环境数据、管道事故数据、输送介质危害信息等。与管道相邻的管道或者其他设施,如果对目标管道的风险水平有影响,应根据具体情况收集其相关数据。

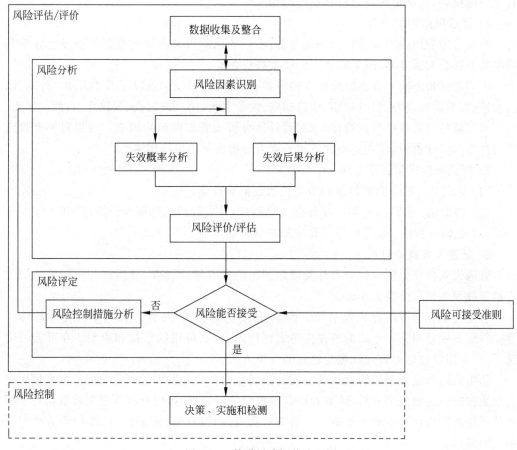

图 2-22 管道风险评价流程图

2）数据来源

管道寿命周期内不同阶段的数据存储的位置和形式有所差异,应根据选择的评价方法,对所需要的数据列出清单,并确定数据的来源。管道风险评价数据的典型来源包括但不限于以下几点。

（1）设计、材料和施工资料。

（2）运行、维护、检测和修复记录。

（3）事故报告和安全状况报告。

（4）管道用地记录。

3）数据整合

应将收集到的单项数据整合,利用从多种渠道获取的数据,提高数据的完整性和可靠性,改进风险分析的结果。对于带有多种参考系统、来源不同的数据需要转换并与一个统一且始终不变的参考系统(如管道里程)对应,以便数据的结构能与同时发生的事件特征对应并定位。

2.管道风险因素识别

管道风险因素识别应考虑所有影响目标管道风险的因素,并对识别出的风险因素进行充分地描述,以确定对其分析和评价的深入程度。

1) 管道风险因素分类

应对管道的风险因素进行合理地分类,不同的风险因素在导致管道事故发生频率和后果等方面会有所差异,应采取适当的模型进行评价。

不同的评价方法对管道风险因素的分类有所不同,但应涵盖以下基本分类:外腐蚀、内腐蚀、应力腐蚀开裂、制造缺陷、建造缺陷、设备失效、第三方损伤、误操作、自然灾害等。

当对某特定管段进行风险评价时,可具体分析该管段的风险因素。如果对整个管道系统进行风险评价时,应在完整的管道长度上考虑全部的风险因素。

2) 管道风险因素识别方法

(1) 比较法:危险因素目录和历史失效数据检查等。

(2) 构造法:危险与可操作性分析(HAZOP)及失效模式和影响分析(FMEA)。

(3) 逻辑分析法:事件树分析和故障树分析等。

3. 管道失效概率分析

管道失效概率分析应针对目标管道识别出的所有风险因素,分析这些风险因素导致管道事故发生的可能性大小。

管道失效概率分析方法包括数学模型、历史数据分析(统计分析)、事件树和故障树等。管道失效概率分析方法的选择应考虑评价的目的、可用的数据和模型。在可能的情况下,应采用经过历史失效数据验证过的分析方法。

历史失效数据可采用管道运营公司的数据库或者公开发表的行业数据。在采用历史失效数据进行失效概率分析,或者验证其他模型分析结果时,应分析历史失效数据对于所评价系统的适用性。管道失效概率分析应对管道运行期间开展的检测、维护等活动的效果予以考虑。

定性管道失效概率分析方法的评价结果采用"经常""可能""很少""不可能"等级别来表述事故发生的可能性,定量的管道失效概率描述表示为"次/(km·年)"或"次/(1000km·年)",也可采用半定量方法,如用指数法来评价事故发生的可能性。

4. 管道失效后果分析

管道失效后果分析内容应包括估算管道失效后对人员、财产和环境等产生不利影响的严重程度,同时分析中也可考虑失效造成管道损坏、介质损失和服务中断而造成的损失情况。

管道失效后果分析方法的选择要考虑评价的目的、对象以及所分析的危害类型,但都应在了解以下三个因素的基础上评价管道失效后果。

(1) 管输介质的危险性。

(2) 介质的泄漏速度和/或泄漏量。

(3) 泄漏点周围环境。

管道失效后果可采用定性或定量的方法估计。定性的评价结果描述可表示为"重大""较大""一般"等级别,定量的评价可从安全、经济和环境等角度加以分析,给出相应的指标,如用伤亡人数来衡量安全后果的严重程度,用货币表示经济后果。

管道失效后果分析应考虑管道失效模式的影响,通常将管道失效模式分为不同尺寸的泄漏和断裂。如果采用的定性或半定量的后果评价,管道失效后果应按照最严重的情形进行评价。

5. 管道风险评价

管道风险评价的目的在于综合管道失效概率分析和后果分析的结果,度量目标管道的风险水平。常用的风险评价方法有以下三种。

(1) 风险矩阵法:对于失效概率和后果分别评价,将两者置于二维不连续矩阵中,对风险水平进行分级。

(2) 风险系数法:用指数表示失效概率和后果,并用数学方法综合两者的影响。

(3) 概率分析方法:失效概率和后果都采用定量的计算方法,以两者的乘积表示管道的风险。

风险矩阵或者风险系数法可给出风险的相对衡量,进行定性或半定量的风险评价;概率分析方法在对失效概率和后果的定量分析的基础上可提供绝对风险的衡量。在应用定量风险分析结果时,使用者应意识到分析过程中存在的主观性水平和定量分析过程的精确性。

6. 风险评定和风险控制

1) 风险评定

风险评定是判断风险绝对值或相对值高低的过程,也包括判断和评价风险控制措施效果的过程。风险评定是对于受到危险事故影响的客体(人员、财产、环境等)或危险事故负有责任的主体(运营商)而言风险水平的可接受程度。

进行风险评定时,应考虑的因素包括但不限于以下几点。

(1) 管道事故后果的感知严重性。

(2) 管道事故的发生倾率。

(3) 管道带来的风险和受益的比较。

(4) 降低风险的成本。

可采用下列条件评定风险是否可接受:

(1) 将评价得到的风险与已经被认可的活动或事故的风险进行比较。

(2) 调研文献中风险可接受准则,或考虑国内外其他工业先例。

(3) 参考经过长时间经验积累的、有效判断管道风险严重程度的准则。

如果采用定量的评价方法,应对人员、财产和环境风险分别进行评定。如果管道风险不可接受,应采取以下措施。

(1) 采用更精确的评价方法,降低评价过程中由于关键性的假设带来的不确定性和保守性,这些假设可能会高估实际风险水平。

(2) 考虑适用的风险控制措施,以降低风险水平。

2) 风险控制

风险控制是根据风险评定的结果确定风险控制措施的决策过程,以及风险控制措施的实施和实施效果的监测,从而实现对识别到的危险部位、风险因素进行预防性的维护。

风险控制措施是指有助于降低管道失效概率或者后果严重程度的行动。对于评定的目的而言,风险控制措施分析是一个制定风险控制措施和分析其有效性的过程。管道风险评价和风险控制措施分析是后续决策过程的基础,为制定风险控制方案和评价其有效性提供依据。

7. 风险评价报告编制

风险评价过程应得到全面的记录,形成报告。报告应包括以下几个方面。

（1）评价的目的和范围。

（2）评价数据及来源说明。

（3）风险分析方法,包括软件使用。

（4）风险因素识别结果。

（5）失效概率分析结果。

（6）后果分析结果。

（7）风险评价结果。

（8）结果分析（风险评定）。

（9）结论和风险控制措施建议。

关于管道风险评价流程（见图 2-23）,不同的标准有着不完全一样的描述,但基本上大同小异。中国石油天然气集团公司企业标准《管道完整性管理规范第 3 部分：管道风险评价导则》(Q/SY 1180.3-2009)对管道风险评价流程做出了如下的描述。

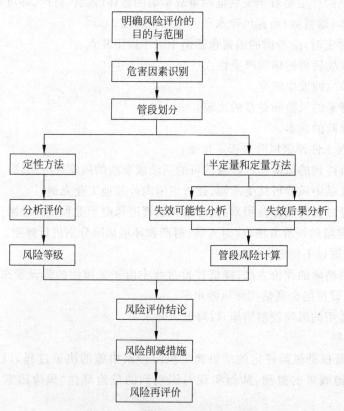

图 2-23　管道风险评价的总体流程

（1）危害因素识别。管道危害因素可以分为以下几类：外腐蚀、内腐蚀、应力腐蚀开裂、制管缺陷、施工缺陷、第三方破坏、自然与地质灾害、误操作和其他。

（2）评价单元划分。应将管道划分为多个管段作为评价单元进行风险评价，评价单元常常根据以下管道属性进行划分：地区等级、人口密度、环境类型、管材、管径、压力、壁厚、防腐层类型和场站位置。

（3）风险计算。对于定量和半定量评价，先确定失效可能性 P 和失效后果 C，然后可采用公式（2-1）计算风险值 R。对于定性评价，通过对危害因素的分析，得出风险等级。

（4）风险评价结论。风险评价应包括管段风险排序、高风险段分布、引起高风险的原因、风险减缓措施及建议。

管道风险评价结束后应编制风险评价报告，报告应包含以下主要内容：概述和基础数据分析、危害因素识别、评价单元划分、评价方法、风险评价、评价结论和风险减缓措施建议。

（5）风险减缓措施。管道公司根据风险评价的结果提出风险减缓措施建议，并将所得数据反馈到风险评价流程中。

（6）风险再评价。风险评价应定期进行，当管道或周边环境发生较大变化时，应进行风险再评价。

第三节　管道适用性评价技术

为了使含有缺陷结构的安全可靠性与经济性两者兼顾，从 20 世纪 80 年代起在国际上逐步发展形成了以"适用性"或称"合于使用"（fitness for service，fitness for purpose）为原则的评价标准或规范。含缺陷管道适用性评价主要包括含缺陷管道剩余强度评价和剩余寿命预测两个方面。

一、管道适用性评价技术

《油气输送管道完整性管理规范》（GB 32167-2015）定义，适用性评价（fitness for purpose，FFP）是指对含缺陷或损伤的在役构件结构完整性的定量评价过程。

管道适用性评价技术是对含有缺陷管道是否继续使用，以及如何继续使用、检测及维修周期做出定量的评价，是以现代断裂力学、弹塑性力学和可靠性理论为基础的严密而科学的评价方法。其评价内容包括四大部分：管道失效分析、管道的剩余强度评价、剩余寿命预测、可靠性分析和风险管理。图 2-24 给出了适用性评价方法的典型流程。

管道发生腐蚀后，其管道剩余强度、剩余寿命、可靠性以及安全性等发生了何种变化，在保证管道安全可靠性的同时，如何经济安全地运行，需要对含缺陷管道作适用性评价。它是在管道腐蚀影响分析（腐蚀机理、腐蚀程度、腐蚀速率和缺陷尺寸确定）基础上以剩余强度计算的方式进行的。

管道适用性评价的实施结果包括：定量检测管道的缺陷；依据严格的理论分析判定缺陷对安全可靠性的影响程度；对缺陷的形成、扩展及构件的失效过程、后果等做出判断。最后可按以下四种情况分别处理。

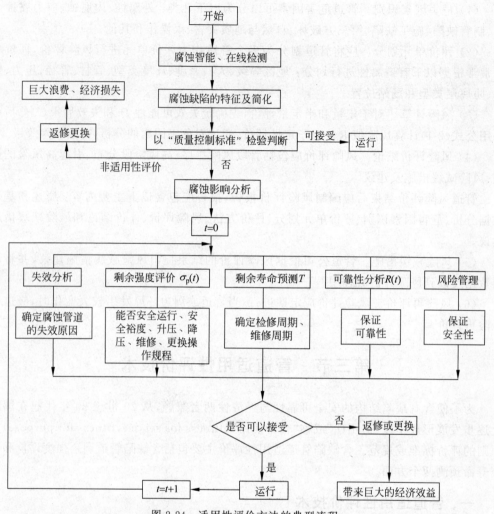

图 2-24　适用性评价方法的典型流程

（1）对安全生产不造成危害的缺陷允许存在。

（2）对安全性虽不造成危害，但会进一步发展的缺陷要进行寿命预测，并允许在监控下使用。

（3）若含缺陷构件降级使用时可保证安全可靠性要求，可降级使用。

（4）含有对威胁可靠性缺陷的构件，应立即采取措施，返修或停用。

适用性评价是对质量控制标准的必要补充和完善，在保证安全的情况下，可获得巨大的经济效益。

二、管道适用性评价的主要方法

1. 失效评价图技术

采用失效评价图（failure assessment diagram）进行适用性评价的概念是在 1975 年提出的，失效评价图提供了一种方便的、评价结构由脆断至塑性失稳（崩溃）整个范围的失效风险评价方法。失效评价图的 Y 轴由（K_r 轴）代表结构对脆性断裂的阻力，而 X 轴（L_r 轴）代表结构对塑性失稳的阻力。失效评价曲线（FAC）插在这两极限失效模式之间。典型失效评价图如图 2-25 所示。由失效评价曲线和 $L_r = L_r^{max}$ 的竖线构成。在计算评价点的坐标时，对所考虑的实际几何条件，需要恰当的应力强度因子和极限载荷（塑性失稳）解，而且需要知道材料的拉伸性能和断裂韧性。评价点的 Y 坐标由施加的裂纹驱动力（用应力强度因子计算）K_I 除以材料的断裂韧性 K_{IC} 得到，即 $K_r = K_I/K_{IC}$。X 坐标由施加的载荷 P 除以造成塑性失稳的载荷 P_0（用裂纹几何的弹塑性解计算）来确定，即 $L_r = P/P_0$。

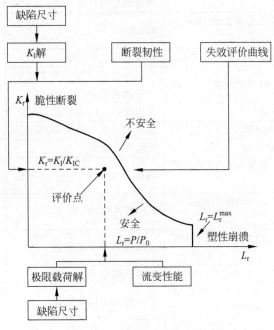

图 2-25 失效评价图（FAD）

当采用失效评价图对结构进行完整性评价时，可将评价点描于 FAD 图上。每一评价点的位置是施加载荷条件、缺陷尺寸、材料性能的函数。如果评价点位于失效评价图的坐标轴和失效评价曲线所构成的区域，则认为结构安全。反之，如果评价点落在失效评价曲线外侧，则结构可能不安全。采用描绘不同裂纹尺寸的一系列评价点也可用来确定极限缺陷尺寸。由这些评价点构成的曲线与失效评价曲线交截点所对应的缺陷尺寸即为结构的极限缺陷尺寸。

2. 概率断裂力学评价方法

概率断裂力学是断裂力学与可靠性理论的工程应用和相互渗透的结果，研究当应力、强度、缺陷尺寸及环境因素为随机变量时，结构在给定寿命下破坏概率和可靠度。

国际上发展的以概率断裂力学为基础的适用性评价方法有：美国空军提出的飞机结构抗疲劳开裂的耐久性评价方法、英国 Rolls-Roys 公司用于航空发动机的数据库方法、美国西南研究院（SWRI）的应力下随机结构的数值评价（NESSUS）等。当前适用性评价方法研究的热点之一是概率断裂力学的应用。

多年来，这些适用性评价规范或标准在不断发展和完善之中，尽管各国的标准和规范各不相同,但有逐渐演变融合统一的发展趋势。表 2-1 列出了国际上已形成的兼顾了安全可靠性和经济性的适用性评价标准/规范。

表 2-1　结构完整性或适用性评价标准/规范

名　称	提出组织/单位	适用范围
BSI PD6493 1980 焊接接头缺陷验收水平推荐的若干方法指南	英国标准学会	主要为平面型缺陷
弹塑性断裂力学分析的工程方法-1981	美国电力研究院(EPRI)和通用电器公司(GE)	裂纹型缺陷
含缺陷核压力容器及管道的完整性评定方法-1982	EPRI/GE	裂纹型缺陷
WES2805 焊接接头中缺陷的脆断评价方法	日本焊接工程学会	平面型缺陷
CADA 1984 压力容器缺陷评定规范	中国压力容器学会化工机械与自动化学会	裂纹型缺陷
形变塑性失效评价图-1985	美国材料与试验学会	裂纹型缺陷
含缺陷结构的完整性评价-1988	英国中央电力局(CEGB)	平面型缺陷
IIW 焊接结构适用性评价指南-1990	国际焊接学会	主要为平面型缺陷
SA/FoU Report 91/ 01 带裂纹构件安全评定规范手册	瑞典	裂纹型缺陷
BSI PD 6493-1991 焊接结构缺陷可接受性评价方法指南	英国标准学会	主要为平面型缺陷
ASME B31G-1991 确定腐蚀管线剩余强度的手册	美国机械工程师学会	体积型缺陷
焊接接头脆性破坏的评定 JB/T 5104-1991	中国机械电子工业部	主要为裂纹型缺陷
ASME Section XI-1995 核电站构件在役检测的规则	美国机械工程师学会	裂纹型缺陷
MPC-FFS-1995 石油化工中的适用性评价程序-1995	美国材料性能委员会(MPC)	裂纹型＋体积型缺陷

三、含缺陷管道剩余强度评价方法

含缺陷管道剩余强度评价是在管道缺陷检测基础上,通过严格的理论分析、试验测试和力学计算,确定管道的最大允许工作压力(MAOP)和当前工作压力下的临界缺陷尺寸,为管道的维修和更换,以及升降压操作提供依据。含缺陷管道剩余强度评价的对象、类型和评价方法,如图 2-26 所示。

体积型缺陷的评定:ASME B31G、CAN/CSA Z144-M86、DNV RP F101、API RP 579 的第 5 章、SY/T 6477 等。

平面型缺陷的评定:EPRI 方法、CEGB R6、BS7910、ASEM XI 篇 IWB-3640 附录 C 和 IWB-3650 附录 C 等。

几何缺陷评定:API RP 579 的第 8 章给出了管体不圆、直焊缝嘬嘴和错边的评价方法。

弥散损伤型缺陷评定:API RP 579 的第 6 章给出了点腐蚀损伤的评定方法。

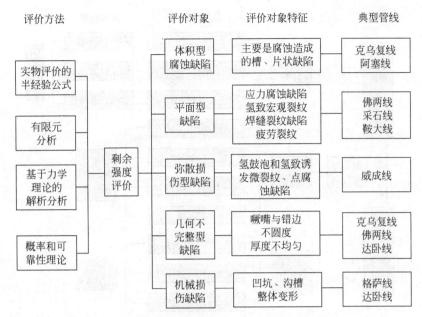

图 2-26　含缺陷管道剩余强度评价的对象、类型和评价方法

机械损伤缺陷的评定：尽管国际上从 20 世纪 80 年代末期以来已开展了不少研究，但尚未形成系统的评价规范和标准。

四、含缺陷管道剩余寿命预测方法

含缺陷管道剩余寿命预测是在研究缺陷的动力学发展规律和材料性能退化规律的基础上，给出管道的剩余安全服役时间。剩余寿命预测结果可以为管道检测周期的制定提供科学依据，如图 2-27 所示。

剩余强度评价主要是评价管道的现有状态，而剩余寿命预测则主要是预测管道的未来事态，显然后者的难度远大于前者，目前研究也确实没有前者成熟。

剩余寿命主要包括腐蚀寿命、亚临界裂纹扩展寿命和损伤寿命三大类。三者之中，除亚临界裂纹扩展寿命，尤其是疲劳裂纹扩展寿命的研究较为成熟，较易预测之外，腐蚀寿命和损伤寿命研究都远不成熟，预测难度很大。难点在于：①缺陷发展速率难以实现现场准确监测；②实验室内加速试验数据与现场复杂多变的环境难以对应；③除疲劳数据外，目前可利用的数据资料较少，并且与许多常见失效机制预测有关的知识不足。

我国有关企业和科研单位在借鉴国外先进技术的基础上，结合我国管线的特点，通过科研攻关，建立了系统的含缺陷油气输送管道适用性评价方法，并在螺旋焊缝几何缺陷评定方法、弥散损伤缺陷的剩余强度和剩余寿命预测方法、腐蚀管道抗压溃评价准则、管道三维断裂准则、基于 FAD 图的双参数疲劳寿命预测方法、基于可靠性的腐蚀寿命预测方法等方面取得了创新性的成果，开发了工程适用的管道适用性评价软件，参见图 2-28。适用性评价软件已在国内许多条油气输送管道上推广应用，取得显著经济效益和社会效益。

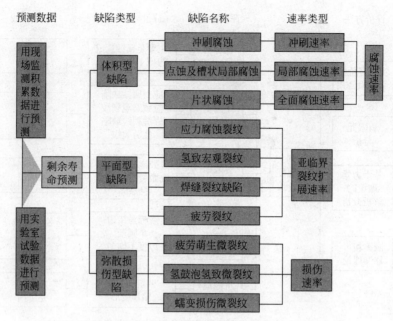

图 2-27 含缺陷管道剩余寿命预测的基本方法

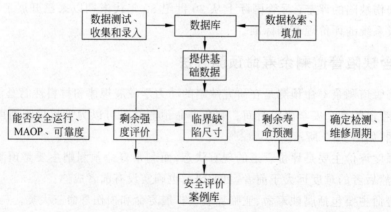

图 2-28 适用性评价软件结构框图

第四节 油气管道风险管理技术发展趋势

一、国外技术的发展历史和现状

20 世纪 70 年代开始为应对腐蚀威胁、延长使用寿命、减低维护费用，开始了油气长输管道风险评价的研究和实践。

1985 年，美国发表《风险调查指南》。1992 年，WKM 总裁米尔鲍尔发表《管道风险管理手册》。2004 年，《管道风险管理手册》出版第三版。

加拿大从 20 世纪 90 年代初开始油气管道风险评价和风险管理技术方面的研究工作。

英国煤气公司开发 Trans Pipe 软件包。

英国 TWI 公司开发 RISKWISETM、LIFEWISETM 以及 PIPEWISETM。

国外将风险分析应用到管线维修和管理过程中已经取得了巨大的经济效益和社会效益。如美国 Amoco 管道公司 1987 年以来采用风险评价技术管理所属的油气管道和储罐,已使年泄漏率由 1987 年的工业平均泄漏率的 2.5 倍降到了 1994 年工业平均泄漏率的 1.5 倍;同时也使该管道公司每次发生泄漏的支出降低到 1993 年工业平均数的 50%,从而使管道公司在 1993 年取得了创纪录的利润水平。

从技术的发展过程上看,国内外管道风险评价技术的研究分三个阶段,即定性评价、半定量评价、定量评价。

1. 定性评价阶段

定性评价(qualitative risk analysis)的主要作用是找出管道系统存在的失效危险,诱发事故的各种因素以及这些因素产生的影响程度,在何种条件下会导致管道失效,最终提出控制的措施。

特点:不必建立精确的数学模型和计算方法,评价的精确性主要取决于专家经验的全面性、划分影响因素的细致性、层次性等。

方法:风险检查表(CL),预先危害性分析(PHA)、危险和操作性分析(HAZOP)、故障树分析法(FTA)等。操作简单,实用性强,但是评价结果带有很强的主观性。

应用时间:20 世纪 70 年代中后期至 90 年代前期。

2. 半定量评价阶段

半定量评价(semi-quantitative risk analysis)是以风险的数量指标为基础,对损失后果和事故发生概率按权重值各自分配一个指标,将对应事故概率和后果指标进行组合,形成相对风险指标。最具代表性的是肯特模型,国内外大多数风险评价软件都是基于其基本原理进行编制的。

应用时间范围是 20 世纪 80 年代末至 90 年代后期。由于半定量风险评价模型兼有全面、合理的评价指标设计,操作简单、易于计算机编程,便于实施,可靠性和精确度较高,结果的可解释性强等优点,至今仍在国外一些管道公司的风险评价实践中广泛应用。

3. 定量评价阶段

目前,国外管道风险评价界正在大力研究的定量评价(quantitative risk analysis)是管道风险评价的高级阶段。基于对失效概率和失效结果的直接评价,通过预先给失效概率和对事故损失后果确定一个具有明确物理意义的单位,并将产生失效事故的各类因素处理成随机变量或随机过程,对单个事故概率的计算得出最终事故的发生概率,然后再结合量化后的事故影响后果,计算出管道的风险值。

评价方法综合运用结构力学、断裂力学、化学腐蚀等各种工程理论,其评价结果是最严密和最准确的。评价的结果还可以用于对安全、成本、效益的综合分析,这一点是前两类方法都做不到的。

目前,已逐渐趋于成熟并在国外管道风险管理实务中应用。有代表性的定量评价方法大体上有以下三种。

(1) 按照腐蚀和泄漏理论将管道某处的泄漏率与"有效泄露距离"结合为"管道的危

险长度"作为对管道事故损失后果的测度,将其与该处失效率的乘积在管道一定长度上作积分得到管道对外界公众的风险值。

(2) 在管道风险评价中引入多属性效用函数理论(MAUT),将不同管道管理者和专家对于同一管道的同一属性风险可能有不同的风险偏好考虑到管道风险评价中,分别使用三种负效用函数作为管道事故对 HSE(健康、安全、环境)三个方面带来损失后果的测度。

(3) 由断裂力学中的判据结合管道参数(壁厚、管径、拉伸强度等)构造状态函数,通过模拟得出断裂失效概率并研究腐蚀和剩余应力的关系。

二、国内技术的发展现状

国内的管道风险评价研究工作起步较晚。1995 年,引入管道风险指数评分模型。此后,风险分析和评价在安全性评价中的应用研究才开始得到部分油田企业和科技人员的重视。

1995 年 12 月,四川石油管理局根据四川天然气管线的实际情况提出了管线风险检测和评价的整改程序。西南石油学院于 1994 年开始针对管道局所属鲁宁线安全性和剩余寿命评价,初步引用了风险技术,2000 年研制开发了输气管线风险评价软件。

故障树分析方法在我国研究较多,但由于油气管道故障树构造复杂,缺乏历史数据积累,造成事件概率无法精确得知,限制了其应用。

目前应用最多的仍是肯特风险指数评价模型。例如 2001 年,完整运用肯特指数评价模型对乌鲁木齐市天然气管道工程进行了一次整条管道风险评价。

我国西气东输管道 2005 年开始实施完整性管理,在地质灾害风险、第三方风险评价、腐蚀控制及地质灾害监测等方面取得了很多成果。

我国管道风险评价研究工作还处于初期的发展阶段,与国外的差距主要表现在以下几点。

(1) 风险评价技术基本均处于半定量水平上,主要采用的是肯特指数评价模型,评价项目和依据是专家的判断,评价的精确性取决于经验的全面性、划分影响因素的细致性、层次性以及权值分配的合理性。

(2) 长期以来,我国管道工业的发展缺乏大量基础研究、统计资料和实测数据支持,近些年才建立起管道信息数据库,但是数据采集和完善积累需要一个相当长的时间。

(3) 评价方法本身的定量化水平不高,对于众多模糊性的因素和评价信息认识和处理准确性不足,造成评价结果与客观实际间存在很大偏差。

国内管道风险管理的技术方面的文献多集中在长输油气管道,有关油气田、城市燃气管道风险的较少。国内部分油气田,如塔里木油田开展了以腐蚀监测为主的油气管道风险监测工作,并开始开发相关的管理系统和软件。

三、相关标准情况

美国管道完整性和腐蚀控制、检测和评价的主要标准如下。

- API579-1/API579-2007 Fitness-for-Service 标准(Second)
- ASME B31G-1991(R2004) Managing System Integrity of Gas Pipelines
- API Std 1160 Managing System Integrity for Hazardous Liquid Pipelines

- NACE SP0106-2006 Internal Corrosion Control in Pipelines
- NACE SP0169-2007 Control of External Corrosion on Underground or Submerged Metallic Piping Systems
- NACE SP0204-2008(SCCDA)、SP 0206-2006(ICDA)
- NACE SP 0502-2008（ECDA）Pipeline External Corrosion Direct Assessment Methodology
- NACE SP0208-2008 Internal Corrosion Direct Assessment
- Methodology for Liquid Petroleum Pipelines

近年来，我国加快了制定管道规程和标准的步伐。目前管道检测评价的国家标准和行业标准主要有以下 29 个。

- GB/T 16805 液体石油管道压力试验
- GB/T 21447 钢制管道外腐蚀控制规范
- GB/T 21448 埋地钢质管道阴极保护技术规范
- GB/T 23258 钢质管道内腐蚀控制规范
- GB/T 27512 埋地钢质管道风险评价方法
- GB/T 27699 钢质管道内检测技术规范
- GB/T 29639 生产经营单位生产安全事故应急预案编制导则
- GB 50251 输气管道工程设计规范
- GB 50253 输油管道工程设计规范
- SY/T 0087.1 钢质管道及储罐腐蚀评价标准 埋地钢质管道外腐蚀直接评价
- SY/T 0087.2 钢质管道及储罐腐蚀评价标准 埋地钢质管道内腐蚀直接评价
- SY/T 6713 管道公众警示程序
- SY/T 6825 管道内检测系统的鉴定
- SY/T 6828 油气管道地质灾害风险管理技术规范
- SY/T 6889 管道内检测
- SY/T 6891.1 油气管道风险评价方法 第 1 部分：半定量评价法
- SY/T 6151-1995 钢质管道管体腐蚀损伤评价方法
- SY/T 6186-2007 石油天然气管道安全规程
- GB/T 19285-2003 埋地钢质管道腐蚀防护工程检验
- GB/T 21246-2007 埋地钢质管道阴极保护参数测量方法
- SY/T 6477-2000 含缺陷油气输送管道剩余强度评价方法 第一部分：体积型缺陷
- GB/T 34346-2017 基于风险的油气管道安全隐患分级导则
- CJJ 95-2013 城镇燃气埋地钢质管道腐蚀控制技术规程
- SY/T 6653-2013 基于风险的检查(RBI)推荐作法
- GB/T 50818-2013 石油天然气管道工程全自动超声波检测技术规范
- SY/T 6064 管道干线标记设置技术规范
- SY/T 6477 含缺陷油气输送管道剩余强度评价方法
- SY/T 6597 油气管道内检测技术规范

- SY/T 6996 钢质油气管道凹陷评价方法

关于管道完整性管理的主要标准有以下 3 个。

- GB 32167-2015 油气输送管道完整性管理规范
- SY/T 6621-2016 输气管道系统完整性管理规范
- SY/T 6648-2016 输油管道完整性管理规范

四、油气管道风险管理技术的发展趋势

1. 相关标准日趋完善

国外 API SP 579-1/ASME FFS-1 2007、ASME B31.8S-2004、NACE SP0502-2008 等一批国际新标准之后,我国管道行业的相关标准得到了很快的发展,如 SY/T 6621-2016、SY/T 6648-2016、GB 32167-2015、SY/T 0087.1、SY/T 0087.2 等。通过制定和执行这些规范,如在西气东输管道的完整性管理实践,大大提升了我国管道行业运行管理、风险评价的技术水平。

2. 智能化内检测技术、DA 技术使评价结果更为准确

将不同检测技术结合,有力地推进内检测技术的进步。内检测器向高清晰度、GPS 和 GIS 技术一体化高智能方向发展。结合漏磁通法与超声波法的管内智能检测装置,应用效果良好。

采用超声技术和基于光学原理的无损检测技术能较容易地实现管壁缺陷的直观显示。三维图像直观显示了缺陷在内检测上的应用,使得检测结果更全面、更清晰、更准确。

外检测方法结合多种检测技术,应用适用性判据,可实现针对不能进行内检测的管道进行腐蚀直接评价,根据检测结果进行缺陷评价,制订缺陷维修方案,提高管道完整性的管理水平,为管道的安全运行提供了最有力的保证。

3. GIS 等信息技术的应用,可对更加复杂的系统进行管理

GIS 系统与完整性管理相结合,极大地提高了管道可视化管理能力。评价数据库包括施工年限、涂层类型、运行期检测数据及基线检测数据等,通过将各类空间数据(地形、地貌、建筑、道路、管线等)以及描述空间特征的属性数据通过计算机进行输入、存贮、查询、统计、分析、输出的一门综合性空间信息系统。同时,基于企业网络、数据库管理,运用图形图像学、多媒体技术等最新科技成果,能共享多部门之间的数据,对多时态的空间信息能做出生动、直观的描述,并能运用各种数学手段进行辅助决策,极大地提高管道安全运营的能力。

复习思考题

1. 简要分析油气管道失效的原因。
2. 什么是管道风险管理?简要说明管道风险管理的基本范畴。
3. 管道风险管理包括几类技术?简述它们之间的异同点。
4. 什么是管道风险评价?试利用成本收益分析工具,说明管道风险评价的目的。
5. 什么是 ALARP 原则?请画图说明。

6. 简要说明可接受个体风险准则和可接受社会风险准则。

7. 什么是风行评价矩阵？说明对称风险矩阵和非对称风险矩阵的差别。

8. 什么是主观风险评价法？如何理解专家评分系统中的"专家"？

9. 通过绘图,详细说明管道风险评价的基本步骤？

10. 什么是适用性评价？什么是管道适用性评价技术？

11. 简要说明"含缺陷管道剩余强度评价""含缺陷管道剩余寿命预测"的目的和内容。

12. 从技术的发展过程上看,简述国内外管道风险评价技术的发展阶段。

第三章

管道风险评价KENT评分法

最早系统提出管道风险评价方法的人是英国一位多年从事油气输送管道经营管理的专家 W. Kent Muhlbauer 先生。W. Kent Muhlbauer 在其出版的《管道风险管理手册》一书中详细地介绍了评价管道风险的专家评分法(或称专家打分法,EST)。通常人们将此种方法简称为 KENT 评分法,与其他方法相比至少有以下优点:到目前为止,它是各种方法中最为完整和最为系统的一种方法;容易掌握,便于推广;可由工程技术人员管理人员、操作人员共同参与评分,从而集中多方面意见。KENT 评分法适用于在役长输管道的线路部分,同时适用于长距离输送的石油和天然气管道。

第一节　KENT 评分法中采用的名词和术语

KENT 评分法中采用了如下的一些名词和术语,这里加以解释。在某些情况下,这些解释与词典中严格的定义略有差别。

1. 急剧危害

急剧危害是一种潜在的威胁,事故发生后立刻产生严重的后果,如火灾、爆炸和接触有毒物质。

2. 阳极

阳极腐蚀电池的一个组成部分,在金属腐蚀过程中,释放离子,并造成金属质量损失。

3. 自动阀(自动截断阀)

自动阀是一种阻止管道中流体流动的机械装置,设计成通过接收预定信号来操作,信号可以自动传输,无须人工操作(参看遥控操作阀部分)。

4. 回填

作为管道安装的最后一步,将土壤填盖在管道之上。通常采用沙子作为回填材料,主要是因为沙子承重比较均匀,而且在安装时不会对管道设备涂层造成损害。

5. 阴极

阴极是腐蚀电池一个组成部分,在金属腐蚀过程中,吸引离子,从而造成金属度量增加。

6. 阴极保护

阴极保护是一种防止腐蚀的方法,所采用的措施是将低压电荷加到一种金属上,使其金属充当阴极,以保护金属不受腐蚀。

7. 长期危害

长期危害是一种潜在的威胁,在事故发生后很长一段时间内持续产生危害,如致癌物、地面水污染和长期影响健康的因素。

8. 止回阀

止回阀是一种用于限制管道流体流动的机械装置,它仅在一个方向上阻止管道流体流动,但允许流体反方向流动。

9. 涂层

涂层是一种涂在管道表面上的材料,以使管道不与潜在的有害物质接触。

10. 腐蚀

腐蚀是指由于化学反应使金属遭到损失。

11. 扩散系数

扩散系数从某一方面代表管道泄漏相对严重程度,反映泄漏特点,用泄漏量和邻近人口密度来表示,被用于确定泄漏影响系数。

12. DOT

DOT 是美国运输部,美国政府部门。负责制定管道设计、管道建设和管道运营的有关规定。

13. EPA

EPA 是美国环境保护机构,美国政府部门。负责制定有关环境保护方面的规定。

14. 失效

失效是指某种设备失去了它的应有功能,不能发挥其应有的作用。一条泄漏的管道,它的失效是非常明显的。失效处通常也被定义为材料承受的应力超过了它的弹性或屈服点,使其不能恢复原有形状。

15. 疲劳

由于应力反复作用和消失的过程而造成的。由于疲劳能在较低应力范围下导致失效,因此,在设计时所选择的材料必须能够承受这种周期应力的作用。

16. 断裂韧性

断裂韧性是指材料承受断裂的能力。在裂缝裂开之前,塑性材料能够吸收大量的能量。铅具有较高的断裂韧性,而玻璃具有较低的断裂韧性。

17. 事故

事故是指导致生命、财产和收入等损失的事件。

18. HAZ

HAZ 是指热影响区。金属焊缝周围的区域由于受到焊接过程中热量的影响,与其他部分相比,这个区域更容易断裂。

19. 指数

指数是指引起管道事故的四种要素之一。对管道设计、运营和环境进行评价,得出第三方损坏指数、腐蚀指数、设计指数和误操作指数的数值。

20. 内部腐蚀

内部腐蚀是指发生在管道内壁或任何管件的内表面的某种形式的腐蚀。

21. 泄漏影响系数

泄漏影响系数反映由于管道失效所造成的总体后果的一个数值。该系数是一个以产品危害和扩散系数为基础的分值。四个指数值之和除以泄漏影响系数得出相对风险数值。

22. MAOP

MAOP 是指最大允许操作压力(又称为最大允许工作压力——MAWP),是管道依据工程计算、已知的材料特性和管理规定基础上所能承受的最大内压。

23. PSI(PSIG,PSIA)

psi 是美国通用压力测量单位,定义为磅/平方英寸(lb/in^2)。psig 是表压,即压力表中的读数,在大气压下,压力表的压力读数为零。psia 是绝对压力。1 磅力/平方英寸(psi)=6.895 千帕(kPa),145psi=1MPa。1 标准大气压(atm)=14.696 磅/平方英寸(psi),0psig=14.7psia。

24. 清管器

清管器设计成能在管道中运行,从而达到清管、产品隔离或收集信息的目的。清管器通常由其后面的气体或液体压力来推动。

25. 泄压阀

泄压阀也称为 POP 阀或安全阀,这种机械安全装置设计成在预先设定的压力下操作,以降低容器的内压。当容器压力降到低于设定值时,泄压阀则被关闭。

26. 产品危害

产品危害反映了管道运输产品的相对危险程度,根据产品特点可分为急剧危害和长期危害,如可燃性、毒性和致癌。

27. 公共教育

公共教育是指由管道公司组织的有关管道工业的普通公共教育计划。它使人们了解到如何避免和向管道公司报告管道受到威胁,并提前采取措施,以防止管道泄漏。

28. 相对风险值

相对风险值是本书给出的风险评价过程的最终成果。相对风险值代表管道在所处的环境条件下的相对风险大小,以及在评价期间考虑的运行气候。这个值只有在相同条件下,比较管道评价的不同数值才有意义。

29. 整流器

整流器是将交流电转化为直流电的一种装置,在管道上加电流用于保护阴极。

30. 泄漏量

泄漏量是指引起环境保护机构调查泄漏物质量的起点值。这些数值可分为 1、10、

100、1000 和 5000lb，危害性大的物质在较低的泄漏量下就会引起调查。在本书的风险评价模型中，确定物质的泄漏量已涉及通常环境保护机构没有规定的物质。

31. 遥控操作阀

遥控操作阀是一种控制管道流体流动的机械装置，设计成接收远距离传输的信号控制操作。

32. 风险

风险是指管道可能造成损害的概率和造成的后果。

33. ROW

ROW 是指管道用地，也就是说，对于埋地管道来说是指管道上方的用地，对于地上管道来说是指管道下方的用地。通常指一个几码宽的路带（1yd＝0.9144m），由管道公司租用或购买。

34. 安全装置

安全装置是一种气动、机械制动或电动装置。设计安全装置是为了防止或减少意外伤害事件的发生。安全装置包括：泄压阀、压力开关、自动阀和所有的自动停泵装置。

35. SCADA

SCADA 是 supervisory control and data acquisition 的缩写，即数据采集和自动监控系统。采用该系统可以采集远距离工作现场的压力和流量信息，并将这些信息传送到中央控制室进行监控、数据处理和分析。利用这套系统，管理人员可以通过中央控制室发出指令，通过遥控来完成打开或关闭阀门，启泵或停泵等操作。

36. SCC

SCC 是指应力腐蚀裂纹，是由机械载荷（应力）和腐蚀结合在一起而造成的潜在失效。SCC 经常成为疲劳失效的触发或促进因素。

37. SMYS

SMYS，即规定的最小屈服强度，是指在材料发生永久变形之前所能承受的应力。该数值可以从材料制造商处获得。

38. 应力

应力是指作用在最小单位材料上的内力。美国应力单位由 $psi(lb/in^2)$ 表示。中国应力单位用 MPa 或 kg/cm^2 表示。当外部载荷加到材料上时，材料就产生了应力，以阻止载荷造成材料变形。

39. 水击压力

水击压力又称为水锤，它是在管道操作过程中，管道内压突然增加造成的。当管道内流体的流动突然停止时，动能会转化为势能，从而造成水击现象。

40. 壁厚

壁厚是指管道内表面到管道外表面之间尺寸大小的测量值，也就是管材的厚度。

41. 屈服点

屈服点是指造成非弹性变形的临界应力点。当应力低于或等于该点时，应力消失后，材料可以恢复原状；当应力超过该点时，材料就会造成永久变形。

第二节　KENT 评分法风险评价模型

一、建立管道风险管理方法的基本步骤

建立管道风险管理方法应采取以下四个步骤。

1. 分段

把管线系统分成几个管段。管段大小常常取决于运行条件的变化、收集资料的费用/维护费用以及增加准确性的获益。

2. 制定

制定有关风险增加和减少的清单,并在表中列出每一项参数的相对重要性。

3. 资料的收集

完成每段管线的风险评价,建立相应的数据库。

4. 维护

鉴别引起风险的各个参数在何时且如何变化的,根据这些变化随时不断更新数据库。

上述的第二、三步骤极有可能是此过程中最有价值的部分。对于正在评价的项目,它们不仅耗时,而且必须获得所有相关的关键人的认可。初步意见常常在广泛认可与部分反对该方法之间产生分歧。对于一个成功的风险控制方法来说,花费在第二、三步骤的时间与资源应被视为是对其初步投资。而第一与第四步骤则是为保持方法有效性的必要支出,但不应投入过高。

KENT 评分法风险评价技术对管线操作人员及经营管理者都是行之有效的方法,如及时地解决不时出现的复杂问题,该方法则成为判定风险的一个恒定参照分值。

基本风险评价模型的目的就是为公众评价风险爆发的可能性,以及确定风险管理的有效方法。

二、KENT 风险评价模型的基本假设及说明

KENT 风险评价模型建立在以下假设基础上。

1. 独立性假设

影响风险的各因素是独立的,即每个因素独立影响风险的状态。也就是说,应把影响风险进程的每一参数与其他参数分别考虑,每一参数能独立对风险进程产生影响。总风险值是各独立单个因素值的总和。

【例 3-1】　假如事件 B 仅当事件 A 发生后才可能发生,于是,给予事件 B 一个较低的权重值,即表示在两者之间事件 B 具有较低的事件发生概率。然而风险模式并无法保证没有事件 A,事件 B 也不会发生。

2. 最坏状况

假设评价风险时要考虑到最坏的情况,即一条管段的最坏情况决定该管段的评价分值。

【例 3-2】 评价一条管道,该管道总长为 100km,其中 90km 埋深 1.2m,另 10km 埋深为 0.8m,则应按 0.8m 考虑。再如,若一段 8km 的管段上有 1m 厚的覆盖层,但其中有 61m 长的管线的覆盖层仅为 0.5m 厚,那么,相当于将这 8km 长管段的整条管线的覆盖层均视为 0.5m 厚来进行评价。评价者可围绕所选定的破裂段展开活动。

3.相对性假设

评价的分数只是一个相对的概念。一个管段的得分值仅表示本段与其他段管线相比较而言。高分值表示其安全性高于其他段管线,即风险低于其他段管线。事实上绝对风险数是无法计算的。

4.主观性

标准评分表所反映的是建立在管道行业经验基础上的专家意见以及专业管道敷设安装经验。每项的相关重要性,也就是该项的权重,同样来自专家的判断。评分的方法及分数的界定最终还是人为制订的,因而难免有主观性。建议更多的人参与,制定出规范,以便降低主观性。

5.公众性

对于普通大众来说,感兴趣的仅仅是危险及危害本身。本方法不涵盖管道操作人员和管道公司职员自身的风险。

6.权重

在各项目中所限定的分数最高值反映了该项目在风险评价中所占位置的重要性,即各指数可能拥有的最大分值——权重,表示该指数的相对重要性。其重要性是依据该项在风险增加或是减少方面所起的作用。四类指数均给予相同的 0～100 分。因为关注造成故障原因的事故记录,各个公司不具有一致性,那么,以一个事故历史记载为基础,把一指数列在另一个之上似乎不合理,但是似乎也没有其他更合理的排列方法。

三、KENT 评分法风险评价模型

1.KENT 评分法基本思路和风险评价基本模型

根据公开报道的各种典型管道事故类型,可将造成管道事故的原因大致分为四大类:第三方破坏、腐蚀、设计和误操作。详细评分项目范围可进一步分为对应的四类指数:第三方破坏指数、腐蚀指数、设计指数和误操作指数(见图 3-1)。每个指数均反映过去引起管道事故发生的一般原因范围。通过考虑每一指数中的每个参数,评价者得出该指数的计算分值,然后将 4 类指数的分值逐项相加得出总分值。

为获得某一危害后果系数——称为泄漏影响系数,皆需顾及管输产品特性、管道运行状况以及管线位置等诸多因素,包括与产品泄放有关的剧烈的和长期的危害。泄漏影响系数和指数和两者相结合(用除法)可得到最终的风险评价值(见图 3-1)。

此方法可反复用于每一段管线,最终的结果是每段管道的数值风险值。倘若需要,将保留融入这个数值的所有信息用于详细分析。

KENT 评分法的基本步骤是:①找出发生事故的各种原因,并加以分类;②根据历史记录和现场调查加以评分,当然对评分的方法均有较严格的规定,以便各种评分不会有太大的偏差;③把以上的评分得数相加;④根据输送介质的危险性及影响面的大小综合评定得出泄漏影响系数；⑤把第二步所得指数与第四步的泄漏影响系数综合计算，最后得出相对风险数。

KENT 评分法风险评价基本模型如图 3-1 所示。

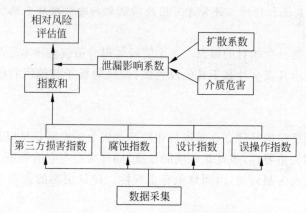

图 3-1　KENT 评分法风险评价基本模型

2. KENT 评分法的分值分配

KENT 评分法的分值分配，参见表 3-1。第三方损害、腐蚀、设计、误操作这四类指数，每种指数的分值均设计为 0～100 分，各类指数分值总和范围为 0～400 分。

（1）第三方损害因素的指数分值范围为 0～100 分，具体评分项目包括最小埋深、地面上的活动状况、当地居民的素质等因素。

（2）腐蚀因素的指数分值范围为 0～100 分，具体评分项目包括输送介质的腐蚀性、有无内保护层、阴极保护状况、防腐层状况、土壤的腐蚀性、保护涂层已使用的年限等因素。

（3）设计因素的指数分值范围为 0～100 分，具体评分项目包括管道安全系数的大小、安全系统的状况、水击潜在的可能性的大小、土壤移动的概率大小等因素。

（4）误操作因素的指数分值范围为 0～100 分，具体评分项目包括设计、施工、运营、维护四个方面的误操作。其中，设计方面，即对危险认识不足、选材不当、安全系数考虑不周等因素；施工方面指环焊口质量不佳、回填状况、防腐涂层施工状况以及检验状况等诸多因素；运营方面要考虑到 SCADA 通信系统故障和操作人员培训状况等；维护方面指定期维护的状况等。

（5）泄漏影响系数有两个方面：①输送介质的特性；②事故可能影响面，即事故扩散和波及的特点。介质危害考虑到介质的毒性、易燃性、活化性等，影响系数包括人口密度等方面。

3. 相对风险值

根据风险评价标准分值（见表 3-1），通过专家对各分段管道的评价打分，得到每一段各个指数的得分，最后得出 4 个指数的总分，将该值除以泄漏影响系数得到该段管道相对风险值。利用各段管道相对风险值可绘制出一条整个管道系统风险评价曲线。

管道的相对风险评价可按式（3-1）计算。对于管道来说，相对风险值越大，表示管段越安全。

$$相对风险值 = \frac{指数和}{泄漏影响系数} \qquad (3-1)$$

$$指数和 = 第三方破坏指数 + 腐蚀指数 + 设计指数 + 误操作指数 \qquad (3-2)$$

$$泄漏影响系数 = \frac{介质危害指数}{扩散系数} \qquad (3-3)$$

表 3-1 KENT 评分法管道风险评价表

指数类别	项 目		分值范围/分	采用的分值
第三方损害指数	管线覆盖层的最小深度(最小埋深)		0~20	
	活动程度		0~20	
	地面设施(管道地上设备)		0~10	
	直呼系统(单号呼叫系统)		0~15	
	公众教育		0~15	
	管道用地标志(线路状况)		0~5	
	巡线频率		0~15	
	合 计		0~100	
腐蚀指数	大气腐蚀 0~20	设施(管道暴露空气中方式)	0~5	
		大气类型	0~10	
		包裹层/检测(保护层)	0~5	
	内部腐蚀 0~20	产品腐蚀(介质腐蚀性)	0~10	
		管道内防护(内防腐保护)	0~10	
	埋地金属腐蚀(外腐蚀)0~60	阴极保护	0~8	
		包覆层状况(保护层)	0~10	
		土壤腐蚀性	0~4	
		系统运行年限(使用年限)	0~3	
		其他金属埋地物	0~4	
		交流感应电流(交流电干扰)	0~4	
		机械腐蚀(应力腐蚀)	0~5	
		管-地电位测试桩(测试桩)	0~6	
		密间隔测量(密间隔管地电位)	0~8	
		管道内检测器	0~8	
	合 计		0~100	
设计指数	管线安全系数(钢管安全指数)		0~20	
	系统安全系数(指数)		0~20	
	疲劳(指数)		0~15	
	水击潜在危害(指数)		0~10	
	管道系统水压试验(水压试验指数)		0~25	
	土壤移动(指数)		0~10	
	合 计		0~100	

续表

指数类别	项　　目		分值范围/分	采用的分值
误操作指数	设计 0~30	危险识别(危险有害因素辨识)	0~4	
		达到 MAOP(最大允许工作压力)的可能性	0~12	
		安全系统	0~10	
		材料选择	0~2	
		设计检查	0~2	
	施工 0~20	检验(施工检验)	0~10	
		材料	0~2	
		连接(接头)	0~2	
		回填	0~2	
		搬运(储运保护与组对控制)	0~2	
		包覆层(保护层)	0~2	
	运行(操作) 0~35	工艺规程(操作规程)	0~7	
		SCADA/通信	0~5	
		毒品检查(药检)	0~2	
		安全计划	0~2	
		检查	0~2	
		培训	0~10	
		机械失误防护措施(机械故障保护装置)	0~7	
	维护 0~15	文件编制(维护记录)	0~2	
		计划(维护计划)	0~3	
		维护规程(维护作业指导书)	0~10	
	合　　计		0~100	
	指数和＝第三方损害指数＋腐蚀指数＋设计指数＋误操作指数		0~400	
泄漏影响系数	产品危害(介质危害) 0~22	急剧危害(急性危害) 0~12	可燃性 N_f	0~4	
			反应(化学活性)N_r	0~4	
			毒性 N_h	0~4	
		长期危害 RQ	0~10	
	扩散系数	液体或气体泄漏	1~6	
		人口密度	1~4	
		扩散系数＝泄漏分值/人口密度分值	0.25~6	
	泄漏影响系数＝介质危害指数/扩散系数			
	相对风险评价值＝指数和/泄漏影响系数			

四、非可变因素与可变因素

在风险影响因素中,可大致分为两类,即非可变因素和可变因素。非可变因素是指通过人的努力也不可能改变或只能有很少改变的特定条件或属性,如沿线土壤的性质、气候状况、沿线的人文状况等。可变因素是指通过人的努力可以改变的因素,如通过管道智能检测器的频度、操作人员的培训状况、施工质量等。

如前文所述,危险与风险两者之间存在差异。人们通常几乎无法改变危险,但是可以采取措施影响并化解风险。遵循这一理论,评价者可将每一指数中各项按照不可变因素和可变因素进行逐项分类。不可变因素大致与危险特性一致,而可变因素则反映风险的冲击作用。不可变因素反映管道的环境状况,而可变因素则是为响应该环境而采取的行动。两者均影响风险,但将两者区分开是有意义的。

术语"非可变因素"可被定义为一种特性,即具有难以改变或不可能改变的特性。它们是超越操作人员所能控制的范围的,管道系统自身所具有的特性。管道风险评价的大部分都涉及不可变因素。类似于按常规不能改变的常数,因此被称为非可变因素的有:①土壤特性;②大气环境类型;③输送产品特性;④埋地管线附近的状况及其自然特征。

可变因素包括管线设计者或经营者为改善风险进程而适当采取的措施(预防措施),主要包括:①管道巡线频率;②操作人员培训计划;③管道用地维护计划。

以上所列的各类别均相当清晰明白。评价者应当预料到存在于不可变因素和可变因素两者间的模糊情况。在可变与不可变之间,有些属于中间状态的,如管道的埋深,对已有管道的风险评价,实际上不可能把所有管道再加大埋深,故为不可变因素。但对于新管道,在建设前进行风险评价时,如资金投入有限,为减少第三方破坏,提高安全度加大埋深则是可行的,故又属于可变因素。

【例3-3】 考虑毗邻管线的人口密集区域,其中的指数之一是第三方对管道具有的潜在损害的影响。而且,很明显并不具有不可改变之特性,因为通常可选择管线改道敷设。但若基于经济上的考虑,改变管线走向可能导致投资难以收回,那么这一特性可能又是不可改变的。另外一个例子就是管线的埋设深度,这一特性的改变意味着重新填埋或增加覆盖层深度。虽然这些工作不是什么特别的行为,但是评价者必须对这样具有实用性的选择进行权衡,以确定在风险构成中将其分类为不可变因素还是可变因素。

正如风险程序存在许多情况一样,保持评价的一致性远比获得绝对答案更为重要。这就是为什么认可某一管段的不可变因素应该是所有管段的不可变因素的原因。只有一致性才能用于有意义的风险比较。

非可变因素和可变因素之间的区别在进行风险管理决策中非常有用。对于某些恶劣环境,要制定公司标准,并采取措施降低风险。这个过程有助于依据非可变因素的级别制定出相应的预防措施。可预先制定标准并将其编程放入数据库程序,以便自动根据管段的环境来调整标准——恶劣的环境状况需要更多更完备的预防措施来满足标准要求。

五、管线分段

这里必须指出的是,不同于其他一些设备的风险评价,一条管线通常不是全线均有一样的潜在危险。随着管道沿线状况的改变,风险状况也随之改变。专家必须考虑这额外的变量:究竟应评价管道的哪一段?

为得到一个正确的风险实况,风险评价者必须制定出一个将管道分段的标准。将整条管道划分为许多管段,增加了每段管道风险评价的准确性,但这可能增加数据收集、处理和维持的费用。同时,更长的管段(划分段数减少)可以减少数据成本,但同时也降低了评价的准确度。因为,假如这一节管段的状况发生变化,就必须对一般或最坏情况都进行控制。随机的分段方法,诸如像按每千米一段或者两个截断阀之间分为一段,都不具有明显的划分点的优点。假如选择了不适宜和不必要的分段点,这种随机分段方法势必造成评价精度的下降以及成本的增加。

一条管道因不同地段的人口密度、土壤条件、涂层的选用甚至"管龄"的长短差异较大,需要分段评价。分段越细,评价越精确,评价费用越高。故是否要分段以及如何分段需评价者与用户(管道所有者)共同商定。

最好的分段原则就是无论何处有重大的变化,都可插入一个划分点。评价人员必须根据重大状况变化来考虑评价精度及其数据费用。

评价人员应获得进行风险评价所需的各种状况条件,同时应关注管道系统中那些最易变的条件而加以研究,根据其变化的程度及频率将参数进行分类。这些最好由管道操作人员在输入数据时完成。由员工来输入这些数据不仅有助于确保评价工作的完整性,而且也有助于逐步加强管道员工接受风险管理技术。也许这种分类方式是主观的,或许也是不完整的,但它可以作为管线分段的一个良好起始点。

首先,可以按照人口密度、土壤状况、保护层(包覆层)状况、管道使用年限等状况条件对管道进行简单分类。评价人员可预见到管道沿线最重要的变量就是人口密度,然后是变化的土壤状况;最后是涂层状况以及管道使用年限。

其次,依据为管线的试分段而列出的、状况变量优先排序的第一项,评价人员应插入管段的划分点。若认为由此过程而导致的段数过多,评价人员必须简化该列表(即清除优先排序列表末尾的状况变量),直到获得一个合适的管段数为止。这是一个需要反复试验的过程,直至得到一个符合成本效益原则的分段。

【例3-4】 管线分段。一条已进入老化期的96.56km管线,管道沿线毗邻几个村落;土壤状况为黏土型的沼泽地与沙土地交替出现;管线涂层已存在多方面的退化变质现象(大概与土壤变化情况相对应)以及近几年来已更换了部分新管段。遵循上述原理,假定评价人员按如下规则对这条管线进行分段。

① 1.61km管段,每当人口密度变化大于10%时,就插入一个分段点。这些人口密度分段点通常不大于1.61km,当人口密度不变时不插入分段点。

② 每当土壤腐蚀变化达到30%左右,即可插入一个分段点。此例中的数据表明,根据该管段土壤腐蚀的平均数值,每152m分一段最为合适。因此,每1.61km管线的分段点可能达到最大值10次。

③ 每当管线的包覆层发生重大变化时,可插入一个分段点。这要根据防腐工程师的评价来测量。由于该评价是主观的和粗略的数据,所以通常每1.61km设置一个分段点。

④ 每当管线的使用年限有明显差别时,设定一个分段点。这要由管道建设安装数据来确定。贯穿该管道全线,已安装了6段新管线,以替代不合格的旧管线。

评价人员根据上述的第一项,管线要分15段;根据第二项,管线又要分为8段,总段数达 23 个。根据第三项又要分成 14 段,而第四项则又要分成 6 段。在这条 96.56km 管线上,总共分了 43 段。

评价人员可以决定这是否为最佳分段数。正如前面所提到的,应综合考虑评价的期望精度以及数据的收集、分析成本等因素。假如评价人员所选出的这 43 个管段,对于该公司来说太多的话,那么,可首先消减由第四项所生成的管段数,以减少总管段数。消减这 6 个根据管道使用年限差异增加分段数是适宜的,因为该项优先等级最低,即在上述列表中,对照其他状况,不认为管段使用年限是一个因素。

倘若分段数(现已降至 37 个)仍然太高,评价人员可消减由于第三项导致增加的管段数,或可根据防腐工程师所评定的“优良”及“中等”包覆层等级,可将管段数从 14 个减至 8 个。

评价人员从上述例子已大致获得了将整条管线划分成适当管段数的设计方案。很可能首先已有了目标管段长度。作为一个起点,很多情况下,1.61km 长的管段可能是适当的。这个管段长度被美国运输部采用,它根据管道沿线的人口密度而评价确定。当然,人口密度这一要素在风险形成中起着重要作用。然而基于风险评价的目的,就这个例子而言,1.61km 或 3.22km 长的管段分段频度可能太大了。此外,管道的分段还需权衡准确度和成本。

图 3-2 给出了某段管线依据人口密度及土壤状况而进行的管线分段实例。

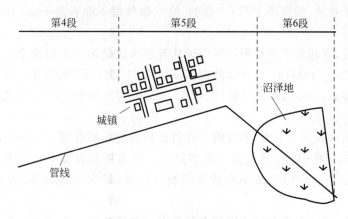

图 3-2　管线分段示意图

对于所评价的许多参数来说(尤其是在误操作指数中),分段不会对其有任何影响。例如,像培训与操作规程这样的参数通常一律用于整个管线系统,或者至少是一个单独的运行区域。可是在收集数据期间,这些数据不可忽视。

第三节　第三方损害指数评分

一、第三方损害指数的风险因素

第三方损害指数的风险因素见表 3-2。

表 3-2　第三方损害指数的风险因素

序号	风险因素/评分项	分值范围/%	权重/%
1	管线覆盖层的最小深度(最小埋深)	0～20	20
2	活动程度	0～20	20
3	地面设施(管道地上设备)	0～10	10
4	直呼系统(单号呼叫系统)	0～15	15
5	公众教育	0～15	15
6	管道用地标志(线路状况)	0～5	5
7	巡线频率	0～15	15
合计		0～100	100

管道经营者必须采取措施,以减少他人破坏管道设备的可能性。应采取的措施将取决于系统是否易遭受损害以及是否经常出现损害事件。

1. 第三方损害

第三方损害主要是指由于非管道经营或所有者的员工的行为而造成的所有的管道意外损害。管道经营或所有者的员工造成的意外损害则属于"误操作指数"。

第三方损害在各条管道的风险评价中占有重要位置。根据美国运输部(DOT)统计,在 1971—1986 年中,美国诸多管道事故中,第三方损害者占 40% 左右。我国情况也类似。尤其近年来在油、气管道上打孔、偷油、偷气事件每年都有若干起,有些造成了重大事故。

据美国统计,在建筑作业挖掘过程中破坏管道事故是第三方损害中的主要事故。在美国本土,仅 1983—1987 年,油管道的破坏事故为 969 起,其中由于第三方挖掘过程中破坏管道引起的事故占 259 起,占总数的 26%。在 259 起事故中死亡 8 人,受伤 25 人,财产损失 1400 万美元。

在此处所指的第三方损害,不仅限于管道破坏引起介质泄漏。一定程度上碰坏防腐层或给管道造成刮痕、压坑等也属于损害之列。管道防腐层损坏会造成管道腐蚀,金属形成刮痕、压坑,造成应力集中形成疲劳裂纹扩展,最终导致破坏,或造成应力腐蚀开裂。

管线设计者,甚至或许是管道操作人员都有可能影响第三方风险。作为整个风险形成的一个要素——第三方损害的可能性,主要取决于下列因素:可能侵扰的性质、侵扰方接近设施的难易程度和活动程度。

2. 可能的破坏方

对于管道来说,可能的潜在破坏方包括挖掘设备,抛射物,交通车辆,火车,农机,栅栏柱,地震荷载,牛、大象及鸟等野生动物,电(话)线杆,挖泥船和锚式机械。

3. 影响设施灵敏度的因素

对于管道来说,影响设施灵敏度的因素包括埋深,覆盖层的性质(泥土、岩石、混凝土、卵石块及其他),人造障碍物(栅栏、路障、堤坝、沟渠等),自然障碍物(树林、河流、沟壑、岩石等),管线标志桩的存在,管道用地条件,巡线的质量及频次,处理危险信息的响应时间。

4. 侵扰程度

根据以下参数判别侵扰程度：人口密度，毗邻管道的建设活动，邻近火车及汽车等交通要道，海上锚泊地域，直呼系统的通信量，该区域埋地公用设施的数量。

二、第三方损害指数评分方法

1. 管线覆盖层最小深度（最小埋深）——建议权重20％，非可变因素

非可变最小埋深的分数可按下列经验式（3-4）计算：

$$最小埋深分数 = 13.1 \times C \tag{3-4}$$

式中，C 为最小埋深，单位为 m。最小埋深分数小于 20。

按上式计算得

埋深为 0.8m 时，分数＝10.5；

埋深为 1.0m 时，分数＝13.0；

埋深为 1.2m 时，分数＝15.7；

埋深为 1.4m 时，分数＝18.3；

埋深为 1.6m 时，分数＝20.96，取 20。

由此可知，当埋深在 1.6m 以上时，再增加埋深对减少风险是无效的。

（1）某些管道由于地理位置所限或其他原因，在钢管外加设钢筋混凝土涂层或加钢套管、设有醒目警告标志，均对减少第三方破坏有利，可视同增加埋深考虑，见表 3-3。管线最小覆盖层如图 3-3 所示。

表 3-3　涂层或钢套管相当埋深增加值　　　　　　　　单位：m

涂层厚度	相当埋深增加值	涂层厚度	相当埋深增加值
50mm 厚混凝土涂层	0.2	钢套管	0.6
100mm 厚混凝土涂层	0.3	醒目警告标志	0.15

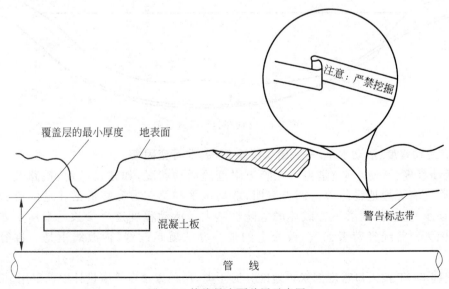

图 3-3　管线最小覆盖层示意图

（2）油、气管道穿过江、河、湖泊时，其最小埋深的评分办法与以上所述陆上段落不同，应专题讨论。此处仅做概述介绍，供读者参考。水下管道（指陆上管道穿越河流、湖泊等部分，不包括海底管道）最小埋深的评分由三部分组成。

① 考虑管道处于水面下深度的因素，具体评分见表 3-4。

② 考虑管道低于河床表面的因素，具体评分见表 3-5。

表 3-4　管道处于水面下深度的评分

管道低于水表面的深度/m	分数/分
0～1.5	0
1.5～最大抛锚深度	3
大于最大抛锚深度	7

表 3-5　管道低于河床表面深度的评分

管道低于河床表面深度/m	分数/分
0～0.6	0
0.6～0.9	3
0.9～1.5	5
1.5～挖泥船最大挖泥深度	7
大于挖泥船最大挖泥深度	10

③ 考虑管道涂层状况，具体评分如下：

无混凝土涂层　　　　　　　　　　　　　0 分
有混凝土涂层（最小 25mm 厚）　　　　　5 分

以上三部分之和为穿越段的分数，但不得大于 20 分。

测量水下穿越管线来确定管线的情况，将间接地影响到风险进程，特别是在易遭受第三方损害的管段内（见图 3-4）。这样的勘测是确定管道埋深和暴露于船舶航道、水流和水上漂浮物等范围的唯一方法。因为涉及流动的水，各种状况均可能发生戏剧性变化，因此上次勘测距今这段时间也是应该考虑的因素。这类勘测在"误操作指数"中也要加以考虑。

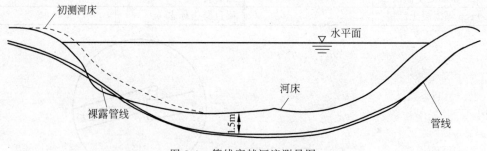

图 3-4　管线穿越河流测量图

2. 活动程度（活动水平）——建议权重 20%，非可变因素

活动程度（活动水平）是指人在管道附近的活动状况，如建设活动、铁路及公路的状况，附近有无埋地设施等。调查表明，活动水平与第三方破坏的潜在危险有密切关系，活动水平越高，则第三方破坏的危险性越大。活动程度这个参数通常属于非可变因素，因为对管线经营者而言，改变它的唯一办法就是改线，而改线不是一件容易的事情。

美国 DOT 按人口密度因素将地区分为 4 类，这种方法在管道设计中被采用，第 1 类为人口稀少地区，第 4 类为人口密度最大地区。其评分标准参见表 3-6。

表 3-6　活动程度（活动水平）评分表

地区类别	状况描述	评分/分
高活动地区	该类地区具有下列一项或几项情况：DOT 分类方法中的第 3、4 类人口密度地区；高人口密度地区；建设活动频繁的地区；铁路及公路交通可能造成威胁的地区；管道附近有许多其他地下敷设的公用设施的地区；管道经过岸边时处于抛锚地区；常见的邻近海底管线的挖掘活动；大量的直呼或巡线报告（每周大于两次）；来自野生动物的频繁破坏等	0
中等活动地区	该类地区具有下列一项或几项情况：DOT 分类方法中的第 2 类人口密度地区；附近人口密度较低；没有可能造成威胁的常规建筑活动；很少量的直呼或巡线报告（每月小于 5 次）；附近地下敷设的公用设施很少；野生动物偶尔的破坏等。特别是管道附近无建设活动且管道附近地下埋设物甚少的地区	8
低活动区	该类地区具有下列一项或几项情况：DOT 分类方法中的第 1 类人口密度地区；农村、田野等，人口密度很低，农作物耕种深度小于 0.35m 时，可按管道无损害威胁考虑；实际上几乎没有活动报告（每年小于 10 次）；该地区无日常的有害活动（凡机械不能挖深至管线覆盖层 0.304m 以内的农业活动可视为是无害的）	15
无活动区	最高分数值一般授予在该地区的管线附近事实上没有任何挖掘活动或其他有害活动的区域，如荒野、沙漠、无人区等	20

评价者可在这些分类级别之间进行评分，但应尽力确保评价的一致性。

在上述的每一分类中，人口密度都是一个要素。某地区的人口越多，通常就意味着各类活动越多——建栅栏、建花园、挖水井、开沟渠、清整土地、建围墙以及建车库等，其中许多活动都可能损坏地下管线。有些破坏较小，以致肇事者可能不去报告。前面已经提到，类似于涂层损坏或刮伤管道这样未经报告的损害常常是将来引发管线事故的初始条件。

正在恢复重建或正经历快速发展阶段的地区势必要有大量的建设活动。其中包括地质勘查钻孔取样、开挖地基和公用设施的预埋安装（电话线、给/排水管线、电力线与天然气管线等），以及其他许多潜在的危害活动。

权衡活动程度的最佳指标就是看报告的数目多少。这些报告可能来自管线员工的直接观察、依靠飞机或陆地的巡检，以及来自公民或是其他建筑公司的电话报告等。正在使用的直呼系统为进一步评价活动程度提供了一个非常有用的数据库。

其他埋地公用设施的存在必然导致较为频繁的挖掘活动，因为这些系统需要检修、维护和检测。这是另外一种衡量活动程度的方法。抛锚、钓鱼和疏浚等活动对水下管线会造成最大的第三方损害。次之，就是使用室外切割或定向钻方式进行新工程施工时，也可对现有的设备造成威胁。码头港口的建筑施工，甚至海上钻井活动也应列在考虑的事项之中。

【例 3-5】 地震活动：这里值得特别注意的是地震或其他一些有关地下爆破之类的活动。作为勘探工作的一部分，通常为了探明油气储量，需要传输能量给地下岩层，以得到（勘测并确定）该地区地下地质概况的详细资料。这项工作一般需要钻井队埋设炸药——预埋好数排即将引爆的炸药。爆炸提供要勘查能源的信息。有时，改用其他技术

（如向地下传递能量以获得采样）替代炸药。例如，用重力荷载撞击地面，收集监控震动波，运用震动技术，在一定的频率范围内产生相应的能量波。

震动对管线可能造成危害。首先为放置炸药而钻孔打洞时，就可能发生危险。这类钻孔可能置管线于危险之中。因为钻孔深度不一，而管线覆盖层的深度仅能提供很小的保护。第二个危险是对暴露管线的冲击波。当炸药爆炸时，大量的土块被急剧加速。倘若管线没有足够的辅助支承，管线自身吸收了加速土块的能量，这会加大管线的应力（见图3-5）。可以推测：引爆远离管线下方的一包或一排炸药，其危害性可能大于将相同的炸药量埋设在更靠近管线且与之相同深度的地方。必须依据实例的各种各样的基本状况进行评价，以确定危险程度。

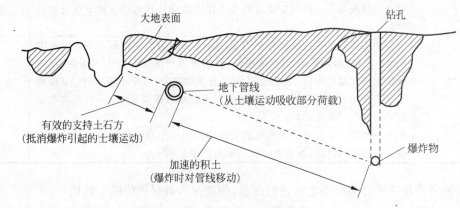

图 3-5　管线附近的爆破活动

正如前面所提到的，管线经营者几乎无权规定震动活动距管道的最小距离。管道经营者从技术上只能禁止在他所管辖管线用地的数米内实施爆破活动。这常常还需要得到施工单位的协助配合。作为风险形成的一个组成部分，应对管线附近爆破活动的潜在危险加以评价。

3. 地面设施（管道地上设备）——建议权重 10%，非可变因素

管道地上设备，如干线截断阀等，有时会被车辆碰坏或被过往行人有意无意地弄坏，这属于第三方破坏的因素。虽然这个参数一般被视为非可变因素，其实应该是介于非可变因素与可变因素之间的一个模糊条件。由于地面上某些设施有时常常是难以改变或者不可能改变的，因此可能要采取许多保护措施以减少风险。可以说，这个参数结合了可变与不可变两个方面的因素，用一个单独的分值来表示。

给予没有地面设施的管段以最大分数值。对于拥有地面设施的管段，要根据能减少第三方风险的情况进行评分（见图3-6）。一般情况下，常常设立车障或其他路障，或者其他过往行人难以接近的障碍。

管道地上设备因素的具体评分方法见表3-7。

对能够减少破坏行为（人为的、恶意的第三方侵扰）的安全防护措施可以得分。上述实例给予警告标志一个很小的分值，因为标志只能阻止那些偶然恶作剧的人（不经意间制造损害的人）或者练习打靶的过路猎人。可以将诸如照明设备、芒刺式铁丝网、视频监视、声响监控、运动传感器及其报警系统等作为减少风险的因素而得分。

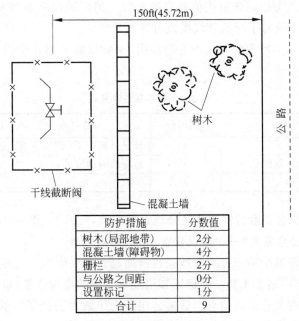

防护措施	分数值
树木(局部地带)	2分
混凝土墙(障碍物)	4分
栅栏	2分
与公路之间距	0分
设置标记	1分
合计	9

图 3-6 管道地面设施的保护措施

表 3-7 管道地上设备因素评分表

管道地上设备状况	评分/分
没有地面设施	10
拥有地面设施	0
拥有地面设施,但考虑到下列各种情况,给予相应适宜的分数值(可多项相加,总分不得超过10分)	
设施距离交通车辆大于 6.1m(离开公路 60m 以外)	5
该区域周围环绕 1.83m 高的栅栏(设备用链条围住,链条距设备 2m)	2
防护栏杆(直径 0.102m 钢管或更强的)	3
道路与设施之间有直径不小于 0.3m 粗的树木、墙或其他一些坚固的构造物等	4
道路与设施之间设有沟渠(其深及宽不低于 1.2m)	3
标志(警告:请勿入内,危险! 等)	1

4. 直呼系统(单号呼叫系统)——建议权重 15%,可变因素

直呼系统是一个服务系统,即在接收到计划将要进行挖掘活动的通知后,再通知可能会影响到地下设施的拥有者。美国运输部将常规的直呼系统定义为:"由两个或多个公用事业公司(或数个管道公司)、政府部门或其他地下设施的经营者,共同建立一个通信系统,提供一个电话号码给挖掘承包商及其公众,要求通告和记录他们从事开挖活动的内容。然后,这个信息传递给该直呼系统的相关成员,使他们有机会与挖掘人联系,并用临时标记标示他们的设施,随时跟踪挖掘活动并检测其地下设施。"独立的企业主也可以建立这种系统。

1964 年,纽约州的罗彻斯特(Rochester)建立了第一套现代的直呼系统。而到了 1992 年,在 47 个州及华盛顿特区中,已建有 88 个直呼系统,以及在加拿大、澳大利亚、英国苏格兰及中国台湾等也运作着类似的直呼系统。美国运输部通过对 16 个直呼系统中心的调查表明：该系统对于降低管线事故有着明显效果。

评价直呼系统对于所评价管段的有效作用，主要依靠下列几个因素并可按相应分值评分，参见表 3-8。

表 3-8　直呼系统评分表

直呼系统要素	评分/分	直呼系统要素	评分/分
立法	4	满足最低的 ULCCA 标准	2
已经证实的有效性和可靠性记录	2	对呼叫有适宜的响应	5
广泛宣传为社会所了解	2		

具备表 3-8 中所有要素特性的就是最佳直呼系统，可得 15 分。

5. 公共教育（公众教育）——建议权重 15%，可变因素

公共教育程序在减少第三方对管线损害方面起到重要作用。大多数第三方损害均不是故意造成的，而应归结于无知。不但不知道地下管道的准确位置，也搞不懂管线的各种地面标志及其一切有关管道的信息。管道公司致力于教育公众了解管线的相关事物，会大大减少第三方损害事件的发生。

在公共教育方面，管道公司同毗邻管道居民的经常沟通应列为头等的保护措施。通过适当地激励，这些居民实际上可转变为管道的保护者。与管道附近的居民保持良好的关系，对居民进行"管道法"的宣传，讲述管道的常识以及管道破坏对居民可能造成的危险等，对减少第三方破坏有重要意义。

一个行之有效的公共教育程序所具有的某些特性见表 3-9，并可按相应分值评分。

表 3-9　公共教育程序评分表

公共教育的特性	评分/分
邮寄广告	2
每年与地方官员会晤 1 次	2
每年与当地挖掘项目承包商/挖掘者会晤 1 次	2
对社会团体进行定期教育	2
挨门挨户地造访管道毗邻居民	2
给承包商/挖掘者邮寄广告	4
1 年 1 次在承包商/公共事业出版物上宣传	1

将所应用的全部特性的分值相加，最佳的公共教育可得 15 分。

6. 管道用地标志（线路状况）——建议权重 5%，可变因素

该项是对管线走廊的可识别度与可检测度的度量。清楚标示且易于识别的管道用地，能减少第三方损害，同时有助于管道泄漏观察（由陆地和空中巡检，便于识别到蒸汽挥发或枯死的植被）（见图 3-7）。

线路状况在此处是指沿线的标志是否清楚，以便第三方能明确知道管道的具体位置，使之注意，防止破坏管道，同时使巡线或检查人员能有效地检查。

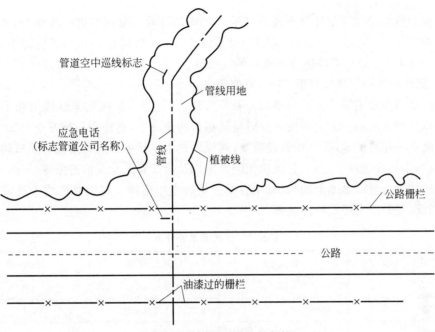

图 3-7 管道地面设施的保护

评价者应建立清晰明白的参数评分表。该表的使用者应能正确地知晓采取什么行动才能增加分值。评分表的主观性越少越好,但又要简单易行。线路状况的评分表及其说明见表 3-10。

表 3-10 线路状况的评分表

线路状况等级	线路状况描述	评分/分
优秀	畅通无阻的;清晰地标明管道路由;在管道用地上或是其上方任何一处,均可看到标记与标志牌;管道与公路、铁路、沟渠及江河的所有穿越处皆须设立标记与标志牌;管线走向的所有变化均有标注,同时还要设置空中巡检标志牌。总之,要标志清楚,且从空中(巡线直升机)和地面的不同角度、方向均能看清,在铁路、公路、沟渠、河流穿越点均有明确标志者	5
良好	清晰的管道路由(沿着管道用地,从地面及空中没有繁茂植物阻挡视线);标志到位,但不是在管道用地或上方的每一点都能看到其标记;管道与公路、铁路、沟渠及江河的所有穿越处均设立标记与标志牌。虽标志清楚,但并非从各个角度都能看见(包括空中),在铁路、公路、沟渠、河流穿越点均有明确标志者	2
一般(平均水平)	管道用地上的茂盛植被没有得到彻底清除;为清晰地识别公路、铁路与水路需要设立更多的标志牌。即并非全部标志清楚,穿越点标志不全	2
低于一般水平(平均水平以下)	管道用地上的一些地方被茂盛的植被所覆盖;在空中总是无法看清地面,或是从地面上沿着管道用地没有一个清晰的管道用地轮廓线;由一些地方望去,无法识别管道用地;管道线路标志匮乏。即有植物覆盖,管道位置难以认清,虽有些标志,但不齐全	1
劣质(差)	无法辨认出管道用地;目前没有(或是不适宜)任何标志	0

上面的详细描述可指导管道经营者采取正确的行动。分值可进一步细分(如:当管线与道路穿越时,若 94% 处设有标志,即可赋值 2 分;而当仅有 75% 处设置标志,则赋值 1 分等),但这样评分也可能造成不必要的复杂性。

7. 巡线频率——建议权重 15%,可变因素

巡线是减少管道第三方破坏事故的有效方法,其评分方法决定于巡线的频率及有效性。当越来越多的第三方活动没有及时得到报告的情况下,巡检变得越发重要。

活动水平越高的地区,巡线就越重要,巡线人员主要任务是通报沿线有无威胁管道安全的活动,如建设、打桩、挖掘、打地质探测井等以及沿线有无泄漏的迹象等。

巡线的方法可以是地上的,也可用直升机进行空中巡线。在国外巡线人员需经专门培训,因此,评分决定于巡线的频率,见表 3-11。

表 3-11　巡线频率评分表

巡线的频率	评分/分	巡线的频率	评分/分
每日巡检	15	每周 1 次	6
每周 4 次	12	1 次<每月<4 次	4
每周 3 次	10	每月少于 1 次	2
每周 2 次	8	从未巡检	0

评定分值时应与实际巡线频率相对应。根据第三方侵扰的发生频次,为一管线制定的评分表要求每周 4 次为最佳巡线频率。那么,在可以提供更多安全费用的情况下,评价者也许感到天天巡线更为合理。但多于每天 1 次的频率(如每 8 小时一轮班),不应比天天巡线获得更高的分值。

在行动期间,例如密间隔测量期间,评价者可能希望对巡线给予分值鼓励。然而,在鼓励之前,依其惯例先要慎重地评价其效果。

第三方损害因素,在风险评价中由七个方面组成,总分范围为 0~100 分。分数越低,说明出现第三方损害的概率越高;反之,分数越高,说明出现第三方损害的概率越低。

为了减少第三方损害的风险,即提高分数,一般来说只能在可变因素的项目中做努力,即在"公众教育""线路状况""巡线频率""直呼系统"四个项目中做出努力。

第四节　腐蚀指数评分

一、腐蚀指数的风险因素

腐蚀指数(100%)=大气腐蚀指数(20%)+内部腐蚀指数(20%)
+埋地金属腐蚀指数(60%)

具体腐蚀指数的风险因素见表 3-12。

表 3-12 腐蚀指数的风险因素

风险因素/评分项	类 别	分值范围/分	建议权重/%
1. 大气腐蚀		0~20	20
(1) 设施(管道暴露空气中方式)	非可变因素	0~5	25
(2) 大气类型	非可变因素	0~10	50
(3) 包裹层/检测(保护层)	非可变因素	0~5	25
2. 内部腐蚀		0~20	20
(1) 产品腐蚀(介质腐蚀性)	非可变因素	0~10	50
(2) 管道内防护(内防腐保护)	非可变因素	0~10	50
3. 埋地金属腐蚀(外腐蚀)		0~60	60
(1) 阴极保护	可变因素	0~8	13
(2) 包覆层状况(保护层)	非可变因素	0~10	17
(3) 土壤腐蚀性	非可变因素	0~4	7
(4) 系统运行年限(使用年限)	非可变因素	0~3	5
(5) 其他金属埋地物	非可变因素	0~4	7
(6) 交流感应电流(交流电干扰)	非可变因素	0~4	7
(7) 机械腐蚀(应力腐蚀)	非可变因素	0~5	8
(8) 管-地电位测试桩(测试桩)	可变因素	0~6	10
(9) 密间隔测量(密间隔管地电位)	可变因素	0~8	13
(10) 管道内检测器	可变因素	0~8	13
合 计		0~100	100

钢质管道的腐蚀直接或间接地引起管道事故发生,这是所熟知的危险。腐蚀主要集中在管道的金属损失方面。一般说来,通常可见到的金属腐蚀过程需要四个要素:阳极、阴极、两极间的电路连接、电解质。若排除这四个中的**任何一个**,均将中止腐蚀过程。各种防腐措施正是利用了这一原理。

非钢制的管道材料会不时地遭受环境破坏的影响。土壤中的硫酸盐和酸会导致含有水泥的材料(混凝土和石棉水泥管)的性质退化;暴晒在阳光(紫外线)下使得某些塑料老化;聚乙烯管道易受到烃类物质的侵害;聚氯乙烯(PVC)管道则存在被啮齿类动物咬穿的危险;而大多数管道的内壁则易被输送的不相容产品所侵蚀。所有这些可能性都要在腐蚀指数中加以考虑。尽管这里讨论的是钢制管道,评价者也可用类似的方法评价非钢制管道。

有些管材是不易被腐蚀的,并且实际上不受任何**环境因素**的影响,这种情况是可能存在的。设计者通常是牺牲管材的某些强度特性,以获得其柔韧性。这样的管道明显地不存在由腐蚀而诱发的风险。在腐蚀指数中应反映出不存在这种腐蚀危害的状况。

必须评价管材的类型以及环境状况这两个要素。**环境**包含内部及外部影响管壁的各种情况。因为大部分管道都要通过几个不同的环境,所以评价必须进行适宜的分段,或在特定区域内考虑到环境的各种状况,以其最差的状况作为限定条件进行评价。

腐蚀指数是由大气环境腐蚀、管道内腐蚀、埋地金属腐蚀三类腐蚀组成。这反映了管壁所面临的三种常见的环境状况。

（1）大气腐蚀。大气腐蚀针对的是管道暴露在大气环境里的部分。评价这部分的腐蚀趋势，须考虑下列几个方面：①易腐蚀设施；②套管、绝缘、湿带地域、管线支架/吊架、土地/空气的界面；③环境类型；④涂料/包覆层/检测程序。

（2）管道内腐蚀。本项是应付管道内发生腐蚀的潜在危害。评价时须考虑下列几个方面：①输送产品的腐蚀性；②防腐措施。

（3）埋地金属腐蚀。埋地金属腐蚀在腐蚀范畴中最为复杂。评价时须考虑下列几个方面：①阴极保护；②应力腐蚀破裂的可能性；③管道包覆层；④管-地电位测试桩间隔；⑤土壤腐蚀性；⑥整流器与干扰源的检查；⑦管线系统运行年限；⑧测试桩数据测取频率；⑨其他埋地金属的存在；⑩密间隔测量；⑪杂散电流的潜在危害；⑫管道内检测器的应用。

尤其在金属管线埋地的情况下，需要用间接的方法进行腐蚀检查。直接检查管道壁通常花费昂贵，并且易损害管道（要想观察到管道金属层，必须除掉其包覆层）。因此，腐蚀评价一般通过检查少量腐蚀迹象推论出腐蚀趋势。其实，这些推论式评价已被直接检查法证明是行之有效的。

因为腐蚀常常具有区域性现象，同时还由于间接检查很不准确，所以本项指数中的许多分值反映了存在腐蚀的可能性，其分值可能或并不意味着腐蚀实际上正在发生。电解质特性具有关键的重要性，而又包含极易变化的因素：湿度、通风量、细菌数目以及离子浓度等。所有这些特性均具有地域性并和时间有关，因此难以准确地进行评价。对于腐蚀指数，历史资料可能具有借鉴价值。评价者可以制定更精确反映管线经营者在腐蚀方面的经验参数。

此项参数反映了在缓解腐蚀与防腐方面的一般工业实践。依据参数在整个腐蚀风险中所起的作用，权重反映了该参数的相对重要性。

二、大气腐蚀指数评分方法

大气腐蚀主要是由管材与大气之间的相互作用而发生的一种化学变化。这种作用最普通的是引起金属氧化。即便大多数管线为埋地方式，也无法完全避免这类腐蚀的侵扰。评价者也可将其他类型的损害纳入评价中去，如紫外线照射某些塑料制品等。

1. 设施（管道暴露空气中方式）——非可变因素（0～5分），建议权重25%

根据最初探测的、暴露于最恶劣大气环境的管段确定来自大气腐蚀的最大风险。评价的是该管段中最恶劣条件，以及在最差保护措施下的后果。这种保守方式不仅有利于核算某些未知的状况，而且还有助于对那些采取了行动即可改变风险产生的情况进行赋值评分，见表 3-13。

表 3-13 有关钢制管道暴露于大气环境下各种状况的评分表

暴露状况	分值/分	暴露状况	分值/分
空气/水界面	0	地面/空气界面	3
套管	1	其他暴露情况	4
绝缘	2	大气中无暴露	5
支架/吊架	2	破坏因素多次出现的情况	-1

在这个评分表中,情况越差,得分越低,以此决定了所评价的整个管段的情况。

(1) 空气/水界面也称为"湿带",该区域的管道交替地暴露在水中或空气里。例如,这可能由于浪涌或潮汐活动造成,有时称为水线腐蚀,腐蚀机理通常认为形成了氧浓差电池。由于氧浓度的差异而在金属上形成了阳极与阴极区域。这种情况下,随着氧气源源不断地提供至被侵蚀部位,致使铁锈增加失去控制,进而加深了机械设施的腐蚀程度。倘若恰巧是海水或水含盐量较高,其强电解特性势必增进腐蚀,因为离子的高浓度含量促进电化腐蚀进程。沿海岸线的建筑物就能说明这种由于空气/水界面作用的腐蚀性增强趋势。

(2) 套管。行业经验表明,地下埋设的套管是发生腐蚀的高发区。尽管套管及其封闭的输送管埋在地下,大气腐蚀仍可能是主要的腐蚀原因。通风管在套管环形空腔与大气之间提供了一个通道。在套管中,输送管线常常与套管存在导电连接,尽管人们努力地避免这种情况,但还是通过直接金属接触或通过较高阻抗连接,如通过套管中的水来实现连接。这种连接一旦形成,则几乎无法控制电化反应的趋势。或者即使能够准确地知道套管正发生着什么,也无能为力。最坏的情况就是输送管道对套管变成阳极,这将意味着随着套管在获得离子的同时,输送管道自身的金属则在不断地损失。即使没有导电连接,输送管道也可受到大气腐蚀,特别是当套管充满了水,随后又干枯了的情况(形成了空气/水界面)。因为无法进行直接观测,以致这些可靠的推论技术提高了风险等级(见图3-8)。

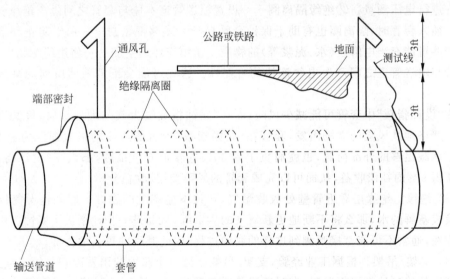

图 3-8 典型的管道套管配置安装

埋地套管在风险评价上应得多少分值——套管有时作为风险的减少因素,有时则充当增大风险的因素。套在输送管道上的大型管段称为套管,以防止输送管道遭受外部荷载的重压。套管长期应用于管道行业,通常设置在可预料到的具有超重荷载的高速公路、马路及铁路之下(见图3-6)。如果管线出现断裂,套管也可使更换管段变得更加容易,无须开凿道路中断交通,就可以很容易地将这一管段从套管中抽出,对其进行维修,并重新安装。令人遗憾的是,业已证明这是不现实的。由于套管的存在,失效的管线的确已能毫不费力地进行更换,但套管本身则常常易出事故。

加装套管还有一个好处是套管可包容管道发生缓慢的泄漏,且可通过套管的通风孔进行监测,而胜于让泄漏物慢慢地侵蚀道路或由于泄漏产品的堆积形成地下袋状储穴。

引起行业争议的是:套管所带来的好处常被其本身所带来的问题所抵消。问题主要体现在腐蚀的相关部分。典型的疑难问题主要有以下三个方面。

① 如果套管有什么缺陷存在,就可能引起大气腐蚀,而且往套管内插入输送管线容易损伤套管,并产生缺陷。

② 套管两端密封,以防止水、泥浆以及其他一些可能存在的电解质进入套管中的环形空腔。环形空腔内存在的电解质可能在套管与输送管道之间形成腐蚀电池,也会对阴极保护系统产生干扰问题。然而,套管的通风孔等在套管环形空腔与大气之间架起了一个直达通道,因此,环形空腔内几乎总是存在着湿气。

③ 阴极保护通常用于保护钢制埋地管线。假设套管与管道不存在电气的连接,套管可保护输送管道不受防护电流的侵扰。倘若存在某种电气连接,则通常套管不但无法保护输送管线免遭电流侵害,而且会引起电流通过,将输送管道变成一个阳极,使得输送管道以牺牲自身来保护现已成为阴极的套管。

使用下面几种缓解方法可降低由于套管而引发的腐蚀现象:①管-地电位测试桩——通过比较输送管线与套管的对地电位差,寻找两者间的连接迹象。管-地电位测试桩允许进行电压测量。②绝缘隔离圈——设置输送管道本体与套管之间隔离绝缘。在输送管道插入套管时,隔离圈也有助于保护套管自身。③端部密封——用于防止环形空腔进入那些可能充当电解质(水、泥浆等)的物质。④填充环形空腔——使用绝缘物质,以降低套管与输送管道之间产生电气连接的可能性。这项可能会抵消前面所列的某些套管长处。

在"设计指数"中套管可能减少风险,而在"腐蚀指数"(大气与埋地金属)里又增加了风险。严格地从风险的立场出发,套管在"腐蚀指数"中可能造成的最大损失为9%。倘若套管承载足够的外部荷载,也就肩负了约30%的管道安全系数,那么在"设计指数"下即可获得9%的补偿收益,从而可以完成套管的风险费用/收益分析。

(3)绝缘。绝缘层靠近管壁处吸收湿气,导致不能察觉的腐蚀。假如这湿气周期性地置换成新鲜的水,那么将不断地更新氧气的供给源,从而进一步地增进了腐蚀。由于套管的存在,通常不可能直接观测到这样的腐蚀过程,因此其腐蚀更具危害性。

(4)支架/吊架。根据工业经验,支架/吊架是另一个腐蚀的诱发因素。管道支架/吊架与管壁的接口处常聚集湿气,有时造成管道包覆层或漆涂层的脱落。当管道发生伸缩时,其支架随之移动,这时多半会刮掉管道包覆层。机械性的腐蚀伤害或许就在这里,而这类伤害又常常不易察觉到。

(5)地面/空气界面。从腐蚀的角度来看,与空气/水界面相比,地面/空气界面可能更为恶劣。这是管道进出地面(或铺设在地上)的接触点,由于管子集聚水分的可能性(形成水/空气界面)部分地引起状况恶化。由于变化着的湿度、寒冷度等造成土壤移动,也可危及管线包覆层,使裸露金属直接接触到电解质。

(6)其他暴露方式。以上情况应该包括了同大气接触的钢制管道最坏暴露情况的范围。上述情况之——定存在于地上管线,或被支撑的管线,或/和存在上述所列界面之一。然而可能存在这样一种情况,非钢制管道不会因所列任何氧化作用的影响而退化。塑料管道不会因接触到水、空气或者甚至化学制品而发生变化,但可能由于阳光的暴晒变得脆而易碎。因此,日晒问题必须纳入特别风险评价的考虑范围。

(7) 大气中无暴露。如果没有任何可腐蚀的管线部位暴露在大气之中,就不存在被大气腐蚀的可能。

(8) 破坏因素多次出现的情况。如表 3-3 所示,评价者可对已知状况多次出现的管段而扣除 1 分。这反映意外事故有增加的机会,因为存在更多潜在的腐蚀部位。为此,一个设置许多支架的管段可获得 2-1=1(分),即该管段等效含有一个套管。这也就是说,有多个支架的管段风险等级等于同一个套管的风险。根据支架数量的不同,可扣分以做进一步的区分。例如,有 5~10 个支架扣除 1 分(-1);而有 10~20 个支架则要扣除 2 分(-2)等。但是这有可能造成评价过程不必要的复杂化。

2. 大气类型——非可变因素(0~10 分),建议权重 50%

大气的某一特性可能增强或加速钢铁的腐蚀性,即促进了氧化进程。

(1) 化学成分。在空气中存在的化学品,如盐或二氧化碳、氯气和 SO_2(可进一步形成 H_2SO_4 及 H_2SO_3),均可加速金属的氧化。

(2) 湿度。因为潮湿可能是腐蚀得以发展的一个首要因素,通常空气中的高湿度更易造成腐蚀。

(3) 温度。较高的温度更具腐蚀性。

评分表不仅应当体现出大气的一种特性所具有的作用,而且还应反映出一种或几种特性的相互作用。例如,认为凉爽、干燥的气候无益于大气腐蚀。可是,若空气中飘荡着本地化工产品,虽然天气又冷又燥,但大气腐蚀仍会像热带海洋性气候的地域一样严重。

表 3-14 的评分表例将大气状况划分成六种类型,按其腐蚀性的强弱进行排列。

表 3-14 大气类型评分表

大 气 类 型	评分/分	大 气 类 型	评分/分
空气中有化学品及海洋气候	0	高湿度、高温度	6
空气中有化学品及高度潮湿气候	2	空气中有化学品及低湿度气候	8
海洋、沼泽及海岸性气候	4	低湿度气候	10

3. 包裹层/检查(保护层)——非可变因素(0~5 分),建议权重 25%

预防大气腐蚀最为普通的方式就是将金属与恶劣的环境相隔离,即一般采取管道包覆层方式。所谓包覆层包括涂料层、缠绕带及大量特定的塑胶涂料等。油漆施工对地上管道设施来说是一项非常普通的技术。

即使包覆层没有缺陷,也决不能完全清除腐蚀的潜在危险,它只能降低其腐蚀程度。如何能有效地降低腐蚀的可能性则取决于下面四个因素:包覆层的质量、包覆层的施工质量、检查程序质量和缺陷修补程序质量。每个因素均可评定为:优良、中等、低劣、缺项4 个级别,分值可相同。评分尺度可以这样掌握:优良,3 分;中等,2 分;低劣,1 分;缺项,0 分。

每个因素的评分值要合并得到整个项目的评分。为使该项得到适宜的权重，必须将评价尺度改变为 5 分制换算的评分值。因为最大的评分值可能是 $4×3=12$（分），将评分值乘以 5/12 即可得到 5 分制换算的包覆层/检查项的分值。

（1）包覆层评价。

- 优良——为目前该环境下设计的高质量包覆层。
- 中等——有适当的包覆层，但不一定是专门为其特殊环境设计的。
- 低劣——有适当的包覆层，但不适合在目前环境下长期工作。
- 缺项——没有包覆层。

（2）包覆层施工评价。评价最新包覆层的施工过程以及判别其质量，重点在于关注其施工前的清洁工作、包覆层厚度及其应用环境（温度、湿度与尘埃等）以及固化过程等方面的问题。

- 优良——应用详细的技术规范，充分注意操作过程，建立合适的质量控制系统。
- 中等——可能操作最合适，但缺少正式的监督检查或质量控制。
- 低劣——操作疏忽、质量低劣。
- 缺项——操作不正确，缺少必要的步骤，且在环境方面失控。

（3）检查评价。评价检查程序的彻底性与及时性。文件也是合理检查程序的一个完整组成部分。

- 优良——针对大气腐蚀状况，进行特定的彻底的外观检查。由经过专门培训的人员依据检查清单履行检查（以当地腐蚀状况为指导原则）。
- 中等——由有资格的人员例行公事地进行非正式性检查。
- 低劣——很少检查，仅依靠对问题区域的偶然发现。
- 缺项——无检查。

注：典型的包覆层故障主要有：破裂、针孔、锐利物体的撞击、承载重力物件（例如，已敷包覆层管道的相互叠压）、剥离、软化或熔化、一般性退化（如紫外线降解）。检查者应特别注意那些急弯及复杂形状的管段。这些地方很难进行预先清理及涂敷施工，难于充分地实施包覆层处理（所刷涂料将沿着管道的锐角处流失）。像螺母、螺栓、螺纹及某些阀门部件常常是出现腐蚀的首要区域，同时也是考验其涂敷施工质量的地方。

（4）缺陷修补评价。依据其彻底性与及时性，进行缺陷修补程序的评价。

- 优良——所报的包覆层缺陷应立即得到有关文件数据的证实，为得到及时修补制定进度计划表。
- 中等——包覆层缺陷能得到非正式的通报，且能在方便的时候进行修补。
- 低劣——没有包覆层缺陷报告或没有缺陷修补。
- 缺项——很少或者根本就没有关注包覆层缺陷。

三、管道内腐蚀指数评分方法

管道内壁与输送产品之间的相互作用造成的这种腐蚀，它不可能是预期输送产品的结果，而是产品流中的杂质所致。例如，海底天然气流中的海水就是常见的物质。甲烷不会损伤钢铁，但是盐水和其他一些杂质则可能加快钢铁的腐蚀进程。在天然气中发现的一些常见的加速腐蚀物质有：CO_2、氯化物、H_2S、有机酸、氧气、游离水、坚硬物（固体）或沉淀物或硫化物（含硫化合物）等。

也要考虑那些可能间接加重腐蚀的微生物。在输油与输气管线中一般均可发现有硫酸盐还原菌、厌氧菌，它们可分别产生 H_2S 和醋酸，两者皆可增进腐蚀。

在管道内部腐蚀中一般常见的原电池或浓差电池的腐蚀形式限定于点腐蚀与裂隙腐蚀范围。如果反应过程中有离子存在及其作用，那么势必加快由氧浓差电池引起的腐蚀。

这里不考虑那些不伤及管材的产品活动。其中最典型的例子就是石蜡在一些输油管道里的堆积。虽然堆积会引起运行问题，但通常不会增加管道的事故风险，除非它们助长或加重尚未出现或不严重的腐蚀过程。

1. 产品腐蚀（介质腐蚀性）——非可变因素（0～10分），建议权重50%

管道输送系统面临着的最大风险是当输送产品与管材之间存在着固有不相容性时，由腐蚀产生的杂质可能会定期地进入产品中去。产品腐蚀评分表参见表3-15。

表3-15　产品腐蚀评分表

产品腐蚀性	状况描述	评分/分
强腐蚀	表示可能存在着急剧而又具破坏性的腐蚀。产品与管道材质完全不相容。如卤水、水、含有 H_2S 的产品以及许多酸性化合物就是对钢制管道具有高度腐蚀性的物质	0
轻微腐蚀	预示着可能伤及管壁，但其腐蚀仅以缓慢速率进展。如果对产品的腐蚀性无知，也可以归入此类范畴。保守的方法就是假定任何一类产品均可能招致损害，除非有证据证明与此相反	3
仅在特殊条件下出现腐蚀性	意味着产品在正常情况下是无危险性的，但是存在将有害成分引入产品中的可能性。甲烷输气管道中 CO_2 或盐水的漂游就是一常见的事例。甲烷的某些天然组分通常在输入管道前就已消除，然而，一般用于除去某些杂质的设备由于受到设备自身故障的影响，可能随之发生杂质泄漏进管道的事件	7
不腐蚀	表明不存在合理腐蚀的可能性，即输送产品与管材相适应	10

2. 管道内部防护（内防腐保护）——非可变因素（0～10分），建议权重50%

虽然管材是易腐蚀的，但用管道输送腐蚀性物质常常是既经济又便利。在这种状况下，要谨慎地采取措施减少或是消除这一腐蚀隐患。建立在措施有效性基础上的评分表将显示出风险进程是如何被改变的。内部防护措施主要包括三个方面，即加设内涂层、注入缓蚀剂、清管。管道输送天然气时有时要喷涂内涂层，如 FBE（fusion bonded epoxy）等，其目的主要是减小介质流动时的摩阻，也可起到防止内腐蚀的作用。

清管除了可以减少摩阻外，也可以排除杂物，有利于减少内腐蚀。缓蚀剂是针对介质特性而注入的一种化学药剂，如除氧剂和消除微生物腐蚀的药剂，评价者必须了解清楚其有效性。

表3-16是按照实施的防腐措施制定的管道内部防护评分表。

表 3-16　管道内部防护评分表

防腐措施	描述	评分/分
无措施	表示没有采取任何措施来降低管道内部的腐蚀风险	0
管内监控	实施下列两种方式中的任一个：①用可连续传输电气测量信号的探测器检测管道腐蚀迹象；②在输送产品中用取样器进行定期地取样测试其实际的腐蚀程度	2
注入缓蚀剂	将某种化学品注入输送介质内,以减少或抑制其反应(输送产品与管道之间的反应)。确保缓蚀剂注入装置处于良好状态,并能以正确的配比注入适当数量的缓蚀剂。而缓蚀剂的效力需经查证核实	4
不需要采取措施	—	10
管内涂层	采用"衬里管道"复合管道系统	5
运行方式	设置适当的运行工况和机械安全装置预防腐蚀性物质进入管道	3
管线清管	执行规定的清理程序或使用清理型的清管器定期清除掉潜在的腐蚀性物质。确保从管道中清除腐蚀物方面是有益和有效的	3

执行规定的清理程序或使用清理型的清管器可定期清除掉潜在的腐蚀性物质,这种方法业已被证明能有效降低(但无法消除)管内腐蚀引起的危险。在某些液体或其他物质可能对管壁造成明显损害之前,即应启动这一程序以清除掉这些有害物质。对管道清出物的监控,应包括搜寻诸如钢制管道中氧化铁之类的腐蚀性产物。这将有助于评价管线的腐蚀程度。

清管在一定程度上来说是一项依靠经验运作的技术,如图 3-9 所示。由于清管器种类有着广泛的选择余地,有经验的操作人员一定会选择一种适宜的清管模式。清管模式包含：清管器速度、距离、驱动力,以及评价运行期间的行进等。

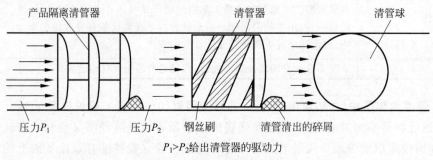

$P_1 > P_2$ 给出清管器的驱动力

图 3-9　管道清管器之实例

四、埋地金属腐蚀(外腐蚀)指数评分方法

这一类是三类腐蚀中最为复杂的。在金属埋地的情况下,几种腐蚀机理均可能发挥作用。此外,事实上腐蚀活动一般只能通过间接迹象进行推断,而要想做到直接观测则相当困难。最为普遍的危险来自某种形式的电化学腐蚀。电解液(导电性流体)中的一块或数块金属形成阳极和阴极区域即可发生电化学腐蚀。阴极区域同对应的阳极相比较则更易于吸引电子。一般将这种电子的吸引力称为负电性。不同的金属具有不同的负电性,

单片金属所处区域不同,负电性也有轻微不同。负电性的差异越大,形成电子流动的趋势越强。假如在阴极与阳极之间保持电气上的连接,即允许电子流动,作为阳极的金属将会发生溶解变为金属离子,从母材上分离出来。通常将由阳极、阴极、电解液以及阳极—阴极间的电气连接等元素组成的这样一个系统称为原电池(见图3-10)。

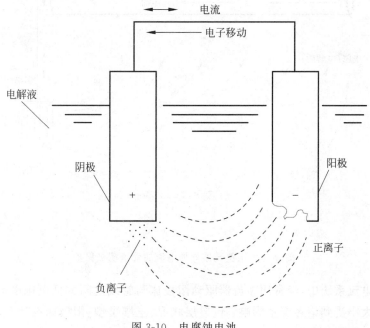

图 3-10 电腐蚀电池

因为土壤经常就是事实存在的电解质,在一条管线与另外一块埋地金属之间,或者甚至是在同一条管线的两节管段之间皆可建立起一套原电池系统。当一段新的管道连接一节老管段时,那么在这两节金属间就可能产生原电池。不同的土壤具有不同的离子浓度、氧含量、潮湿度,也可能在管线表面建立起阳极与阴极区域。一般称这一类型的腐蚀电池为浓差电池。一旦这类电池建立起来以后,阳极区域将充当主动性腐蚀的角色。其腐蚀强度要受各种因素的制约,诸如:土壤(电解液)的导电性,阳极与阴极的相关电负性等。

工业上常用以下两种方法来防止管道的电化学腐蚀。

(1)使用管线涂层,使金属与电解质绝缘。倘若整个包覆层完好无损,实际上就会终止电腐蚀——因为电解质不再与金属发生接触,而造成其电路断路。然而,任何管线的包覆层均不可能是完好无缺的。特别是在显微的状态下,任何包覆层系统都存在着各式各样的、或多或少的缺陷。

(2)阴极保护。管线通过与其他金属相连而变成了一个阴极(依照原电池模式),即管线自身金属不再遭受损失(阴极实际上在获得金属电子)。阴极保护的原理确保以这样一个方式控制电流方向:电流从安装到位的用于侵蚀的金属地床流出,流向管线。故将用于侵蚀的金属板称为"牺牲阳极"更为恰当。牺牲阳极比所要保护的钢制管道更缺乏对电子的吸引力。基于电解质——土壤的类型以及某种经济上的考虑,可对阴极保护系统外加一个电压值,以便更强力地驱动电流流动。当需要这种外加电源时,该系统被称为外加电流系统(见图3-11)。

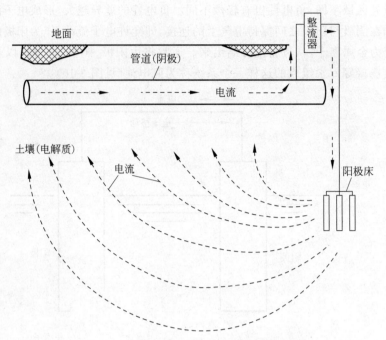

图 3-11　用整流器外加电流的管道阴极保护

在外加电流系统中,经常用整流器驱动阳极床与管线之间的低电压电流。所需要的额定电流的大小受到诸多变量影响:包覆层状况、土壤类型、阳极床设计等,所有这些因素均会增加电路中的电阻。

诸多变数都会影响到埋地金属的腐蚀控制进程的功效。在针对埋地金属腐蚀趋势的评价中,需要考虑 10 种属性及保护措施。

1. 阴极保护——可变因素(0~8 分),建议权重 13%

大多数情况下,一些阴极保护系统通常用来保护埋地的钢制管线。当然也有例外:像多置在完全无腐蚀性土壤中的临时性管线以及按有关规定无须设置阴极保护系统的区域。非金属管道可以不要阴极保护。

符合下列标准的阴极保护系统给分:能提供足够大的电动势有效地抵消任何腐蚀电势;采取适当频次收集足够的证据,以确保该系统正常地运转。

用硫酸铜参比电极测量管-地(土壤)间的电位至少要达到-0.85V,即可满足上述第一个判别准则——达到了阴极保护的一般水准。其他一些常见的标准包括:最小负电压偏移 300mV,或者最小极化电压偏移 100mV。而后者是在电源断电之后产生的即刻偏移。目前实际应用的能确保达到优等水平的阴极保护系统远比这简单的标准要复杂得多。电流过大可能损坏管线包覆层;在细菌促进型的腐蚀区域则需要更高的保护电位。

第二条标准将说明有关阴极保护设施的维护方面问题。对于外加电流系统来说,整流器必须加以维护。进行这类设备的检查周期理应比整个系统的全面检查要短得多。因为整流器提供驱动阴极保护系统的能源,不管何时,操作人员一定不能让整流器出现故障。标准中所指的"适当频次"应是用于评价系统的有效性上。每月 1 次,或至少每两月检查整流器 1 次应是典型的检查模式。

具体来说,阴极保护的优劣取决于两个因素:①保护电压、保护长度是否符合设计和规范要求;②要经常检查,以确保阴极保护正常运行。

为确定该系统是否满足一般标准,评价者应该查询阴极保护系统初始设计的相关资料——设计参数合适吗?该系统的设计运行年限是多少?系统功能是否与设计相符合?

然后,评价者应该检查系统最新的检查报告——阳极地床是否消耗,环境状况可能发生变化,系统设施可能出现故障等。操作人员能及时地知晓系统里存在的问题吗?在进行正常的测试桩测电位以及密间隔测量的活动期间能否发觉阴极保护系统中的问题,诸如像整流器的接线脱落,或者更糟的接反了整流器的电气接线等问题理应能更快地被发现。

可采用如下的阴极保护评分方法:满足一般标准 8 分;无法满足一般标准 0 分。

2. 包覆层状况(保护层)——非可变因素(0～10 分),建议权重 17%

管线包覆层通常是由两层或两层以上的材料复合而成。油漆、塑料和橡胶就是常见的包覆层材料。包覆层必须能够经得起建筑物地基开挖以及泥土的移动等一定程度的机械损伤,还有温度的变化等因素的影响。包覆层要持续地置于潮湿的土壤及含有一些有害物质的土壤中。另外,包覆层必须充分地完成其首要任务——将钢管与电解质相隔绝。为了达到这一目的,包覆层必须完全阻挡电流通过。因为想要延长管线的使用年限,包覆层则必须完成这所有功能,而不能随时间的推移丧失其各种特性——即必须能防御老化进程。

典型的包覆层系统包含有:冷涂沥青胶、分层模压聚乙烯、溶结环氧粉末、煤焦油漆包并缠绕、加热或不加热缠绕涂层带。

随着运行年限的增加,所有的包覆层系统会显示出其失效的现象。造成包覆层失效的一般起因是:源自土壤、石块与树根的移动,以及各类建筑物施工等活动的机械损害;过多的阴极保护电流生成氢而造成包覆层与管线的剥离;没有针对管线目前的运行状况及环境进行防护而采取了错误的包覆层模式或涂敷方式。

应用阴极保护系统的一个主要理由就是:任何包覆层系统都是有缺陷的。设计阴极保护系统就是为了弥补包覆层缺陷及其退化。

为评价目前的包覆层状况,应当考虑到管道的初始施工过程等一些问题。应当严格地按照评价大气腐蚀中的包覆层一样来实施评价。

没有任何包覆层能够避免缺陷,因此包覆层腐蚀的可能性决不会被完全地排除掉,仅仅只是减少而已。这种可能性究竟能降低多少则取决于包覆层的质量、包覆层的施工质量、检查质量、缺陷修补质量 4 个因素。每个因素均可评定为:优良、中等、低劣、缺项 4 个级别,每项因素的权重及分值可相同。评分尺度可以这样掌握:优良,3 分;中等,2 分;低劣,1 分;缺项,0 分。

每个因素的评分值要合并得到整个项目的评分。满分有可能达到 12 分[$4 \times 3 = 12$(分)],必须将评价尺度改变为 10 分制换算的评分值。将包覆层评价分值乘以 10/12 即可得到 10 分换算尺度的包覆层状况的分值。

(1)包覆层评价。根据其当前应用的适当与否,来评价包覆层的优劣。若可能的话,运用包覆层应力试验的数据鉴定其质量。

- 优良——为目前该环境下设计的高质量包覆层。
- 中等——有适当的包覆层,但不一定是专门为其特殊环境设计的。
- 低劣——有适当的包覆层,但是不适合在目前环境下长期工作。
- 缺项——没有包覆层。

注意:包覆层应具有更为重要的一些性质,如电阻、附着力、使用方便、弹性、抗撞击、抗流变(风干固化处理以后)、耐土壤应力、耐水性、耐细菌或是其他生物的侵袭(对于浸没或部分浸没在水中的管道,必须考虑到诸如像茗荷芥、凿船虫之类的海洋生物对管道的破坏)。

(2) 包覆层施工评价。评价最新包覆层的施工过程以及判别其质量,重点在于关注其施工前的清洁工作、包覆层厚度及其应用环境(温度、湿度与尘埃等)以及固化过程等方面的问题。

- 优良——逐条按照规定使用说明进行,切实注意施工中有价值的方方面面。建立合适的质量控制系统。
- 中等——大多有合适的施工,但缺少正式的监督检查或质量控制。
- 低劣——粗糙而劣质的施工。
- 缺项——进行了错误的包覆层施工,缺少必要的施工步骤,且在环境方面失控。

(3) 检查评价。评价检查程序的彻底性与及时性。数据资料(文件)也是最佳检查程序的一个完整组成部分。

- 优良——针对大气腐蚀征兆,进行特定的彻底检查。由经过专门培训的人员依据检查清单履行检查,以当地腐蚀征候为指导原则,抓住所有直观检查的机会,并应用一个或更多的间接检测技术。
- 中等——由有资格的人员例行进行非正式性检查。可能应用一项间接检测技术,但可能没有发挥出全部的潜能。
- 低劣——很少检查,仅依靠对问题区域的偶然发现,有机会时进行简略的直观检查。
- 缺项——无检查。

地下管道包覆层的检查可采取两种方式。首先是直观检查,有时会出现直观性检查的时机。第二个检查方法是间接检查,与直观性检查相比缺乏直接性:向管道沿线各点施加一个无线电信号或电气信号,通过检测此信号强弱来判断管道的包覆层状况。信号强度应与信号源之距离成正比,且呈线性地减少。信号峰值及意外变化指出不均匀包覆层区域,也许那里的包覆层已经损伤。这一技术被称为包覆层漏点检测法。根据最初的检测结果,为了能用信号解读出相关的包覆层实际状况,可开挖试验孔直观地检查包覆层。测量阴极保护需要量,特别是随时间变化的需要量,可表明包覆层状况(见图3-12)。

注:典型的包覆层故障主要包括破裂、针孔、锐利物体的撞击、承载重力物件(如已敷包覆层管道堆积)、剥离、软化或熔化、一般性退化(如紫外线降解)。

(4) 缺陷修补评价。依据其彻底性与及时性,进行缺陷修补程序的评价。

- 优良——所报的包覆层缺陷应立即得到有关文件数据证实,为及时修补已制订进

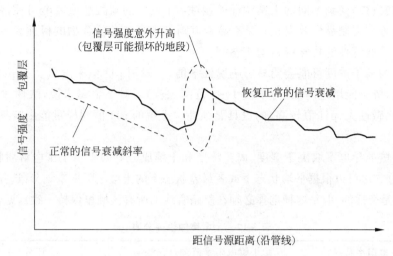

图 3-12　管线包覆层探测信号曲线

度计划表。

- 中等——包覆层缺陷能得到非正式的通报,且能在方便的时候进行修补。
- 低劣——包覆层缺陷一直没有报告或进行修正。
- 缺项——很少或者根本没有关注包覆层缺陷。

3. 土壤腐蚀性——非可变因素(0~4分),建议权重7%

因为考虑到包覆层系统是一道不完善的屏障,土壤将不可避免地接触到管壁。首先,用土壤的腐蚀性来衡量是非常合适的一种度量方法——因为土壤充当着电解质的角色促进了管道的电腐蚀;其次,那些可能直接或间接促进其腐蚀机理的土壤成分,即细菌的活动性和某些腐蚀性物质等也需列入考虑的范围之内。

土壤作为原电池系统活动中的重要因素尚未取得广泛的、一致的认同。历来人们惯于用测试土壤阻抗的大小来判断土壤在电化学腐蚀中所起的作用。与原电池系统中其他任何组成部分一样,土壤的电阻是维系电路运转的一个组成部分。土壤电阻率取决于湿度、孔隙度、温度及土壤种类等各种可变因素。其中一些因素是随时间或季节而变化的,且还随降雨量或大气温度的变化而变化。倘若评价者认为该参数在埋地金属腐蚀电位中承担着更为重要(或者次要)的作用时,则可改变这项属性的权重。

微生物活动可加快腐蚀进程。厌氧细菌(细菌无须氧气即能繁殖)也被称为硫酸盐还原细菌,可能造成邻近外管壁的氢气层损失殆尽,而氢气层一般可提供一定程度的防腐功效。当此层被清除后,实际上可能加速管道的腐蚀反应。含有硫酸盐或可溶性盐的土壤环境对于厌氧的硫酸盐还原细菌来说,是极有利于其生长繁殖的。

虽然微生物实际上并没有直接侵蚀金属,但因其活动而形成的环境状况却有着加速金属腐蚀的趋势。一般在与金属发生接触的滞流水域或在水浸土壤中发现有硫酸盐还原细菌。挖掘出管道后,就会看见细菌活动过的迹象——管壁上有一层黑色的硫化铁。可以用氧化反应探测器测试有利于细菌活动的环境状况(但如果腐蚀正在发生,则无法测试出来)。针对微生物增进腐蚀而采取的标准对策就是提高阴极保护电流的等级。

不同的管材易受到不同的土壤状况的侵蚀：土壤中的硫酸盐或者酸可使混凝土或石棉水泥管道等水泥制品失效退化；聚乙烯管道则易遭受烃类化合物的侵蚀。有关管材相对于土壤组分敏感性的特殊资料均应参阅。

土壤中的离子浓度可能会明显影响腐蚀潜能，一般用 pH 值来度量。当 pH 值小于 4 或大于 8 时，皆可能增进腐蚀（与中性 4～8 范围比较）。对于金属来说，酸性大（pH 值较低）的土壤比碱性大（pH 值较高）的更具腐蚀性。土壤的 pH 值同样可能影响到其他管道材料。

一般土壤的导电率取决于湿度、离子浓度和土壤成分等因素。土壤电解质特性（即腐蚀性）的评分方法可以根据平均状态下或者最差状态下的土壤电阻率来划分（选择任何一种状态均可能是合适的，但是这种选择必须在整条管线的所有区域里保持一致），见表 3-17。

表 3-17　土壤腐蚀性评分表

土壤电阻率状况	土壤电阻率范围/($\Omega \cdot m$)	评分/分
低电阻率（高腐蚀电位）	＜500	0
中等电阻率	500～10000	2
高电阻率（低腐蚀电位）	＞10000	4
不知道	—	0
特殊情况	—	－1～－4

特殊情况是指存在大量的微生物活动迹象或者具有非常低的 pH 值，这会促进钢铁氧化，应该减去分值（但不应低于 0 分）。若不清楚土壤腐蚀电位，可保守地给予 0 分。

4. 系统运行年限（使用年限）——非可变因素（0～3 分），建议权重 5%

运行年限本身并不是什么失效机理，但作为失效模式中一个起作用的可变因素，应考虑到使用年限。大多数管线系统的有效使用寿命被设计为 30～50 年，有一些则更长些。可是经过数年运行下来，管线风险缺乏一个可靠的指标，另一方面管线的多年运行又增加了出现故障的机会。不考虑有关的管道系统运行年限问题，风险评价将是不完善的，但就其在本参数中所占比重究竟该有多大是值得商榷的。

系统运行年限的评分方法是按照系统运行年限的长短来划分的，见表 3-18。

表 3-18　系统运行年限评分表

系统投用年限/年	评分/分	系统投用年限/年	评分/分
0～5	3	10～20	1
5～10	2	＞20	0

这就意味着在所有条件相同的情况下，较新的管线与运行了 20 年的管线相比具有较小的风险。20 年以上取 0 分，不是 20 年以后就到了寿命的极限，而是表明这样的老旧管道对减少风险无优势。

5. 其他金属埋地物——非可变因素（0～4 分），建议权重 7%

在埋地管线附近若有其他埋地金属存在，就可能是一个潜在的风险源。其他埋地金属可能产生短路，换言之，会干扰管道阴极保护系统的正常运行。甚至在没有设置阴极保护的情况下,这块金属可能会同管线形成腐蚀原电池,进而可能引起管道腐蚀。最为严重的情况是:埋地金属流出1A的直流电流,每年可能溶解掉超过9kg的管道金属。

更加危险的是管线与其他金属发生实质性的接触,哪怕是很短的时间也会引发严重的后果。特别是在其他金属有其自身的外加电流系统的情况下,则显得尤为危险。电气铁路系统恰好就是这样一个范例——无论是否存在实质性的接触,均可能给管线造成损失。当其他系统与管线争夺电子的时候,管线就开始有危险了。倘若这系统拥有更强大的电负性,那么管线将会变成一个阳极,而且根据电子亲和力的不同,管线可能加速腐蚀。正如前面所提到的,若所有的阳极金属溶成针孔面,包覆层实际上可能会恶化这种情况,进而形成窄而又深的点蚀。

普遍采用的减低干扰的方法是设置干扰连接器、绝缘装置及测试桩等。干扰连接器是定向的电气接头,允许受控电流由一个管道系统流向另一系统。通过控制电流量,使得由外来系统引发的腐蚀效应得以控制。绝缘装置被严格地安装好之后,同样可以控制电流量,最后用测试桩监测干扰问题。通过比较两个系统的管线-土壤之间的电位读数,就可能发现一些干扰信号。对于任何一个监测系统,测试桩都须由经过专门培训的人员定期使用。问题一旦得到确认,必须采取有效整改措施。

一个主要问题是:埋地金属距离管线多远的范围内会对阴极保护造成干扰?根据经验方法,可以认为在管道附近的152.4m以内有其他埋设的金属物时,可能会造成对阴极保护的干扰,即在152.4m以内的埋设金属物均对管道不利。

其他金属埋地物的评分方法是依据沿管段周围拥有埋地金属数量的多少进行赋值评分,见表3-19。给予所有情形以相同的权重:平行管线、交叉穿越管线、套管以及埋地绝缘法兰等。对于采取了减轻干扰措施的可授予分值。另外,这种可能的区域越大,风险则越大。对于处在狭长通道中的管道及其外来管线来说,也存在较高的风险水平。

表 3-19　其他金属埋地物的评分表

埋地金属数目	评分/分	埋地金属数目	评分/分
无其他金属埋设物	4	其他金属埋设物 11～25 个	1
其他金属埋设物 1～10 个	2	其他金属埋设物＞25 个	0

若在每一个埋有金属的事件中,均采取了保护/缓解措施应对,并对其有效性实施了监控,则其分值可增大一倍,最大可至3分。保护措施的实施降低了风险,但在一定程度上来说,决不可忽视任何潜在的危险状况的存在。

6. 交流感应电流(交流电干扰)——非可变因素(0～4分),建议权重7%

在管道附近有高压交流电线时,在管道附近会产生磁场或电场,并在管道内形成电流,当电流离开管道时会损害涂层或管材。可见,邻近交流传输设施的管线易于遭受特定的风险。无论是地面故障还是发生交流感应,管道均可能变成导电性载体。这电荷不仅对接触管线的人有潜在的危险,而且也危及管道自身。电流寻求最小的阻抗路径,像管道这样的埋地金属导线,在一定的长度上可以说是一个理想的路径。尽管电流最终几乎总是由管线流到另一个阻抗更小(更具吸引力)的路径上,当电弧击中或脱离管线时,在电流流入或流出管道的地方,则可能引起严重的金属损耗。最低限度也可能使管道包覆层遭受交流干扰效应的损害。

管道带电的地面故障包括：电传导现象、电阻耦合及电解耦合。电线落地、交流电源穿越大地,偶然与输电塔柱偶接,供电系统,即地面电源系统不平衡引起的轻微电击等都可能引起上述问题。

当管道受到交流电传输产生的电场或磁场的影响时,就会发生感应现象。在管道上产生电流或电位梯度(见图3-13)。形成电容和电感耦合完全取决于管道同电力传输线路之间的几何关系、传输线路的电流强度、输送电的频率、包覆层的电阻率、土壤电阻率以及钢管的纵向阻抗等因素。当土壤电阻率和/或包覆层电阻率增大时,感应电势则变得更加危险,更加具有危害性。

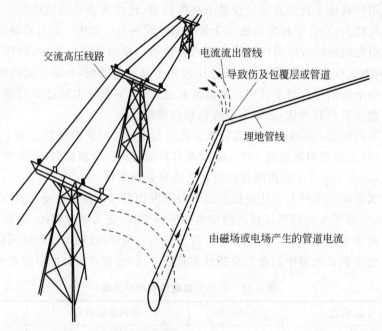

图 3-13 管道上的交流电流

使交流干扰效应最小的办法包括：①电气屏蔽；②正确使用连接器和导线；③接地网；④绝缘接头；⑤构筑物独立接地；⑥接地电池；⑦与现有构筑物连接；⑧极化电池；⑨分布阳极；⑩避雷器；⑪套管。监控应作为降低交流电影响的一个主要辅助措施之一。

通过完成精确的计算来评价交流电干扰需涉及许多变量,这是一个相当复杂的问题。可依据可能发生的情况,设计出一个简化的交流电干扰评分方法,见表3-20。

表 3-20 交流电干扰评分表

管线附近交流电状况	评分/分
管线周围 304.8m 以内无交流电	4
管线附近有交流电,但管线已采取预防保护措施；或者只有(非常低的)低压 AC；或者虽存在高压 AC,至少在 914.4m 以外	2
管线附近有交流电,但没采取保护措施	0

7. 机械腐蚀（应力腐蚀）——建议权重 8%，非可变因素（0～5 分）

在管道与腐蚀性应力发生某种程度结合的情况下可能出现应力腐蚀裂纹（stress corrosion cracking，SCC）。其特征就是在管壁的高应力区形成腐蚀，加速管道开裂。腐蚀性物质的存在又恶化了这一情况。某些种类的钢铁比另外一些钢铁更敏感一些。一般而言，含碳较高的钢铁更易于出现应力腐蚀裂纹。由于焊接或其他后加工过程带来的某些钢铁特性，也可能使其更易于受到损害。断裂韧性不大的材料无法更多地抵御脆性破坏。由腐蚀与应力造成的急速开裂延伸极有可能发生在这类材料上。由腐蚀成分与机械成分构成的损坏现象包括：氢应力腐蚀裂纹（HSCC）、硫化物应力腐蚀裂纹（SSCC）、氢诱发开裂（HIC）或氢脆化、腐蚀性疲劳、侵蚀等。在 1965—1985 年间，美国因应力腐蚀裂纹（SCC）造成管线事故超过 250 例。

应力腐蚀裂纹是很难发觉的。SCC 破坏具有不可预测的特性，甚至一个完全的非腐蚀环境都可能对 SCC 进程产生很大影响。这种影响力具有很强的区域性。所以，有关这类腐蚀过程的前期历史记录可能就是体现其敏感性的最佳凭证。

在缺乏历史数据的情况下，管道对于这种有时具有异常剧烈破坏机理的敏感性应依据可能增进 SCC 进程的各种识别条件进行判别。注意 SCC 也同样能发生在塑料材质的管线上。具体包括下列影响因素：

（1）应力。管线表面的拉应力被认为是一个必要条件。应力可能是残余的，实质上是无法察觉到的。应力越高，其裂缝生成并扩张的可能性越大。

（2）环境。钢管附近的高 pH 值就是一个起作用的因素。这可以由土壤、输送产品，甚至是包覆层中的高 pH 值所引起。某些细菌的存在会增加风险。持续性的潮湿及包覆层的剥离同样也是危险的。一般而言，在这里应考虑将任何一种可能增进腐蚀的环境特性作为起作用的风险因素，而且必须包括所有外部的以及内部的因素。

（3）钢铁种类。高碳含量（>0.28%）的钢铁会增加 SCC 发生的可能性。具有低断裂韧性的低塑性材料对应力腐蚀裂纹更敏感。往往负载速率决定其断裂韧性——即材料能够承受缓慢施加应力的方式，而不是快速施加的方式。

可使用评价 SCC 可能性的应力和环境这两个因素来列出评分表。表 3-21 显示出应力水平与管线周围环境的关系以及具体评分方法。

表 3-21　应力腐蚀的评分表

腐蚀环境	压力值占 MAOP（最大允许操作压力）百分比			
	0～21%	21%～50%	51%～75%	>75%
强	3 分	2 分	1 分	1 分
中	4 分	3 分	2 分	1 分
弱	4 分	4 分	2 分	2 分
无	5 分	5 分	3 分	3 分

表 3-21 中腐蚀环境是指介质腐蚀状况与土壤腐蚀状况的综合考虑。如介质腐蚀性及土壤腐蚀性均强，则腐蚀环境为"强"；二者中有一者为强，则腐蚀环境可按"中"考虑；二者均为弱，可按"弱"考虑，由评定者酌情而定。

注意： 若所评价的是地上管段，则采用大气类型的评分取代土壤腐蚀性评分。把大气类型的评分换算至 0～4 分进制，以便与土壤腐蚀性有一样的相对影响。

应把管道曾出现的应力腐蚀裂纹的历史记录作为相关风险的最强有力证据，并因此授予该管段以 0 分。

8. 管-地电位测试桩（测试桩）——可变因素（0～6 分），建议权重 10%

监控阴极保护系统效果的首选方法是应用测试桩，金属导线与埋地管道相连接（通常是用焊锡熔接或焊接）并伸出地面。经过专门培训的技术人员可在测试端上把电压表同参比电极相连，以测量管-地之间的电位。这种测试方法能显示出管道阴极保护系统的防护等级，因为这可以指出以大小和方向（进管或出管）形式表现的电流的趋向。由于测试桩的读数仅是一定区域内的管-地间电位，因此随着与测试桩距离的增加，其不可靠性也随之增加。

尤其重要的是，在可能存在干扰的地方设置管-地电位测试桩。最为普遍的放置地点就是管道的钢制套管和外系统管线。在这些地点，要特别关注电流方向，以确保管线对其他金属来说没有充当阳极。在管线互相跨越的地方，如果阴极保护系统存在冲突，可以分别示出两条管线的测试桩。

因为电化学腐蚀是一种局域化的现象，测试线仅能指示出导线邻近区域的阴极保护状况，因此测试桩的间隔越近，收集到有关资料就越多，观测到大面积有效腐蚀的机会就越大。因为腐蚀过程是随时间变化的，所以多次监控测试桩也是重要的因素。具体评分方法见表 3-22。

表 3-22　管-地电位测试桩评分表

测试桩及其监控状况		评　分
间距评分		
直接用测试桩监控管线附近的所有埋地金属；整条管段的测试桩间距不大于 1.609km		3 分
测试桩最大间隔 1～2mile（1mile＝1.609km），并且经测试桩监控所有的外来交叉管线；所有套管未都得到监控；另外一些埋地金属可能没受到监控		1～2 分
所设置的测试桩间隔有时要超过 2mile（3.219km）；并不是所有潜在的干扰源都得到监控		0 分
读取间隔评分		
在测试桩上，读取读数频率：以省略和补偿 IR 降法读取管-地间的电位，其读取时间间隔为	＜6 个月	3 分
	6 个月～每年 1 次	2 分
	＞每年 1 次	1 分
测试桩评分＝间距评分＋读取间隔评分		最大值 6 分，最小值 0 分

注意： 正如前述所解释的那样，没有适当的 IR 降补偿可能会否定读取数据的有效性。实际上，"测试桩"可以设置在管道上能够获取精确的"管-地电位"读数的任一地点。这也包括管线的大部分的地面设施，但要取决于管道包覆层的现有状况。尽管在其间隔大于 1 年时所获取的数据仍具有某些价值，但腐蚀可能在没有观测的情况下已经发生了 1 年。

9. 密间隔测量(密间隔管地电位)——可变因素(0~8分)，建议权重13%

密间隔测量(密间隔管地电位)技术是指读取"管-地"数据并应用IR补偿技术，沿整条管线仅每隔0.61~4.57m就测取读数。应用这种方法几乎可以发觉所有的区域性干扰或潜在的腐蚀活动。

像阀门、测试桩及套管通风管等管线的任何一个地面辅助设施均可用来连接电压表的一端，另一端用导线同参比半电池相连，半电池则用于监测人员沿管巡线时，在地面做电气连接用。因而，电压表及其附属的数据记录装置均处于两个电极之间的电路上。通常用带状记录图纸解释记录结果，当电流的大小及方向变化时，即会出现峰值与谷底（见图3-14）。

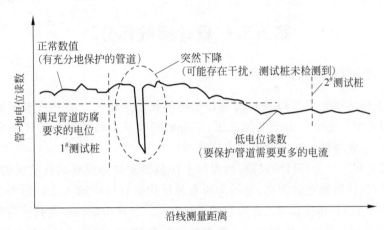

图3-14　密间隔测量管-地电位

管-地电位读数曲线理论上能显示出与其他管线、套管等相互干扰的区域，也显示出一些采取了不适当的阴极保护的区域，甚至是一些包覆层损坏了的地域。通常采取某些挖掘活动，以检验所测得的数据。应该定期实施密间隔测量，以获取管道沿线的各种变化。关于对这类测试在降低风险方面所起作用的评价，可用下列评分方法进行打分。

（1）最低需求量。要由经过专门培训的人员完成整个管段的完全彻底的密间隔测量任务。所有测试数据需由经验丰富的防腐工程师来解释。根据测试结果已经采取纠正措施，或已及时地打算纠正。

（2）及时性。根据清管器的运行安排时间进行打分。

10. 管道内检测器——可变因素(0~8分)，建议权重13%

使用测量清管器检测管道内部情况是一项非常成熟的技术。这项技术实际上已应用了近30年。最普通的智能化清管器不是采用超声波技术就是采用磁通技术来完成检测。不论是哪一种情况，均要记录所有数据。两种清管器均是由测量仪表、记录仪表、电源以及用于推进清管器的罩帽等组成。

智能清管器无论用在哪里，已发表的各种结论都是具有正面意义的，能更加直观地显示出腐蚀的活动状况。随着这项技术的不断发展成熟，该技术会成为每条管道监控程序的主要组成部分。因为这项技术只能探测出现有的缺陷，所以清管器必须在足够的时间间隔下运行，以便在缺陷达到危险之前即可检测到产生的严重缺陷。

虽然这一技术很有前途,但存在争议的是其不精确性——需要由经验丰富的人员来操作。清管器可能无法适应所有的管线系统:会受到诸如最小管径、管道形状及其弯曲半径等因素的制约。

同样,实施在线测量是要付出昂贵代价的。管线的预先清管,可能导致输送中断、不必要的修复风险,还有由探测装置造成的堵塞均可能增加管道运行的费用。

当评价者能够确定所应用的技术已提供有意义的结果(即可能对管道完好性造成短期影响的所有缺陷的探测率达到 95%,这是一个合理的期望值)时,根据清管器的运行安排时间可授予分值:

$$8-距上次检测的年限=分值 \tag{3-5}$$

第五节　设计指数评分

一、设计指数的风险因素

管道有怎样的初始设计以及目前是在怎样的状态下运行。虽然这看起来似乎很简单,实际上却是相当复杂。由于实际原因,所有依据计算所做的原始设计都含有某些假设。这些假设包含材料强度以及使用简化模型。

虽然,这里称为评价"设计"风险,而实际上许多要素却是反映运行状况的参数,具体见表 3-23。以设计指数之名为题,是因为所有的操作运行均应纳入设计的考虑范围。因此,这里主要评价的是违反临界设计参数的运行环境。所评价的许多参数可应用于各分段管线。评价者若想把管道系统作为一个整体来评价,则应并重考虑设计指数与误操作指数。

表 3-23　设计指数的风险因素

风险因素/评分项	类　别	评分/分	建议权重/%
管线安全系数(钢管安全指数)	非可变因素	0～20	20
系统安全系数(指数)	非可变因素	0～20	20
疲劳(指数)	可变因素	0～15	15
水击潜在危害(指数)	可变因素	0～10	10
管道系统水压试验(水压试验指数)	可变因素	0～25	25
土壤移动(指数)	非可变因素	0～10	10
合　　计		0～100	100

二、设计指数的评分方法

1. 管线安全系数(钢管安全指数)——非可变因素(0～20 分),建议权重 20%

管线安全系数 x 的计算方法是把计算所需的管壁厚度与实际壁厚比较(见图 3-15),即 $x=$ 实际管壁厚度与所需管壁厚度的比值。该计算值可能不包含标准安全系数。

可以使用一个建立在有多少附加壁厚基础之上的简单评分表,评分表使用管道安全系数 x,参见表 3-24。值得注意的是实际管壁厚度不是公称壁厚。制造商所说的公称壁厚是指壁厚加上或减去一个制造公差。基于评价目的,必须使用管段的最小实际壁厚。

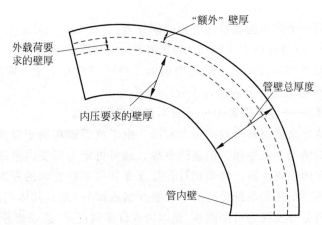

图 3-15 管壁横截面图解管道安全系数

如果不能提供实际壁厚的测量数据,那么也可以使用公称壁厚减去最大制造公差。

表 3-24 管道安全系数评分表

比值 x	评分/分	比值 x	评分/分
<1.00	−5,警告值	1.41~1.60	12
1.00~1.10	2	1.61~1.80	16
1.11~1.20	5	>1.81	20
1.21~1.40	9		

也可用下面一个简单的公式替代上面的评分表:

$$(x-1)\times 20 = 评分值 \tag{3-6}$$

2. 系统安全系数(指数)——非可变因素(0~20 分),建议权重 20%

通常还需要考虑的问题是设计压力与实际操作压力之差。系统安全系数不易被改变,因为无论是系统的最大允许操作压力 MAOP,还是设计压力,通常都是不可改变的。只要其中任何一个有所改变,风险就能大幅降低。

当进行管道系统安全系数分析时,使用一个比值来表示该系统可以做什么和当前要求系统做什么之间的差别。这个比值为设计压力/MAOP,并且是最弱元件的额定压力除以系统的最大允许操作压力。当该比值等于 1 时,没有安全系数存在(忽视没分开的某些元件的安全系数)。这意味着系统正以其安全限度运行。倘若该比值小于 1,理论上说该系统可能在任何时候出现故障,因为有一个系统元件的标定压力值低于 MAOP。而当大于 1 时,则意味着系统有安全系数存在,正在低于安全限度之下运行。

可依据设计压力/MAOP 比值的大小,设计出系统安全系数的评分方法,见表 3-25。

表 3-25 系统安全系数评分表

设计压力/MAOP 的比值	评分/分	设计压力/MAOP 的比值	评分/分
2.0	20	1.10~1.24	5
1.75~1.99	16	1.00~1.10	0
1.50~1.74	12	<1.00	−10
1.25~1.49	8		

也可使用下列一个简单公式替代上面的评分表：

$$[(设计压力/MAOP 的比值)-1]\times 20 = 评分值 \tag{3-7}$$

评价者可采取下列步骤：确定系统中最弱元件的额定压力值；算出这个压力值与 MAOP 的比值；根据上述评分表进行评分。

3. 疲劳(指数)——可变因素(0～15 分),建议权重 15%

疲劳破坏是造成金属材料事故的最大起因。由于疲劳破坏属于脆性失效,因此可能在没有任何预兆的情况下发生损失惨重的事故。疲劳可定为可变因素或非可变因素,这就要视其特定系统的性质而定。如果相对容易改变其周期性变化的原因,则应视为可变因素。倘若这周期性变化是系统运行的一个必要组成部分,那么其体现出更多的则是非可变因素。现将疲劳分类视为可变因素,是因为在许多情况下,造成疲劳的影响是比较容易改变的。

疲劳是由于应力重复循环而造成材料的削弱。其削弱程度取决于应力循环的次数与大小。时常出现较高的应力,会对管材造成较大的伤害。还有像管材的表面状况、几何形状、加工过程、断裂韧性、温度以及焊接工艺等均是影响疲劳破坏的敏感因素。管道内压的波动及外负荷引起的应力变化,如车辆在埋地管道上方的行驶等均可能因应力的交变及伴随循环次数的增长,造成管道内缺陷性的疲劳裂纹扩展。当裂纹扩展至某一临界值时,造成管道的疲劳断裂,形成事故。油气管道中缺陷的疲劳扩展与应力交变的形态、缺陷的形状、材料的韧性等多种因素有关,此处不多做论述。

基于风险评价目的,用一种简单的相对方法识别出更易疲劳失效的管道结构。把疲劳失效风险简化为两个变量,即应力变化的幅度和交变循环的次数。大多数研究指出,在发生严重的疲劳损害之前,有着大量的应力循环而不是有最高的应力水平。一个循环定义为压力从起始值 P 到峰值 P_K,然后又回到起始压力值 P。用 MAOP 的百分比来衡量这一循环,即

$$Z = (P_K - P)/MAOP \tag{3-8}$$

表 3-26 提供了一个适当简单的方法,评价疲劳因素在影响风险进程方面所起到的作用。评价者用表 3-26 分析压力值与循环次数之间的相互关系。找到压力值与循环次数的最差组合状况即得分。最差状况获得最低分值。值得注意的是表中的"等值"现象,90% MAOP 状况下的 9000 次循环,等同于 5% MAOP 状况下的 9000000 次循环；50% MAOP 状况下的 5000 次循环,等同于 10% MAOP 状况下的 50000 次循环等。表 3-26 中右上角是最大风险的状况,而左下角的风险性则最小。左上角和右下角风险性基本上相等。

表 3-26　疲劳因素评分表

$Z/\%MAOP$	循环次数				
	$<10^3$	$10^3\sim10^4$	$10^4\sim10^5$	$10^5\sim10^6$	$>10^6$
100	7	5	3	1	0
90	9	6	4	2	1
75	10	7	5	3	2

Z/%MAOP	循 环 次 数				
	$<10^3$	$10^3 \sim 10^4$	$10^4 \sim 10^5$	$10^5 \sim 10^6$	$>10^6$
50	11	8	6	4	3
25	12	9	7	5	4
10	13	10	8	6	5
5	14	11	9	7	6

若管道受到一种以上的疲劳因素的影响,则按表 3-26 求出各种情况下的得分,然后取低值。

【例 3-6】　有一条输气管道每两周做一次压缩机的切换。切换时,另一台压缩机启动,其压力波动为 1.4MPa,与此同时,在埋地的输气管道上方有车辆通过,车辆引起管道的外压力为 3.5×10^4 Pa,车辆每天通过约 100 次,该段管道已运行 4 年,其操作压力为 6.9MPa,对该管道评分时,第一种情况(压缩机切换),在运行 4 年后其循环次数为:

$$2 \times 52 \times 4 = 416(次)$$

其 Z 值为

$$[(6.9+1.4)-6.9]/6.9 = 0.20$$

查表 3-18,可近似取 12.5 分。

第二种情况(车辆引起的压力波动),在运行 4 年后其循环次数:

$$100 \times 365 \times 4 = 146000(次)$$

其 Z 值为

$$[(6.9+0.035)-6.9]/6.9 = 0.005$$

查表 3-18,可近似取分为 7 分。因取低值,故该情况疲劳因素评分为 7。

4. 水击潜在危害(指数)——可变因素(0~10 分),建议权重 10%

水击,即"水锤"效应实质上是一种压力波动。常见的水击发生机理就是流体的动能突然转换为势能。管道中大量流动液体具有一定量的动能,如果其突然停止流动,其动能就会转换为压力形式的势能。造成水击或有时称为压力峰值的最常见的原因是突然关闭阀门。另一个产生水击的原因是运动的流体产品与大量静止流体(多半是启、停泵时)相接触。这个压力峰值无法与产生水击的引发区域相隔离。所产生的压力波沿着管线逆流而上,再叠加到管道输送介质的原有静压。当这个压力波到达时,可能会造成上游高压管道超压,使得其总压力超越 MAOP。为防止水击超压破坏,有时装设泄压阀或采取超前保护等措施。

水击压力的大小取决于流体模数(密度和弹性模数)、流速以及流动停止的速率等因素。像阀门关闭而造成流体中断,其关闭速度的关键可能不是关阀的全部时间,比如闸阀,最大的压力峰值发生在关阀过程最后 10% 的时段里。评价者应该确认操作人员确实了解水击潜在的危险性,然后才能依据该管段发生危害性水击的概率进行赋值评分。

为简化评价过程,建议当水击压力大于管道 MAOP 的 10% 以上时,则被视为具有危害性的水击。用 3 个综合判别条件建立评分表,同时在各个判别条件之间插入介于它们之间的情况,见表 3-27。

表 3-27　水击潜在危害评分表

水击危害可能性	状　况　描　述	评分/分
高可能性	该段管道存在可能发生水击的所有条件,如:存在关闭装置、设备、流体模数和流体速度。没有设置机械保护装置。可能,或者可能没有编制防止水击的操作规程	0
低可能性	存在发生水击的可能性(其流体模数和流体速度可能产生水击),但是使用机械保护装置,如缓冲罐、安全阀及慢速阀门关闭装置。另外,还有操作规程来进行安全处理。除非在相当不可能的一连串事件中才有发生水击的可能性	5
无可能性	意味着这种流体特性在任何合乎情理的状况下均不可能产生超过管道 MAOP 10%的水击压力	10

5. 管道系统水压试验(水压试验指数)——可变因素(0~25 分),建议权重 25%

水压试验就是对充满水的管道进行压力试验——加压到预定压力并在预定的时间里保持着这一试验压力。试验压力通常大于预期的最大管内压力。这项技术业已被证明对于检验整个管道系统的强度是非常有效的。水压试验可以说是一项极限性的检查手段,事实上水压试验提供了系统完整性的不容置疑的证据(不超出各个试验参数的情况下)。

通过实施高压的水压试验,使管道所经受的应力等级大于管道日常的运行压力。从理论上来讲,水压试验后的管材存在的裂纹,在正常的操作压力下不再扩展。而在正常的操作压力下所有的会增长到临界尺寸的裂纹,则会在水压试验的较高应力等级下,已经发生扩展并且导致管材失效。

研究表明,维持水压试验压力时间的长短不是一个关键因素。这是建立在假设之上的,即总会有裂纹扩展,而且试验可随时停止,如果某个裂纹可能处于它的临界尺寸的边缘,则会因此而失效。然而,压力等级是一个重要参数。相对于正常操作压力的试验压力越高,其安全系数(裕度)则越大。随着试验压力与操作压力间的裕度的增加,压力逆转的机会变得极小,而在压力逆转情况下,管道则可能在小于试验压力的情况下失效。应该以适当的时间间隔对管道进行重复试验,以证实管道系统结构的完整性。

尽管水压试验的持续时间可能不是关键因素,但为了实际应用,如果没有专门规定,其试验压力至少要保持 4h。在水压试验期间(通常为 4~24h),温度和应力会影响压力值读数。这就需要由经验丰富的试验工程师来正确地解读水压试验中试验压力的波动,分辨瞬变效应与管道系统的小型泄漏,或某个管道元件的非弹性膨胀之间的区别。

一般认为,适当的提高试验压力可以排除更多存在于焊缝和母材中的缺陷,从而增加管道的安全性。国内通常取试验压力为 1.25MAOP,对输油管道取许用压力为 $0.72\delta_s$(规定的最小屈服值),压力试验时取 $0.9\delta_s$。水压试验的评分表依据最近一次的水压试验和其试压等级(关系到最大的正常操作压力)来评价其对风险进程的影响。评分方法见表 3-28。

表 3-28　管道系统水压试验评分表

评分项目和方法	评分/分
(1) H 值(MAOP 的倍数)	
$H<1.10$	0
$1.11<H<1.25$	5
$1.26<H<1.40$	10
$H>1.41$	15
也可用公式计算:$(H-1)\times30$=评分值(最高分值可达 15 分,最低分值为 0 分)	
(2) 水压时间间隔	
公式:分值=10-试验后的年限(不出现负值)	
4 年前实施的试验	6
6 年前实施的试验	4
管道系统水压试验评分=(1)+(2)	

【例 3-7】　一条管道最大允许操作压力为 6.9MPa,试验压力为 9.66MPa,评价时与投产压力试验间隔为 6 年,其评分情况如下:

$$H=9.66/6.9=1.4,\quad 压力试验状况得分=30\times(1.4-1)=12(分)$$

压力试验间隔加分为 $10-6=4$(分)。故总计为 $12+4=16$(分)。

6. 土壤移动(指数)——非可变因素(0~20 分),建议权重 20%

管道可能受到埋设处或附近土壤移动所产生的应力影响。这些土壤移动可能会突然发生并具有灾难性,或者数年来造成管线的长期变形,而这种变形在管道上产生了应力,从而带来危险。

土壤移动大致有以下几种状况。

(1) 滑坡。许多具有潜在危险的土壤移动都涉及滑坡(见图 3-16)。滑坡的存在增加了重力因素。像山崩、泥石流和塌方都是大家熟知的下坡移动的现象。由图 3-16 可以看出,由于滑坡使管道位移到一个新的位置,管壁中产生了附加应力,滑移可能是突然发生的,也可能是缓慢进行的,二者所产生的后果是近似的。

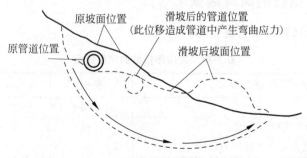

图 3-16　滑坡造成管道位移示意图

(2) 管道处于不稳定的土壤中,土壤温度的变化及水分的变化均可能造成土壤的上凸及下陷,并给管道带来威胁。

(3) 管道埋设在冰冻线以上,冬季土壤结冰或形成冰柱,土壤膨胀,对管道形成威胁。

管道的刚性越大,对土壤位移就越敏感。地震以及活动断层的错动对管道的影响在此处不做论述,对穿过活动断层及高地震区的管段需单独进行评价。

土壤移动状况评分可按表 3-29 进行。该表包括了在各种不同环境中管道的评价分析。

表 3-29　土壤移动状况评分

土壤移动可能性	状况描述	评分/分
高可能性	在该区域,存在有损害性的土壤移动是常有的事,或是损害程度可能相当严重的——经常性的灾难性移动、山崩、沉降、蠕变,或者是冰冻隆胀等。这些土壤移动会造成管道暴露在外。在土壤移动较少的区域,由于刚性管道易受土壤移动的伤害,所以也应归入此类。管道周围的活动地震断层也应包括在这一类中	0
中度可能性	损害性土壤移动可能发生,但是较为稀少,或者是由于管道的埋设深度或所处位置而不太可能受土壤移动的影响。尽管在该地区已有非破坏性移动的记录,但地形和土壤类型与土壤移动是相容的	2
可能性低	土壤移动极为罕见。发生移动和损害均不太可能。尚无由于土壤移动而导致管道结构性损伤的记录。所有的刚性管道在土壤中移动很小,或移动非常罕见时,都应归于此类	6
不可能	没有任何证据表明存在土壤移动而引起的潜在威胁	10
不知道	—	0
存在土壤移动可能性的区域,可以因下列减缓措施调整其评价分值(总分值最大可调整到 10 分)		
	每年至少监测一次	+1
	连续监测	+2
	消除应力	+3

第六节　误操作指数评分

一、误操作指数的风险因素

误操作指数的风险因素见表 3-30。

表 3-30　误操作指数的风险因素

风险因素/评分项	类型	分值范围	建议权重/%
1. 设计	可变因素	0～30	30
(1) 危险识别(危险有害因素辨识)		0～4	13
(2) 达到 MAOP(最大允许工作压力)的可能性	同上	0～12	40
(3) 安全系统		0～10	33
(4) 材料选择		0～2	7
(5) 设计检查		0～2	7
2. 施工	可变因素	0～20	20

续表

风险因素/评分项	类型	分值范围	建议权重/%
(1) 检验(施工检验)	同上	0~10	50
(2) 材料		0~2	10
(3) 连接(接头)		0~2	10
(4) 回填		0~2	10
(5) 搬运(储运保护与组对控制)		0~2	10
(6) 包覆层(保护层)		0~2	10
3. 运行(操作)	可变因素	0~35	35
(1) 工艺规程(操作规程)	同上	0~7	20
(2) SCADA/通信		0~5	14
(3) 毒品检查(药检)		0~2	6
(4) 安全计划		0~2	6
(5) 检查		0~2	6
(6) 培训		0~10	28
(7) 机械失误防护措施(机械故障保护装置)		0~7	20
4. 维护	可变因素	0~15	15
(1) 文件编制(维护记录)	同上	0~2	13
(2) 计划(维护计划)		0~3	20
(3) 维护规程(维护作业指导书)		0~10	67
合计		0~100	100

　　风险的一个重要方面是来自人的误操作,根据美国统计,在所有的灾害中,由于人的误操作所造成的灾害占62%,而其余的38%为天灾。本指数评价的是在管道运行中人为失误造成的潜在影响。把所评价的范围限定在管道操作人员自身的失误。由公众造成的故意破坏或事故则不包含在本指数里,而是纳入"第三方损害指数"及"破坏模型"中进行论述。

　　评价人为失误风险的重要之处在于任何一点小小的错误均可能会在系统以后阶段留下发生事故的隐患。基于这一点,评价者必须对管线的四个阶段——设计、施工、运行和维护中的每一个人为失误潜在的可能性进行评价。一个小的设计错误可能在导致事故突然发生前的数年内都不会暴露。通过把整个过程看作是一系列相互连接的阶段,就能识别可能的介入点,这样,就可以介入检查或检验,或加入设备避免人为失误造成事故。

　　如何减少"误操作",从工程技术上来讲,可能要从两个方面入手。首先要提高人的群体素质,即提高管理水平、技术水平以及群体的道德水平,如敬业精神、合作精神、刻苦钻研的精神等。其次是加强第三方监督,人总会犯错误,有时人或一个群体难以纠正、发现自身的错误,第三方监督显然是必要的。所谓"第三方"是指业主、承包者以外的一方。

二、设计指数的评分方法

1. 危险识别(危险有害因素辨识)——0~4 分

在使用适当的措施降低风险之前必须明确地清楚其危险,这应包括所有可能产生的故障模式在内。危险辨识分析和研究的彻底性是重要的。应该考虑到所有的引发事件，如研究温度会导致超压吗？设备周围是否存在火源？安全装置是否有故障？（如采用HAZOP识别危险）。

理想的情况下，评价者应该看到一些文件资料，这些资料揭示了完整的危险识别证据。若是缺乏这些资料，可以咨询管道系统的专家，至少了解一下是否存在更明显的情况。

该项分值的大小如何评分，依据其危险研究的彻底程度，最高可达 4 分。

2. 达到 MAOP(最大允许工作压力)的可能性——0～12 分

达到 MAOP 的可能性的评分方法参见表 3-31。

表 3-31　达到 MAOP 的可能性的评分表

达到 MAOP 可能性	状 况 描 述	评分/分
常规的	正常操作可以允许管道系统达到 MAOP。依靠工艺规程和安全保护装置防止超压	0
不大可能的	可能由于工艺规程的错误或疏忽及安全装置的失灵(至少两级安全保护)联合造成系统超压。例如，由于阀门的意外关闭泵可能以"空载"状况运行，而且两级安全系统(第一级和冗余的安全系统)失灵使得管线超压	5
很不大可能的	理论上存在出现超压的可能性，然而仅是由于一系列极不可能的事件，包括错误、疏忽和在多于两级的安全冗余系统中安全装置的失灵等。例如，在大口径的输气干线上，如果同时出现干线阀门关闭；SCADA 系统通信中断；管线下游用户无法联系；就地安全关闭装置失灵等情况，并且数小时未能察觉上述情况，就会导致管线超压。很明显，这是一种不太可能出现的情况	10
不可能	在可能发生的任何一连串事件中，都不可能导致管线超压	12

"常规的"意味着管道压力可能相当易于达到 MAOP。其唯一的保护措施可能按工艺规程操作，要依靠操作者100%的无差错操作；或者设计一种简易安全装置，它能够关闭阀门，切断管路压力源；或者将带压产品从管道泄放出来。如果拥有熟练的人员操作和依仗着一套安全装置，管道业主能承受达到 MAOP 的高风险。但实现无差错工作是不现实的，工业实践表明依赖一个单独的安全切断装置——不管是机械的，还是电子的切断装置，估计都要到非超压保护的时间。对这种情况应少给分。

"不大可能"就是考虑到了冗余的安全保护系统。安全装置可由安全阀、安全隔膜、机械、电动或气动切断开关或计算机安全保护系统(可编程控制器、远程监控及数据采集系统，或者任何种类的可以启动过压保护的逻辑控制装置)等组成。关键是至少要设立两套预防管线超压的独立的操作装置。这样在一套安全装置出现意外事故的情况下，可有另一套备用。操作者的行动也必须合适，以使管线在低于 MAOP 的压力范围内运行。基于这种认识，考虑了任何安全保护装置，都可认为是适宜操作行动的备份。相对于其他类的分值，b 类的分值应反映出在两级或多级安全装置碰巧失效的情况下,操作错误的这种可能性。工业实践表明,这种情况曾发生过,并非不大可能发生。

"很不可能"的应用场所应比 b 类更缺乏危害性,但是在理论上仍存在超出 MAOP 的可能性。随着这种可能性变得日益微弱时,赋予的分值应当更接近于 d 类。而 d 类"不可能"的描述则是相当简单明了:在任何情况下,管道压力均不可能超过 MAOP。管道的压力源自泵、压缩机、油气井、连接管道以及常常被忽略的热力源等。当泵处于空载状态下可能产生 1.0MPa 压力,从理论上讲是不可能超越 MAOP 为 1.5MPa 的管线。在没有其他压力来源的情况下,这是管道所承受的最大压力。然而,一定不能忽视由于潜在热源而导致超压的可能性。在一节充满液体的管段中,如果液体没有膨胀空间的话,诸如像阳光或火之类的热源就可使管道压力超出 MAOP。

3. 安全系统——0～10 分

安全装置作为影响风险进程的组成部分,把其评价放在"误操作指数"中比放在"设计指数"中更为合适。这是因为考虑到安全系统是在人为失误造成管道压力达到 MAOP 的情况下,作为后备保护系统而存在的,减少了由人为失误导致管道事故的可能性。大多数风险进程与人为失误至少有着间接的关联性,但安全系统同管道操作人员的误操作存在着更为直接的关联性。

一般的安全装置根据判断的条件主要由安全阀、安全隔膜、切断设备及可以关闭阀门的转换开关等装置组成。一级安全保护系统是一种能单方面和独立采取管道超压保护动作的装置。而多级安全保护系统,其每一级均拥有上述独立的装置及电源,具有冗余性(见图 3-17)。万一哪套安全装置失灵,其冗余提供后备保护。对于充满危险的管道来说,两级、三级、甚至是四级安全保护系统都是常见的。

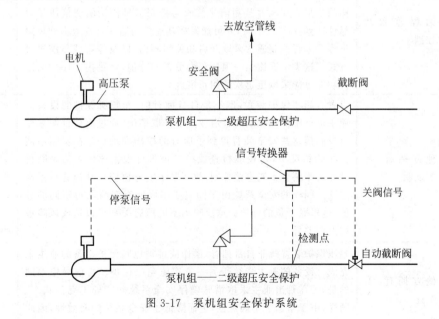

图 3-17　泵机组安全保护系统

安全系统的评分方法可参照表 3-32 进行。

表 3-32 安全系统的评分表

序号	状况类别	状况描述	评分/分
1	目前没有安全保护装置	在这种情况下,管道压力有可能达到 MAOP,但没有设置安全系统去预防超压。设计出的不切实际的安全装置也属于这一类。像使用那种泄放量不足以降低一定压力的安全阀就是一个无效的安全装置的范例。还有另外一种情景:在需要但无热超压保护措施,应该赋予 0 分	0
2	仅有一级就地保护	对于这种情况,有一套独立的就地安全装置提供超压保护。这装置可能设置在管线上或是压力源头上。一个能关闭阀门的压力开关是一个例子。而在管道上设置一个适当的安全阀则是另外的一个实例	3
3	两级或两级以上就地保护	本项中设置了一级以上的就地安全保护装置。每套装置必须是独立设置的,并且也拥有独立的电源,这样可使得每套安全装置都可成为一级独立的系统。因为配置了冗余的安全装置,显然降低了风险,故应赋予更高的分值	6
4	远程监测	在这里,可远程监测到压力信号,但不能实现遥控,无法实现超压自动保护。虽然没有设置一套自动的安全系统,但这种遥测提供了某些辅助的支持。如果在 95%～100% 的时间均实施这种的遥测,该系统可授予分值。在一天 24h 都有人值守的控制室内,并有着可靠性高于 95% 的通信,可实现压力的远程检测及其超限报警就是一例。出现了异常情况,值班调度可根据通报派遣员工去纠正	1
5	远程监测及控制	与上一项相比,仅增添了遥控功能。一旦出现超压,值班调度就能远程采取措施预防超压,可以停泵或压缩机,以及开启或关闭阀门。只有在压力监测信号接收与控制信号传输的通信质量可靠性达到 95% 以上时,才可能发挥其遥控功能并有效地影响风险进程。远程控制通常采取开启和关闭阀门,以及停泵或压缩机等方式。这类情况比上一项要获得更多的分值,这是由于添加的遥控功能可能采取更迅疾的纠正措施	3
6	他方拥有,有效证明	设置有超压保护装置,但不是自身拥有的,而归所保护的设备的业主进行维护和控制。管道业主要采取措施,通过有效证明来使自身确信这些安全装置得到了应有的校准和维护。在实际不能证实的情况下,对校准检查或检验报告可根据评价者的判断得分。由于装置不能直接控制,故所赋予的分值应反映出这种不确定性。同样的安全系统由于归属于不同所有者将获得不同的分值,这里赋予负的分值。这反映出不同所有关系可以造成风险进程上的差异	−2
7	他方拥有,无牵连	超压保护装置既非自身拥有,操作或维护也归保护设备的业主来完成。设备的业主依赖于另一方实施超压保护。与前一项不同的是,无需管道业主采取措施确保安全系统确实处于完备状态。同样,由于增加了不确定性,进而降低了安全系统的有效性,因此要减分	−3

续表

序号	状况类别	状况描述	评分/分
8	无需设置安全系统	在前项参数"达到MAOP的可能性"中,最高的分值授予了这种不可能存在的情景:任何可能合理出现的事件均不可能使管道压力达到MAOP。而在目前这种状况下,也赋予最高分值,因为这里不需要设置安全系统。在越野管线上这种情况并不常见,但毕竟还是存在的,且对管道造成的危害极小	10

【例3-8】 安全系统评分。在本管段中设有一座泵站。泵可能造成管道超压,故设置了预防超压的安全装置。压力开关可以停泵,并以一种安全的方式使输送产品压力越站。万一压力开关失灵不能停泵,安全阀将打开,以安全方式将全部泵送流体排出。通过把相应的数据(包括压力信号)传输到一个全天24h值守的控制室,来遥控该泵站,可以在控制室完成停泵操作。确认通信传输的可靠性达到了98%。

评分:本例拥有两级安全装置——压力开关和安全阀,最好在评价通信传输系统的有效性之后,再赋予其遥控能力满分。状况3得分6分,状况5得分3分,3+6=9(分),最后得分为9分。

4. 材料选择——0~2分

评价者应寻找证据,证明在对所有合理预期的应力有正当考虑的情况下,来规定和确认合适的材料。只有当确认适当的材料实际上已应用于管道系统之中,才能考虑给予这个分值。最重要的是,应有一套管理文件。该文件以管道技术规范的形式,翔实记载整个系统——从螺母螺栓到最复杂的仪器仪表设备等各个部分的有关数据。该规范标出管道部件的尺寸、材料成分、油漆和其他一些防护性涂层,还有所有的安装要求。施工图要详细绘制出每个管件的安装位置以及参数。一旦管道有任何改变,管理文件均应予以修订。所有新的或替代的材料必须符合原技术规范,或者是经正式复审和修改技术规范允许使用不同材料。坚持严格地按管理文件进行运作,就会减少误安装不相容材料的机会。

本项评分应依据管理文件的编制与使用,该文件列出了管道材料选择及安装的各个方面。当管理文件得到了最佳运用时可赋予2分,若没有使用则为0分。

5. 设计检查——0~2分

评价者要确定在设计过程中,关键环节的设计计算及其结果是否得到了检查。从理论上来讲,专业注册工程师能够担保其设计质量,这是一个明确的分值。经有资质工程师实施的设计检查可以有助于预防设计者的错误和遗漏,甚至最常规的设计也需要一定程度的专业审查,从而避免设计失误。设计检查可以在管道系统使用期限的各个阶段进行。精确地估量检查的质量是不可能的,只要有证据证明它们的确进行了检查就足够了。

对整个设计过程均实施了切实的监控和检查即可赋予2分。

三、施工指数的评分方法

1. 检验(施工检验)——0~10分

质量检验员要监督施工的方方面面,其检验应是高质量的。检验者的资格证书的检查、检验者在施工过程中的记录及其工作业绩,或许甚至施工人员的意见均可用于评价的行为中。以下的各施工项的得分也取决于检验者的现场表现。

如果检验完全未知,给 0 分。若进行了众所周知的检验且有完备的检验报告即应赋予最高分。本项之所以获得了施工参数中的最高分值,是因为当前的管道施工质量在很大程度上依赖于正确的检验。

2. 材料——0~2 分

在施工前,要核实材料和组分的可靠性以及是否符合技术要求。对于近期的施工,核实是否有伪劣材料非常重要。对于本项来说,仅要求适宜的材料是不充分的。应要求现场的材料管理员采取所有适当的措施来保证在正确的地方确实正在安装正确的材料。

有确切的证据证明以上内容,可给 2 分。

3. 连接(接头)——0~2 分

在各种连接管段方法中找到高质量的施工方法。应执行有关的强制性规范,通过适当的方法(X 射线、超声波、着色等)检验焊接质量。通常情况下,焊接的合格与否要由两名检验者来确定。低于 100% 的焊接检验应当降低分值。其他的管道连接方法(法兰连接、螺纹连接和聚乙烯熔融连接等)的评分同样要依据其施工质量及检验技术。

使用工业上认可的方法对焊缝进行 100% 的检验,可给 2 分。低于 100% 的检验,或是不可靠的,或未知的检验方法则要降低得分。

4. 回填——0~2 分

回填方式及其施工过程应确保不要伤及管道涂层。必须拥有均匀且坚实的底层材料支撑管道。回填或底层材料不好是造成管道应力集中的因素。

施工期间应用良好的回填/支撑方式可获得 2 分。

5. 搬运(储运保护与组对控制)——0~2 分

应使应力最小的方式搬运管道元件,尤其是较长的管段。以配合和调整为目的的冷加工钢制管件应尽量少用。冷加工可能引起较高水平的残余应力,反过来,残余应力又是应力腐蚀现象的一个起作用的因素。搬运包括安装前的材料的贮存阶段。保护材料免遭有害成分的侵蚀应该是材料合理搬运的一个重要内容。

在管道铺设施工期间或者施工前,评价者认定了管材得到了正确的搬运及贮存,则应赋予 2 分。

6. 包覆层(保护层)——0~2 分

包覆层施工是在监督之下进行的。在完成最终的管道安装前,包覆层已经过仔细的检验和修补,并最终用来保证管道在搬运和敷设安装的最后关头不存在包覆层损伤。有关包覆层方面的问题亦在"腐蚀指数"中进行评价,但是在这个阶段,人为失误的可能性很大。正确的搬运和回填同样决定了包覆层的最终状况。在铺设安装管道的最终阶段,最佳的包覆层系统可能很容易被一般的过失所破坏。

管道经营者可能对已采取的各种有效防范措施十分自信,但应有证据可以证实这种自信。即便是在管道铺设多年之后,如果对管道进行开挖,也能看出当年的施工技术如何。通过开挖能够发现受到损伤的包覆层;各种碎片(临时用的木垫、焊条、工具及碎石等)与管道埋设在一起;还有焊接接缝上的湿涂料等。这些情况若干年后会仍然存在,但却指出了在施工过程中,对这些现象未给予充分注意。

此外,当评价者能够确认保护包覆层的工作确实在施工中得到了落实,即可赋予最高分值。

四、运行(操作)指数的评分方法

1. 工艺规程(操作规程)——0~7分

各种工作规程包括:阀门维护规程、安全装置检查及校准规程、管道启停规程、泵操作规程、输送产品切换规程、管道用地(R0)维护规程、流量计标定规程、仪表设备技术维护规程和参数变化的管理规程。

评价者应该查明已成文且能够包括管道运行操作的各方面的工艺规程,并有证据表明这些规程得到了有效的执行,并且不断地得到审查和修正。这样的证据可以是操作现场或操作人员所配备的检查表以及规程的副本等。从理论上来讲,规程和检查表的运用减少了操作的可变性。具有更大一致性的操作则意味着降低了人为失误的可能性。评价者可首先检查在最关键的操作环节上是否制定了齐全的各种规程:关键设备的启动或关闭、阀门的控制、流量参数的变化以及仪器仪表的停用等。

严格的操作规程是减少操作失误的一个重要组成部分。在操作规程执行最好的岗位,应给最高分。有关规程的更多探讨将在"培训"参数中描述。

2. SCADA/通信——0~5分

远程监控及数据采集系统(SCADA)是用于管道沿线各个站点的运行数据(压力、流量、温度及输送产品的组分等)的传输(见图3-18)。SCADA系统通常从一个位置提供管道全线各个方面的情况,还能做到系统的自诊断、泄漏检测、瞬变特性分析,以及可以提高系统运行的协同性。在许多情况下,也包括传输调度控制中心发给沿线各站点远程监控阀门、泵的信号。远程终端装置RTU提供管道数据采集仪表和约定的通信通道——诸如像载波通信、卫星传输通信、光纤通信、无线电通信或微波通信传输等。

SCADA系统应确保现场与控制中心之间的两地人员相互更好地协调与核对。现场

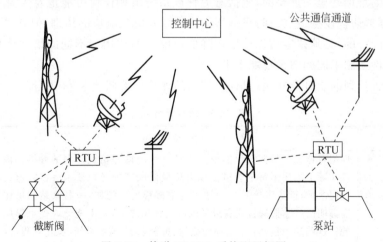

图3-18 管道SCADA系统配置框图

与控制中心之间设置双通道应是给分理由的最低标准。真正地实施了相互检查应给 5 分。没有进行相互检查的,则给 0 分。

3. 毒品检查(药检)——0~2 分

美国政府法规普遍要求对从事输送行业的某些雇员进行毒品检查。这是为了降低由于毒品损害而造成人为失误的可能性。基于风险目的,要在管线运行岗位发现并排除毒品,以降低误用毒品导致人为失误的可能性。

为重要操作岗位的人员制定了毒品检查程序的可给予 2 分。在有毒品和误用毒品都不成为问题的情况下,可用员工健康检查作为替代项而进行评分。

4. 安全计划——0~2 分

安全计划在风险因素中是一个近乎模糊的因素。对于安全的承诺能降低人为失误的可能性。要寻找出有关安全承诺的证据:①书面的公司安全体系一览表;②具有员工充分参与策划的安全计划(要有充分参与的证据);③全面充分的安全体系运作记录(最新记录);④安全体系的管理与改进;⑤显示安全体系的标志、标语等;⑥设置专职安全员。

大多数人同意,如果一个公司加强管道安全达到了上述程度,就会影响人为失误的可能性。完备的安全计划则应赋予 2 分。

5. 检查——0~2 分

检查是管道日常运行的工作之一。下面是一些典型的管道检查范例:①密间隔测量;②包覆层状况检查;③水下穿越检查;④清管器探测管道变形;⑤人口密度调查;⑥覆盖层深度探查;⑦水下声呐探测;⑧温度检测;⑨泄漏检测。

一个正规的检查程序(包括其专有文件),必须具有专业的操作流程和降低风险的质量方法。日常检查表明更主动,而不是被动操作。在评价管段时,应依据已完成的检查数量与所能完成的有效检查进行比较来确定分值。能使其检查效益最大化的,应赋予最高分值。

6. 培训——0~10 分

培训是防范人为失误以及降低事故的第一道防线。基于风险评价目的的考虑,致力于防范事故的培训是至关重要的,包括避免管道系统出现任何可能危及人身及财产的事故的培训,强调防护设备、急救、防止损害的培训以及应急响应的培训,但它对风险进程的影响只能是间接的,必须评定培训计划在降低风险中的作用。不同的培训计划需要针对不同的工作性质和不同的知识技能水平。

依据培训计划的制订及其执行情况,培训的评分可参照表 3-33 进行。

表 3-33　培训评分表

状况类别	状 况 描 述	评分/分
① 最低要求的文件资料	期望管道员工掌握知识的专门文件是一个良好培训计划的开端。该文件实际上陈述了每个管道工作岗位最低限度的知识要求。在管道员工上岗之前,就应考核其相关知识的掌握程度。例如,一名泵站的操作工在证明已经掌握岗位应有最低限度的知识之前,是不能允许他上岗操作的。这些知识包括:泵站停输流程、报警系统、监控系统、操作规程,以及具有识别泵站出现的任何异常情况的能力	2

续表

状况类别		状况描述	评分/分
② 测验		一个好的培训计划应能在操作工的行为对管道构成威胁之前,就要考核其知识水准并能找出其不足之处。正确率低于100%就通过的测验可能会掩盖其培训缺陷。理论上来讲,操作工应该确实掌握他必须掌握的知识。测验应确认操作工真正地掌握了这些知识。操作工可能要经过几次测验(在合理的范围内),直到确实精通了本岗位的知识。测验方案在方法和效果方面要有所不同。评价者要确认测验是否达到了预期效果	2
③ 通用科目	产品特性	管道输送介质是否具有可燃性、毒性,是否会产生反应及致癌?其安全暴露极限是多少?如果发生泄漏,是否形成烟雾?这烟雾比空气重还是轻?掌握这样的知识能减少由于操作工对所输送产品性质的无知而做出错误决定的机会	0.5
	管材应力	管道材料是如何对应力起反应的?超限应力的指标是什么?管材的失效方式是什么?管道系统中哪个部件是最薄弱环节?操作工一定不要将这类基本知识与工程技术相混淆。所有的操作工应该明白这些基本概念,它仅仅有助于避免失误,并不能代替工程技术上的判断。通过这些知识的掌握,操作工可以发现并识别重要的管道上的膨胀现象,表明已开始产生屈服现象。被培训的全体员工可以更好地掌握有关管道失效方面的知识	0.5
	管道腐蚀	正如以上论述,基本了解管道腐蚀与防腐系统的就可以降低失误的机会。通过培训,现场操作工将会更关注警惕涂层损伤、其他埋地金属的存在,或者是管道用地之上架空的电力线路等威胁到管道的种种潜在因素。管理职员也有机会识别出威胁现象,并将其信息反馈给防腐工程师以做出腐蚀的基本判断。在设计阶段被忽视了的材料的不相容性,就可能由材料管理人员发现	0.5
	控制和操作	这点对于管道运行的实际操作者是最为关键的,但是,所有的操作者至少应该在通常程度上了解管输产品是如何输送与控制的。清楚其上、下游站场的控制输送方式的操作工,可能不会由于对管道控制系统的无知而出错。了解管道系统全貌的工程师能够预见出管道系统的任何变化	0.5
	维护	掌握"维修什么"和"为什么要维修"这样的工作常识有利于预防失误。一个员工懂得如何操作阀门及为什么为正常工作而需要维修阀门,就能发现其相关计划或操作规程的缺陷。仪器仪表的检查和校验,尤其是安全装置,通常最好由具有专业知识的员工来完成	0.5
④ 应急训练		可能引起争议的是应急训练是否应当作为主动性降低风险因素。一般认为应急反应仅仅是在事故发生后才起作用,因此,被视为"泄漏影响系数"中的一部分。然而,正如员工所认为的那样,通过仿真事故的训练可以减少人为失误。以后的分析和计划应形成进一步降低风险的方法。评价者必须认定特殊情况下的对风险进程有效果的应急培训	0.5
⑤ 岗位操作规程		正如需要特殊工种的岗位职责一样,最好的培训计划应该把重点放在岗位操作规程方面。为避免员工的错误行为,首先将正确的工作方式书面化。现场和控制中心有关管线操作的各个方面都必须有书面操作规程并定期修订	2

续表

状况类别	状况描述	评分/分
⑥ 定期再培训	专家们认为培训无法保证永久。养成习惯，忽视方法，从而忘记了培训内容。如果依靠培训计划来降低人为失误，必须进行再培训和再测验。评价者应该确信再培训计划是合适的，并且相信再测验能充分地考查员工的专业技能	1

7. 机械失误防护措施（机械故障保护装置）——0～7分

有时很简单的机械装置就能防止操作失误。应该确信任何像这种能阻止操作失误的装置都可以降低风险。当然前提是操作工已经过适当的培训，这样机械保护装置才能避免由于疏忽而造成的失误。

机械失误防护措施的评分表不仅应该反映出各种防护装置的有效性，而且还要体现出建立这种装置保护后，可能发生的防护后果。评分表及其详细说明见表 3-34。

表 3-34　机械失误防护措施的评分表

状况类别	状况描述	评分/分
①配置双路检测仪表的三通阀	在管道元件与仪表之间安装阀门是很普通的。这种隔离仪表的能力是为了不使整个管段停输的情况下，便于仪表的检修。遗憾的是，如果仪表的维修完成后而忘记了打开隔离阀，就会使仪表处于无法工作的状态。很明显，倘若这些仪表是安全装置，像安全阀或压力开关，则绝不能使它与所保护的管道隔离	4
② 锁定装置	锁定装置虽然不标准，但它们最有效。若操作人员日常工作时碰到一个锁定装置，会降低其引起注意的作用。若锁定装置是一个不一般的装置，则表明有关操作有非比寻常的重要性，操作员工有可能给予更慎重的关注	2
③ 键锁定指令程序	首先，这是用来避免不按操作程序操作而产生的失误。如果岗位操作规程要求几个操作须按照某一特定的顺序实施，则不按规定的操作顺序就可能造成严重的后果。那么使用一套键锁定指令程序就可以防止任何草率的行为。这种程序要求操作员按下某些键解开那些特定的仪表或阀门。每一个键只能解锁某一台仪表，而在此之后才能使用下一个键	2
④ 计算机许可	以上所说的键盘解锁系统属于电子装置。借助于逻辑梯形图，用计算机来预防不当操作。如果阀门排队（按要求上下游的阀门正确开启或关闭）不正确，泵的启动命令就不会执行。倘若，阀门两端的压力达不到允许范围，则不会执行打开阀门的命令。这种电子许可通常是软件程序，它可以装在现场计算机或者是远程控制的计算机内。然而，计算机不是一个最低的要求，一些简单的电磁开关或是线路也可以执行类似的功能。评价者应该确认这些许可系统有足够能力完成预期功能，同时能定期得到测试和校准	2
⑤ 关键器械的醒目标志	这仅仅是对关键操作行为的引起注意的另一种方法。用红色油漆涂刷关键阀门，或是在器械上标有特别标志，这样就会使操作员在操作前暂时停顿一下，重新考虑其要采取的行动。这种重新考虑的暂停可以有效地防止产生严重的误操作。应根据评价者认为标志醒目的有效程度，授予分值	1

在表 3-34 中对每一项应用可以加分,最大分值达 6 分。若机械防护装置用在了所设计防护的各个场所,那么这种应用才是有效的。如果评价的管段没有可能应用这些装置,那么就赋予最高分值 7 分,因为那里不存在这种人为失误的可能性。

五、维护指数的评分方法

1. 文件编制(维护记录)——0~2 分

有一套支持全部书面资料或数据库的有效程序,而这些资料或数据库涉及维修的各个方面。这可以包括:文件系统或实际使用中的计算机数据库。所有重要的维护成果都将离不开文件资料的帮助。理想的程序要根据精确的数据收集而经常地调整维护措施。

2. 计划(维护计划)——0~3 分

日常维护的正式计划是依据运行历史记录、有关的政府法规以及现行的工业实际而制定的。此外,这个计划理论上应反映实际运行过程,并根据运行状况,在适当的范围内,适时地予以调整。

3. 维护规程(维护作业指导书)——0~10 分

应制定涉及修理和日常维护的书面维护规程,并应该使维护员工了解掌握。维护规程有助于确保一致性。需要专业化的规程,以保证在设计者完成设计之后很久仍能考察原始设计的系数。焊接就是一个最典型的例子,焊接过程会严重影响到材料特性,如硬度、断裂韧性及抗腐蚀性等的改变。

要寻找出检查清单、检修数据和其他的相关使用证据等。

第七节 泄漏影响系数的计算

一、泄漏影响系数模型

在分析了第三方破坏原因、腐蚀原因、设计原因、操作原因四个方面的情况后,并根据其出现的概率大小评分,其总分或指数和为相对事故总概率的评分,将此指数和与泄漏影响系数综合才能得出相对风险数。前面四个方面的分析是说明可能产生的危险及危险变为事故的概率,后面要说的是如果发生事故,其后果如何。

泄漏影响系数反映的是一旦出现事故所产生的后果如何,它包括两部分,即产品危害(介质危害或介质危险性)和扩散系数。泄漏影响系数用于调整反映事故影响的指数分值。泄漏影响系数的分值越高,则表示风险性也越高。

到现在为止,可能导致管道事故的起因均已得到了评价。这些起因详细说明了"什么情况可能出事故?"。为预防这些事故起因所策划的各种活动以及保护装置也都考虑到了。这些预防措施改变了"它可能会怎样?",然后把"什么情况可能出事故?"的问题继续探讨下去。最后风险评价将涉及的问题是"后果是什么?"后果因素从一开始就是管道事故的关键所在。"泄漏影响系数"强调的正是这一点。影响管道泄漏的因素是什么? 作答要依据管道输送产品和管道周边环境两个因素。遗憾的是,这两个因素之间的相互作用可能会非常复杂,并且对于建立风险评价模型来说几乎是不可能的。可能存在的泄漏速率、气候环境、土壤状况、毗邻管道的人口密度等因素本身均存在着很高的变数及不可预知性。在考虑这些因素与产品特性的相互作用时，只要通过对各种状况进行近似和假设，这个问题就会变得可解了。

简单来说，后果可从两个方面考虑：第一是介质，也就是泄漏物危险性有多大；第二是泄漏点周围的环境状况。泄漏物虽然危险，但若发生在无人区，则后果仍然是轻微的，相反，泄漏物虽然危险不大，但若发生在人口稠密地区，则后果可能很严重。图 3-19 给出了泄漏影响系数的基本构成。

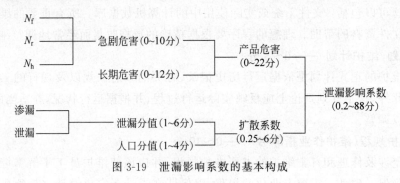

图 3-19　泄漏影响系数的基本构成

二、产品危害（介质危害）的评分方法

管道输送产品或介质的危害（危险性）可分为两类，即急剧危害（或当前危险）（acute harzard）和长期危害（chronic harzard）。急剧危害是指突然发生并需要立即采取紧急应对措施的危险，如爆炸、火灾、剧毒物泄漏等。长期危害是指危害持续的时间长，如水源的污染，潜在致癌、损害健康的气体的扩散等。

1. 急剧危害

无论是气体还是液体，急剧危害根据其可燃性 N_f、活化性 N_r 和毒性 N_h 三个方面进行分析评价并评分，每个方面最低 0 分，最高 4 分，分数越高则危险性越大。美国消防协会（NFPA）给出了可能输送的介质的标准评分，见表 3-35，建议参考。

表 3-35　产品危害（介质危险性）评分

介质名称	沸点/℃	急 剧 危 害			长期危害
		毒性 N_h	可燃性 N_f	活化性 N_r	RQ
苯	80.00	2 分	3 分	0 分	8 分
丁二烯	−4.40	2 分	4 分	2 分	10 分
丁烷	−0.56	1 分	4 分	0 分	2 分
一氧化碳	−192	2 分	4 分	0 分	2 分
氯	—	3 分	0 分	0 分	8 分
乙烷	−88.88	1 分	4 分	0 分	2 分
乙醇	78.30	0 分	3 分	0 分	4 分
乙基苯	134	2 分	3 分	0 分	4 分
乙烯	−104	1 分	4 分	2 分	2 分

续表

介质名称	沸点/℃	急剧危害			长期危害 RQ
		毒性 N_h	可燃性 N_f	活化性 N_r	
乙二醇	197	1分	1分	0分	6分
1♯～6♯柴油	151～301	0分	2分	0分	6分
氢	−252	0分	4分	0分	0分
硫化氢	−60.00	3分	4分	0分	6分
异丁烯	−11.60	1分	4分	0分	2分
异戊烷	28.00	1分	4分	0分	6分
喷气机燃料 B	—	1分	4分	0分	6分
喷气机燃料 A 及 A1	—	0分	2分	0分	6分
煤油	151～301	0分	2分	0分	6分
甲烷	−162.00	1分	4分	0分	2分
矿物油	360.00	0分	1分	0分	6分
萘	218.00	2分	2分	0分	6分
氨	—	0分	0分	0分	0分
原油		1分	3分	0分	6分
丙烷	−42.00	1分	4分	0分	2分
丙烯	−47.00	1分	4分	1分	2分
甲苯	111.00	2分	3分	0分	4分
氯乙烯	−14.00	2分	4分	1分	10分
水	100.00	0分	0分	0分	0分

1）可燃性 N_f

许多常见的管道输送品都是易燃的。大多数碳氢化合物的最大危害就来自这种可燃性。倘若其闪点远高于 1000℉，而且仍可燃，那么就将其称为可燃性物质，如柴油和煤油。而溴与氯则属于非易燃物质。

可利用表 3-36 或表 3-35 来确定 NFPA 的 N_f 值（FP＝闪点，BP＝沸点）。

表 3-36　NFPA 的 N_f 值

产品特性	评分	产品特性	评分
非可燃性物质	$N_f=0$	FP＜100℉且 BP＜100℉	$N_f=3$
FP＞200℉	$N_f=1$	FP＜73℉且 BP＜100℉	$N_f=4$
100℉＜FP＜200℉	$N_f=2$		

2）活化性 N_r

有时候，管道输送的产品在某些状态下是不稳定的。产品与空气、水，或自身发生反应就可能造成潜在的危险。为说明这个可能增长的风险，反应等级应该包含在产品的分析评价之中。常用 NFPA 的 N_r 值来表示。需要注意的是：这个活化性包括自我反应性（不稳定性）和与水的反应性。

可利用表 3-37 或表 3-35 来确定 NFPA 的 N_r 值。

表 3-37　确定 NFPA 的 N_r 值

产 品 特 性	评分
物质即使是在火焰加热的状态下,也完全是稳定的	$N_r=0$
在带压加热的状态下有轻微的反应	$N_r=1$
即使不加热,也有显著的反应	$N_r=2$
在密闭条件下,可能爆炸	$N_r=3$
不密闭的条件下,可能发生爆炸	$N_r=4$
活化性值 N_r 可以通过使用最低温升值的峰值温度更客观地获得,如下:	
(温升,℃)>400	$N_r=0$
(温升,℃)305~400	$N_r=1$
(温升,℃)215~305	$N_r=2$
(温升,℃)125~215	$N_r=3$
(温升,℃)<125	$N_r=4$
对于上面所确定的 N_r 值,可以增加一个压力因素,如下:	
不可压缩流体(液体)	压力因素
内压 4~100psig	0分
内压>100psig	1分
可压缩流体(气体)	
内压 0~50psig	0分
内压 51~200psig	1分
内压>200psig	2分

注:即使有上述压力因素的加分,但是 N_r 总分值不应超过 4 分。

3) 毒性 N_h

NFPA 规定材料的健康系数是 N_h。就其危害如何使应急人员陷入麻烦这一点来说,N_h 值仅考虑了健康方面的危害。长期性的接触影响必须用一个另外的换算尺度来评价。在评价与产品泄漏相关的长期危害要包含对健康的长期影响。根据 NFPA 704 的定义,管道输送产品的毒性可利用表 3-38 或表 3-35 来确定 NFPA 的 N_h。

表 3-38　确定 NFPA 的 N_h 值

产 品 特 性	评 分
除了一般的可燃性以外,没有毒性危害	$N_h=0$
很可能仅存在微量的残余伤害	$N_h=1$
需实施快速的医疗救护,以避免出现暂时性的丧失能力的中毒	$N_h=2$
产品造成严重的临时性的或永久性的伤害	$N_h=3$
短时间的泄漏就会造成人员死亡或重大伤害	$N_h=4$

2. 长期危害 RQ

源自管道的特大威胁是因管输产品泄漏而造成人员的死亡。这通常被认为是一个严重的、突发性的威胁。由于管输产品的泄漏而造成的环境污染最终导致人生命的丧失,则属于另外一种相当严重的威胁。尽管,这通常不像毒性或可燃性那样具有直接性的威胁,但环境污染最终将对人类的身心健康产生极其深远的影响。

将化学品按 RQ 值实施分类是很有价值的,美国法规 40 CFR Parts 117 and 302 对此进行了相关的概述。第一类标准主要包含有:水生生物的毒性、哺乳动物的毒性(口服、皮肤接触和吸入)、可燃性、反应性、慢性中毒以及潜在的致癌性等。这些标准至少应确定(最糟状况下的)化学品的 RQ 初始值。

随后应根据生物降解、水解及光解等第二类标准调整 RQ 初始值。第二类标准的特点在于能够提供证据——该化学品是如何迅速地安全地融入环境之中。快速转化成无害的化合物就会对环境造成较小的风险性。而那些所谓的"持久性"化学品则具有较高的危害等级。

图 3-20 解释了如何处理与管道泄漏相关的长期危害 RQ 值的确定。

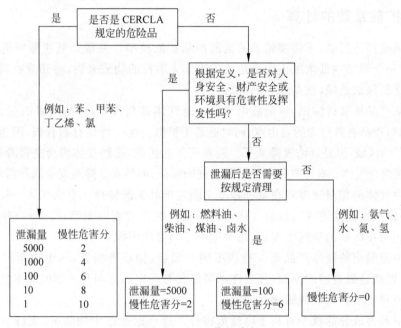

图 3-20　RQ 值的确定

第一判据是考虑管输产品是否具有危害性。对于这个判定,美国政府使用了法规。法规大致定义了危害性物质——就是可能造成人员的伤亡或者环境损害的物质。在不同的法规中,包括《清洁水法》(CAA)、《空气洁净法》(CAA)、《资源保护及回收法》(RCRA)和《综合环境反应与赔偿责任法》(CERCLA,也称为特别基金),对危害性物质给予更明确的定义。如果这些法规认为管输产品具有危害性,那么可报告泄漏量 RQ 等级规定则被纳入在 CERCLA 法规之下(图 3-18)。这些 RQ 规定将用于管道风险评价之中,有助于从长期危害的角度来评价危害性的产品。

更多的危害性物质则有较少的可报告泄漏量。大量的无害物质在环境遭受伤害之前就可能发生了泄漏。因此,具有少许危害性的物质却有较多的可报告泄漏量。RQ 规定划分为 X、A、B、C、D 5 级,与之相对应的泄漏数量分别是 1、10、100、1000 和 5000lb,X 级的 1lb 泄漏量,表示会造成最严重危害的物质种类。D 级的 5000lb 泄漏量,则表明属于最低限度的有害物质的范畴。

令人遗憾的是,石油、原料油、天然气、原油以及精制石油产品均被明确地排除在美国环保署 CERCLA 所规定的可报告数量的要求之外。由于这些产品占据管道输送产品的很大一部分,故必须启用一个替代的评分系统。在评价石油产品时,直接应用美国环保署的等级系统会存在一定的偏差。然而,基于评价的目的,人们可以拓展该等级系统使之能够涵盖到所有常见的管输产品,也就是将美国环保署没有赋予 RQ 等级的那些物质指定出与 RQ 等效的等级。

现在,将美国环保署没有明确地列出 RQ 等级,但却符合危险性定义的产品,分为挥发性和非挥发性两类。而对于那些既没有明确地列出 RQ 等级,又不符合其危险性定义的输送产品,可假定归类到"RQ＝无"(见图 3-20)。

三、扩散系数的计算

基于风险评价目的,不需要精确的泄漏产品扩散模型。关键是其泄漏所造成的损害倾向,对于一个即使在低浓度下也会造成重大伤害事件的物质来说,将其泄放到一个能够快速并广泛扩散的地域,就是最大的危害。

如果某产品从管道溢出,所泄放出来的不是气体就是液体(或这两者的混合物)。当泄漏气体时,产品有着更大的自由度,同时更易于扩散。这一特性有利有弊,因为产品可能蔓延到更广的区域,但其浓度降低了。随着气体的扩散,可燃气体将会夹带着氧气,因而成为可燃性混合气体。有毒气体会随着其浓度的降低,而使毒性降至安全的暴露水平。

大气中气体的相对密度将在某种程度上确定出其扩散特性。重质气体一般保持较高的浓度,并聚集在低洼地区。轻质气体会由于空气的浮力而向上漂浮。每一种气体的密度均将受到所在区域的空气温度、气流和地形等因素的影响。

管道中泄漏出的液体产品则会造成不同的影响,如环境损害,其中包括地下水的污染,而其可燃性是最直接的问题,其毒性则可能具有一定的短期和长期的危害性。必须始终记住环境对于某些物质的敏感性。

物质中有害成分的减少有利于降低危害性。这可以通过生物降解、光解和水解等自然反应来实现的。如果这些反应所产生的副产品比原始物质的危害性小,且这种情况是经常发生的话,那么则相应地降低该物质的危害性。减少物质的扩散范围同样也降低了危害性。从风险的角度来看,扩散的程度影响可能因危害到的地域大小而不同,因为较大面积的污染会产生更多的危害生命的机会。

通过对泄漏自身以及管线附近的人口等因素的分析而得出扩散系数。

1. 泄漏分值的确定

确定泄漏分值时,对液体和气体采取不同的评分方法。

1) 气体云团——气体泄漏

评价者最感兴趣的是气体云团的形成特征以及管道发生泄放后的扩散特性。气体可能是从最初为气态的管输产品中形成的,或者可能是管输产品从管道中逸出时或积聚到地面以后蒸发形成的。气体融入空气中的数量以及从其泄漏源头随着距离而变化的气体浓度都是众多模拟试验为之努力的研究课题。

"气体云团的形成是怎样影响风险进程的?"气体云团会造成两种潜在的危害。如果形成气体云团的是有毒性的产品,就会出现第一种危害。于是,对于任何一个接触到云团的敏感生物来说都面临着威胁。较大的云团提供了较大区域的接触机遇,因此也就意味着巨大的危险。值得注意的是,置换氧气的云团也可能是有毒的,会使生物窒息而死。如果云团具有可燃性,则存在着第二种危害:当云团遇到火源时,就会发生火灾和/或爆炸事故。较大的云团就会有较大的遭遇火源的机会,同时也增大了其破坏潜能,因为较大的云团包容了更多的可燃性物质。毫无疑问,云团可能包含了毒性和可燃性这两种危害。云团可能是看不见的,它可能具有非常低的浓度——该泄漏产品在空气中仅有百万分之几的浓度。然而,即使是在低浓度的情况下,云团也可能具有危害性。

诸多变数影响着气体云团的扩散。即使对于一个相对封闭的系统,极端的复杂性也使得这个问题只能获得近似解。一个有些封闭的系统的例子是小型化工厂发生一定的泄漏,已知现场的地形情况不变,并且可根据实时数据适度地评价天气状况。另外,长输管道由于增加了许多变量,如土壤状态(如水分、温度、导热系数等)经常不断改变着的地形与气候(日照量、风速和风向、湿度及海拔等因素)以及确定泄漏源的难点,而使问题复杂化。即使迅速地蒸发,易挥发性的管输产品在泄漏后也可能马上以液体形式积聚在低洼地方,如丙烷或乙烯,于是这个集液池将会变成二次蒸发的源头。蒸气的产生取决于集液池的表面温度,而这个表面温度又受气温、池上风速,以及池上日照量和土壤的导热系数等因素的控制(见图3-21)。土壤的导热则又受制于土壤水分、土壤类型和前几周天气情况。即使所有的因素均能准确地测量出来,该系统仍然是非线性的,是无法得到精确解答的。

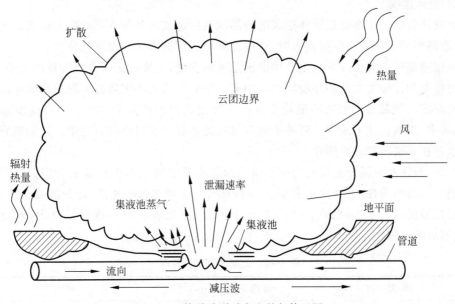

图3-21　管道破裂时产生的气体云团

通过研究扩散,可以揭示出一些简单原理,以运用于风险评价之中。通常,用蒸气的生成速率(而不是蒸气的总泄放量)来确定云团的大小。在某一给定的大气条件下,云团达到一个平衡状态。在这种平衡状态下,由释放点增加的蒸气量正好等于离开云团边界的蒸气量(云团边界可被定义为任一蒸气浓度水平)。所以,当气体逃逸云团的速率等于进入云团的速率时,其云团的表面区域将不会再增大(见图 3-21)。云团边界的气体逃逸速率取决于当时的气候条件。因此,云团将保持这个大小,直到大气条件或泄漏速率发生改变为止。这就生成了一个可量化的风险变量:泄漏率。

最后的结论是,蒸气云的范围大小取决于泄漏物形成蒸气的速率而不是总量。蒸气云中的蒸气会向外扩散,并脱离蒸气云的边界,与此同时,地面泄漏的气体或挥发物上升,并加入蒸气云,最后达到平衡。其范围大小还与泄漏物组成成分的分子量有关,分子量越大,形成的云密度也越大,则受到浮力及气流(由温差和风引起)的影响较密度小的云小,也不易散开。

因此,依据泄漏率和分子量这两个关键变量来评价有关气体云团扩散的风险。泄漏物为气体(包括挥发蒸气)的泄漏分值可参考表 3-39 确定。可初步判断,泄漏分越小,影响系数越小,冲击指数越大,说明危险性越大。

表 3-39　泄漏物为气体或强挥发性液体时泄漏分值的评分表

分子量　　　10min 泄漏量/kg	不同泄漏速率的评分结果			
	0~2300	2300~23700	23700~226800	>226800
≥50	4 分	3 分	2 分	1 分
28~49	5 分	4 分	3 分	2 分
≤27	6 分	5 分	4 分	3 分

2) 液体泄漏

此处评价的是主要是以液体形式的产品泄漏所造成的各种不同性质的危害。也就是说,如泄漏物的大部分仍保持液态时,应按此处所推荐的方法评定泄漏分值。

根据泄漏扩散的程度来确定液体泄漏危害的程度,主要依次考虑泄漏量的大小、泄漏产品的种类和泄漏发生地的环境特性等因素。泄漏量的大小则要视泄漏速率和泄漏的持续时间而定。泄漏发生地的环境特性有助于确定其泄漏产品的流动——可能泄漏到空气、地表水、土壤及地下水中。管道中最常见的是泄放到土壤或岩石之中。这也就意味着地下水存在着被污染的可能性。

因此,液体的泄漏分值简化为按土壤的渗透率及泄漏量两个变量来确定。针对液体泄漏到土壤的渗透性,可以使用表 3-40 进行评分。土壤渗透率越高,评分越高,危险性越大。根据最糟状况下 1h 的产品泄漏量给予评分值(见表 3-41),泄漏量越大,评分值越高,表明危险性越大。

表 3-40　土壤渗透率评分表

土 壤 类 型	渗透率/(cm·s^{-1})	评分/分
不渗透	0	5
黏土、夯实土、无断裂岩石	<10^{-7}	4
淤泥、黄土、沙黏土、砂岩	10^{-5}~10^{-7}	3
细沙、淤沙、中等断裂岩石	10^{-3}~10^{-5}	2
砾石、沙、高断裂岩石	>10^{-3}	1

表 3-41 液体泄漏量评分表

泄漏量/kg	评分/分	泄漏量/kg	评分/分
<450	5	45361~450000	2
451~4540	4	>450000	1
4541~45360	3		

于是,液体的泄漏分值按照下列方式确定:泄漏分(液体)=(土壤渗透率评分+泄漏量评分)÷2+调整系数。假如其泄漏检测和应急反应措施可确保降低50%的泄漏和扩散,对这个平均数进行调整。

2. 人口分值

通过对一些事件的后果分析发现,最关键的参数是人们与管道事故地点的邻近程度。这会影响到急剧危害和长期危害两个方面。因此,在泄漏分评出后,还需求取人口状况分值。

用美国运输部(DOT)Part192的1、2、3和4级的地区等级来考虑人口密度。1类地区人口最少,4类地区人口最多,具体分类办法见表3-42。

表 3-42 DOT 地区分类法

地区类别	规定面积内的人口状况
1类地区	少于10户
2类地区	多于10户少于46户
3类地区	多于等于46户
4类地区	城市

注:①规定面积指由管道中心线两侧各201m、沿管道长度1600m的长方形区域;②在规定面积内虽然住户少于46户,但学校、教堂、购物中心等也归于3类地区。

管道所经地区的类别确定后,可按表3-43确定人口状况分值。人口越密集,人口状况分越高,表明越危险;反之,人口越稀少,人口状况分越低,就越安全。

表 3-43 人口状况分值的评分表

地区类别	人口分布	地区类别	人口分布
1类地区	1分	3类地区	3分
2类地区	2分	4类地区	4分

四、泄漏影响系数的计算

$$扩散系数=泄漏分值/人口分值$$
$$=1/4=0.25——最糟状况$$
$$=6/1=6.0——最佳状况$$
$$泄漏影响系数=产品危害/扩散系数$$
$$=22/0.25=88——最糟状况$$
$$=1/6=0.2——最佳状况$$

最糟情况(即危险性最高的情况)和最佳情况(即危险性最低的情况)下的泄漏影响系数,结果见表 3-44。

表 3-44　最糟情况及最佳情况下的泄漏影响系数

项　目	不同情况下的评分结果	
	最　糟	最　佳
产品危害	22 分	1 分
扩散系数	0.25 分	6 分
泄漏影响系数	88 分	0.20 分

以上结果说明,后果由轻微到严重,泄漏影响系数在 0.20~88 变化。如果发生事故的概率相同,由于后果相差很大,其相对风险值可相差 88/0.20＝440 倍。因此,对于后果严重者,必须要求事故概率很低,甚至接近于零。

通过上面的公式可以发现,扩散系数可以极大地改变急剧和长期的危害性。反之,它在极大程度上也改变了泄漏影响系数,这会最终确定相对风险评价值。

第八节　相对风险值的计算与分析

前面几节介绍了计算管道失效相对风险值的 KENT 评分法。用了 4 个指数来对可能增加或降低管道失效风险的所有因素的可能性和重要性进行评分,然后通过泄漏影响系数来调整指数之和。泄漏影响系数衡量管道失效对附近居民的相对影响。最终的相对风险值在高约 2000 分(最安全)和低约 0 分(风险最大)之间变化,对大多数烃类产品管道来说,分数在大约 10~300 分变化。

相对风险值按式(3-9)~式(3-11)计算:

$$相对风险值 = \frac{指数和}{泄漏影响系数} \tag{3-9}$$

$$指数和 = 第三方破坏指数 + 腐蚀指数 + 设计指数 + 误操作指数 \tag{3-10}$$

$$泄漏影响系数 = \frac{介质危害指数}{扩散系数} \tag{3-11}$$

由以上的论述可以得到最坏的情况(破坏概率最高的极端情况)和最好的情况(破坏概率最低的极端情况)下四类指数的评分,列于表 3-45。

表 3-45　最好及最坏情况下四类指数的评分

指 数 类 别	不同情况下的评分结果	
	最坏	最好
第三方破坏指数	0 分	100 分
腐蚀原因破坏指数	0 分	100 分
设计原因破坏指数	0 分	100 分
误操作破坏指数	0 分	100 分
指数和	0 分	400 分

从表3-45可知,由于第三方破坏原因、腐蚀原因、设计原因、误操作原因而造成破坏的概率由高到低,即安全程度由低到高,其指数分值为0~100分。

综上所述,可知:

(1) 被评价的管道最坏的情况,也就是破坏概率最高的极端情况为0分。

(2) 被评价的管道最好的情况,也就是破坏概率最低的情况为400分。

因此,整条被评价管道破坏的概率由高到低,也就是安全的程度由低到高,其分值为0~400分。

归纳表3-44中的泄漏影响系数及表3-45中的指数和,用式(3-9)计算出最佳情况(即最安全情况或事故发生概率最低的情况)和最坏情况(即最不安全情况或事故概率最高的情况)时的相对风险数,见表3-46。

表3-46　最坏及最佳情况下相对风险值计算结果

数　据　项	不同情况下的评分结果	
	最坏	最好
指数和	0分	400分
泄漏影响系数	88分	0.20分
相对风险评价值	0分	2000分

由此可看出,极端最坏情况到极端最佳情况,相对风险数在0~2000变化。其实,0与2000都是绝对不可能出现的,对某一具体管道的评价结果为0~2000的一个数值,数值越高表明越安全可靠,风险越低。通过数据的积累可得出不同状况管道或同一管道不同区段的相对风险数。评价者或管道的所有者得出本管道的评价值后与这些数值对比,即可知道管道的相对风险状况。

第九节　KENT评分法进行管道风险评价举例

一、管道概况

有一天然气管道,已运行10余年,要求对该管道的相对风险进行评价。

管道概况:该管道直径为152.4mm,壁厚为6.35mm,经检测知实际最小壁厚为5.842mm,材质为API5L等级B,SMYS为241MPa,最大操作压力MAOP为10MPa,全线长5.2km,埋深914mm。其中,61m为浅滩,埋深762mm,管道有1.6km经过人口稠密地区,沿线个别的居民经过"管道保护法"的教育,与输气管道沿线管理单位关系尚可。沿管道有专人巡线,每周4次,有一个干线截断阀,距公路200m处有明显标志,操作人员均经过培训,其他有关情况在各项评价时再行收集。

二、关于"第三方破坏"因素的评定

该项评分共分六个方面,分别评价如下。

1.最小埋深评分（非可变因素）

按照式（3-4），最小埋深评分＝13.1×最小埋深量＝13.1×0.762＝9.98≈10（分），取10分（非可变因素）。

2.活动水平评分（非可变因素）

因有部分管段经过人烟稠密区，全线3.2km长均按该评价段最严重的情况考虑，即按高活动区考虑，所以，活动水平评分＝0分（非可变因素）。

3.管道地上设备评分（非可变因素）

全线地上设备只有一个干线截断阀，且离公路60m以外，有明显标志，取管道地上设备评分＝6分（非可变因素）。

4.公众教育评分（可变因素）

根据所介绍的情况，公众教育评分＝10分（可变因素）。

5.线路状况评分（可变因素）

据了解沿管道所经之处有明显标志，故线路状况评分＝5分（可变因素）。

6.巡线频率评分（可变因素）

每周巡线4次，按规定可取12分，故巡线频率评分＝12分（可变因素）。

综合以上六个方面可得第三方破坏评分为：10＋0＋6＋10＋5＋12＝43（分），其中可变因素为10＋5＋12＝27（分），非可变因素为10＋0＋6＝16（分）。

三、关于"腐蚀原因"破坏因素的评定

忽略大气腐蚀，腐蚀因素分别按内腐蚀及外腐蚀评分。

1.内腐性

输送介质97%为甲烷，输送前经脱硫等腐蚀介质的处理，故输送介质是纯净的，但对处理设备无监控系统，故存在因处理设备故障而有腐蚀物暂时混入管内的可能，按此情况处理，则介质腐蚀评分＝7分（非可变因素）。

管道无内涂层及其他防腐手段，故内保护层及其他措施评分＝0分（可变因素）。

内腐蚀评分＝7＋0＝7（分）（非可变因素）。

2.外腐蚀

1）阴极保护（可变因素）

（1）设计取"良"为6分。

（2）检查每季度至少一次，小于6个月，按规定取10分。

（3）阴极保护评分＝6＋10＝16（分）（可变因素）。

2）涂层状况评分

按以下四个方面评分。

（1）涂层种类评分采用FBE，按规定为6~8分，取中间值7分。

（2）涂层的施工质量评分，取中等为3分。

（3）缺陷的修补评分，取良为3分。

（4）所以，涂层状况评分为7＋3＋3＋3＝16（分）（可变因素）。

3）土壤腐蚀性评分（非可变因素）

土壤湿度大，低电阻率，按规定取土壤腐蚀性评分＝0（分）。

4）使用年限评分（非可变因素）

使用年限为10～20年，按规定，使用年限评分＝0（非可变因素）。

5）其他金属埋设物评分（非可变因素）

无其他金属埋设物，按规定，其他金属埋设物评分＝4（分）（非可变因素）。

6）电流干扰评分（非可变因素）

据调查，与管道相距300m处有高压电缆，与管道平行46m，然后远离，则电流干扰评分＝0（非可变因素）。

7）应力腐蚀评分（非可变因素）

（1）MAOP＝10MPa，实际操作压力为6.5MPa。

（2）实际操作压力为MAOP的65%。管道无内腐蚀，但外腐蚀较强，综合考虑，取腐蚀环境为"中"，应力腐蚀评分＝2（分）。

（3）由以上分析得到外腐蚀评分为：16＋16＋0＋0＋4＋0＋2＝38（分）。

（4）腐蚀因素评分为：内腐性＋外腐蚀＝7＋38＝45（分）；其中可变因素：16＋16＝32（分），非可变因素：7＋0＋0＋4＋0＋2＝13（分）。

四、关于"设计原因"破坏因素的评定

设计因素分别按以下六方面进行评分。

1. 钢管安全因素评分

该管道设计选用壁厚为6.35mm，经检测知实际最小壁厚为5.842mm。计算钢管厚度可按下式进行：

$$t = \frac{P_0 D}{2[\sigma]} \tag{3-12}$$

式中，D为直径，此处$D = 152.4$mm；P_0为设计压力，即MAOP，此处$P_0 = 10$MPa；$[\sigma] = 0.72 \times SMYS = 0.72 \times 241 = 173.52$（MPa）。

将已知数据带入式（3-12）：

$$t = \frac{10 \times 152.4}{2 \times 173.2} = 4.4 \text{（mm）}$$

$$x = \frac{\text{钢管实际厚度}}{\text{钢管计算厚度}}$$

$$= \frac{5.842}{4.4} = 1.33$$

查表3-19得，钢管安全因素评分＝9分（非可变因素）。

2. 系统安全因素评分

据调查得知，该管道实际操作压力$P = 6.46$MPa，MAOP＝10MPa，所以$y = $MAOP/$P = 10/6.46 = 1.55$。

查表 3-20 得,系统安全因素评分＝12 分(非可变因素)。

3. 疲劳因素评分

据调查,每年有 12 次实际操作压力波动为 6.46～7.54MPa,即 P_K＝7.54MPa,则

$$Z = (P_K - P)/P = (7.54 - 6.46)/6.46 = 0.167$$

查表 3-21 得,疲劳因素评分＝12 分(可变因素)。

4. 水击可能性评分

据了解,该管道有产生水击可能,但有水击保护措施,属低可能性,按规定可取 5 分,即水击可能性评分＝5 分(可变因素)。

5. 压力试验状况评分

据调查,该管道压力试验压力为 15MPa,查知 H＝试验压力/MAOP＝15/10＝1.5＞1.4,则压力试验评分＝15 分(可变因素)。

6. 土壤移动状况评分

据了解,该管道所经地段土壤可能有移动,但不经常,按土壤移动可能性为中等考虑,查表 3-24 得,土壤移动状况评分＝2 分(非可变因素)。

综上可得,设计因素评分为：9＋12＋12＋5＋15＋2＝55(分),其中可变因素为：12＋5＋15＝32(分),非可变因素为：9＋12＋2＝23(分)。

五、关于"操作原因"破坏因素的评定

按以下四个方面分别评分。

1. 设计误操作因素评分

该管道的设计部门有充分地进行该项设计的经验,但无整体的第三方监督,按"中"与"良"之间考虑,取设计误操作因素评分＝15 分(可变因素)。

2. 施工误操作因素评分

该施工部门有充分地进行该项工程施工的能力,但只有部分项目有第三方监督,按"中"与"良"之间考虑,取施工误操作因素评分＝10 分(可变因素)。

3. 运营误操作因素评分

该管道的操作规章制度基本完善,但工人未经过严格培训,按"中"与"良"之间考虑,取运营误操作评分＝14 分(可变因素)。

4. 维护误操作因素评分

综合考虑文件检查、计划检查、规程检查三方面因素,取维护误操作因素评分＝6 分(可变因素)。

因此,操作原因破坏因素评分为：15＋10＋14＋6＝45(分)。其中,可变因素为：15＋10＋14＋6＝45(分),非可变因素为：0 分。

综上所述可求出指数和,见表 3-47。

表 3-47　例题中的指数和

表 3-47　例题中的指数和

项　目	评分/分	可变因素	不可变因素
第三方破坏因素	43	27	16
腐蚀因素	45	32	13
设计因素	55	32	23
操作因素	45	45	0
总分	188	136	52

六、求取介质危害指数分

介质危险分由可燃性(N_f)、活动性(N_r)、毒性(N_h)以及长期危险性(RQ)四方面因素来评定,以上四个方面均取决于介质的性质。

该管道输送介质为甲烷,查表 3-35 可求出 N_f、N_r、N_h 及 RQ 的数值:$N_f=4$,$N_r=0$,$N_h=1$,RQ$=2$,则介质危险分$=4+0+1+2=7$(分)。

七、求取扩散系数

扩散系数取决于泄漏分及人口状况分。泄漏分又取决于泄漏物分子量的大小及泄漏率,即 10min 内泄漏的重量。

甲烷分子量$=16$。据专家估计,该评价管道 10min 内的泄漏量可达 230000kg,查表可求出泄漏分为 3 分。

根据管道实际情况,并查表,确认该管道为 DOT 地区分类法的 3 类地区,查表可知,人口状况分为 3 分,因此得出:扩散系数=泄漏分/人口状况分$=3/3=1$。

八、求取泄漏影响系数

由式(3-11)可知:泄漏影响系数=介质危害指数分/扩散系数$=7/1=7$(分)。

九、求取相对风险数

由式(3-9)可知:相对风险值=指数分之和/泄漏影响系数$=188/7=26.857=27$(分)。

在相对风险值中,可变因素得分为:$136/7=19.5$(分),非可变因素得分为:$52/7=7.5$(分)。即在相对风险值中可变因素约占 72%,非可变因素约占 28%。

由以上计算看出,为提高该段管道的相对风险数,即减少危险,增加安全性和可靠性,要在可变因素方面下功夫,而且有很大潜力,但改变可变因素的具体方案,还要通过经济及技术评价后确定。

复习思考题

1. 简述建立管道风险管理方法的基本步骤。

2. KENT 评分法管道风险评价模型的基本假设是什么?

3. 绘图说明 KENT 管道风险评价模型的基本结构。

4. 什么是非可变因素、可变因素？管道风险影响因素中哪些是非可变因素，哪些是可变因素？

5. 简述 KENT 评分法中管段的划分原则。

6. 第三方破坏原因、腐蚀原因、设计原因、操作原因四个方面指标的评分与管道风险是什么关系？泄漏影响系数与管道风险是什么关系？

7. 说明相对风险评价值与管道安全状况的关系。

8. 评价水压试验的得分。评价对象是 MAOP 为 7.0MPa 的天然气管线。6 年前这段管道实施了试验压力为 9.8MPa 的水压试验。现有资料表明，该水压试验和分析都进行得很好。试计算该管线水压试验的赋值评分。

9. 评价疲劳潜在破坏的得分。已确定在某一特定的管段内有两种类型的循环：①大约每周 2 次由于压缩机的启动而产生约 200psig 的压力循环；②同时，每天有 100 台左右交通车辆造成，5psi 的管道外部应力。这段管道投入运营 4 年左右，其 MAOP 为 1000psig。自从管道安装投运以来，交通车辆载荷和压缩机荷载就同时存在。试计算该管段疲劳潜在破坏的赋值评分。

10. 流向另外埋地金属的电流的赋值评分。该管线横跨 6 条道路，3 处外管线穿越，还有两段与相距 61m 远的输水管线相平行。每条道路穿越套管皆设置附属的测试桩，以检测可能存在的短路（实际接触或是低电阻率接触）。每次外管线穿越时，都是通过被定期监测的干扰连接器同水平管线相连，并规定进行一年一次的密间隔测量以监控平行管线区的状况。试对该项进行赋值评分。

11. 有一天然气管道，已运行 10 余年。该管道输送介质为甲烷，现利用 KEN 评分法对该目标管道进行风险评价。据专家估计该目标管道 10min 内的泄漏量可达 230000kg。根据管道实际情况，确认该管道为 DOT 地区分类法的 3 类地区。该管道的四大类风险影响因素的实际打分结果见表 3-48。

表 3-48　该管道的四大类风险影响因素的实际打分结果

项　　目	评分/分	可变因素	不可变因素
第三方破坏因素	43	27	16
腐蚀因素	45	32	13
设计因素	55	32	23
操作因素	45	45	0
总分	188	136	52

请根据以上的背景材料，按下列要求，对该管道进行风险评价：

（1）计算该管道的相对风险值（要求计算过程完整）。

（2）计算相对风险值中可变因素、非可变因素分别所占的分值及比重。

（3）根据计算结果，提出降低该段管道危险的措施建议。

管道风险评价的专家评分法

《油气管道风险评价方法第 1 部分：半定量评价法》（SY/T 6891.1-2012）、《埋地钢质管道风险评价方法》（GB/T 27512-2011）分别提出了一种管道风险半定量评价法，均借鉴了 KENT 评分法，在我国管道实际情况的基础上，对 KENT 评分系统和模型进行了全面的国产化改造，都属于专家评分法范畴。本章将对这两个标准规定的管道风险半定量评价法的评分系统和模型进行概括的介绍。

第一节　油气管道风险半定量评价方法

自 2012 年 12 月 1 日开始实施的行业标准《油气管道风险评价方法第 1 部分：半定量评价法》（SY/T 6891.1-2012），规定了油气管道风险评价方法中半定量评价法的评价原则、指标体系和评价流程等内容，适用于陆上在役油气管道线路部分的风险评价工作。

一、采用的主要术语和定义

在油气管道风险半定量评价法中，主要采用了以下的术语和定义。

1. **风险**（risk）

潜在损失的度量，用失效发生的概率（可能性）和后果的大小来表示。

2. **风险评价**（risk assessment）

识别设施运行的潜在危险、估计潜在不利事件发生的可能性和后果的一个系统过程。

3. **管段**（segment）

作为评价单元的一段管道。

4. **失效可能性**（failure probability）

管段发生泄漏事故的可能性大小。

5. **失效后果**（failure consequence）

管段发生泄漏事故后造成的人员伤亡、环境损失等不利影响的程度大小。

6.属性(attribute)

管道相关特征描述,包括管道本体特征、管道运行特征、周边环境特征等。

7.半定量评价法(semi-quantitative risk assessment method)

根据管道属性及其对风险的贡献大小建立指标体系,对各个管段失效可能性和失效后果进行评分,利用分值表示各个管段风险相对大小的管道风险评价方法。

二、评价原则与指标体系

(一)评价原则

1.数据的可靠性原则

管道风险评价所采用的数据应全面和准确。

2.讨论沟通原则

管道风险评价过程中应与运营企业相关人员进行讨论和沟通。

3.再评价原则

实施风险减缓措施后或当管道运行状况、周边环境发生较大变化时,应再次进行管道风险评价。

(二)指标体系

1.管道风险影响因素

(1)失效可能性影响因素包括:①腐蚀,如外腐蚀、内腐蚀和应力腐蚀开裂等;②管体制造与施工缺陷;③第三方损坏,如开挖施工破坏、打孔盗油(气)等;④地质灾害,如滑坡、崩塌和水毁等;⑤误操作。

(2)失效后果影响因素包括:①人员伤亡影响;②环境污染影响。

2.指标体系

油气管道半定量评价法的指标体系包括失效可能性指标(500分)和后果指标(500分)两大类指标。

(1)失效可能性指标。失效可能性指标总分值500分,其具体项目以及分值、权重的分配参见表4-1。

表4-1　失效可能性指标(500分)

指标类别	项　目	分值范围	评分说明
1.第三方损坏 (100分)	P1.1 埋深	0~15分	埋深得分按公式 $V=d\times13.1$ 计算　式中,V 为埋深评分;d 为该段的埋深,单位为米(m)。此项最大分值为15分。在钢管外加设钢筋混凝土涂层或加钢套管及其他保护措施,均对减少第三方损坏有利,可视同增埋深考虑,保护措施相当于埋深增值,具体如下:警示带,相当于 0.15m;50mm 厚水泥保护层,相当于 0.2m;100mm 厚水泥保护层,相当于 0.3m;加强水泥盖板,相当于 0.6m;钢套管,相当于 0.6m

续表

指标类别	项　目	分值范围	评分说明
1. 第三方损坏（100 分）	P1.2 巡线	0～15 分	巡线得分为巡线频率得分与巡线效果得分之积。巡线频率按以下评分：每日巡查，15 分；每周 4 次巡查，12 分；每周 3 次巡查，10 分；每周 2 次巡查，8 分；每周 1 次巡查，6 分；每月少于 4 次，而多于 1 次巡查，4 分；每月少于 1 次巡查，2 分；从不巡查，0 分。巡线效果根据是否对巡线工进行了培训与考核及其执行记录情况综合考虑，按以下评分：优，1 分；良，0.8 分；中，0.5 分；差，0 分
	P1.3 公众宣传	0～15 分	根据实施效果进行评分，无效果不得分，最大分值为 5，为以下评分之和：定期公众宣传，2 分；与地方沟通，2 分；走访附近居民，2 分；无，0 分
	P1.4 管道通行带与标识	0～5 分	根据标志是否清楚，以便第三方能明确知道管道的具体位置，使之注意，防止破坏管道，同时使巡线或检查人员能有效地检查，按以下评分：优，5 分；良，3 分；中，2 分；差，0 分
	P1.5 打孔盗油（气）	0～5 分	根据发生历史、当地社会治安状况和周边环境等因素，按以下评分：可能性低，15 分；可能性中等，8 分；可能性高，0 分
	P1.6 管道上方活动水平	0～15 分	根据管道周围或上方开挖施工活动的频繁程度，按以下评分：基本无活动，15 分；低活动水平，12 分；中等活动水平，8 分；高活动水平，0 分
	P1.7 管道定位与开挖响应	0～12 分	最大分值为 12 分，为以下各项评分之和：安装了安全预警系统，2 分；管道准确定位，3 分；开挖响应，5 分；有地图和信息系统，4 分；有经证实的有效记录，2 分；无，0 分
	P1.8 管道地面设施	0～8 分	按以下评分：无，8 分；有效防护，5 分；直接暴露，0 分
	P1.9 公众保护态度	0～5 分	根据管道沿线的公众对管道的保护态度，按以下评分：积极保护，5 分；一般，2 分；不积极，0 分
	P1.10 政府态度	0～5 分	根据沿线政府机关积极配合打击盗油（气）工作的积极性，按以下评分：积极保护，5 分；无所谓，2 分；抵触，0 分
2. 腐蚀（100 分）	P2.1 介质腐蚀性	0～12 分	按以下评分：无腐蚀性（管输产品基本不存在对管道造成腐蚀的可能性），12 分；中等腐蚀性（管输产品腐蚀性不明可归为此类），5 分；强腐蚀性（管输产品含有大量的杂质，如水、盐溶液、硫化氢等杂质，对管道会造成严重的腐蚀），4 分；特定情况下具有腐蚀性（产品没有腐蚀性，但其中有可能引入腐蚀性组分，如甲烷中的二氧化碳和水等），8 分
	P2.2 内腐蚀防护	0～8 分	多选，最大分值为 8，为以下各项评分之和：本质安全，8 分；处理措施，4 分；内涂层，4 分；内腐蚀监测，3 分；清管，2.5 分；注入缓蚀剂，2 分；无防护，0 分

指标类别	项　　目	分值范围	评 分 说 明
2. 腐蚀（100分）	P2.3 土壤腐蚀性	0~12分	按以下评分：低腐蚀性（土壤电阻率>50Ω·m，一般为山区、干旱、沙漠戈壁），12分；中等腐蚀性（20Ω·m<土壤电阻率<50Ω·m，一般为平原庄稼地），8分；高腐蚀性（土壤电阻率<20Ω·m，pH值、含水率、微生物的综合考量的指标，一般为盐碱地、湿地等），0分
	P2.4 阴极保护电位	0~8分	按以下评分：−0.85~1.2V，8分；−1.2~−1.5V；6分；不在规定范围，2分；无，0分
	P2.5 阴保电位检测	0~6分	按以下评分：都按期进行检测，6分；每月1次通电电位检测，4分；每年1次断电电位检测，3分；都没有检测，0分
	P2.6 恒电位仪	0~5分	按以下评分：运行正常，5分；运行不正常，0分
	P2.7 杂散电流干扰	0~10分	按以下评分：无，10分；交流干扰已防护，10分；直流干扰已防护，8分；屏蔽，1分；交流干扰未防护，4分；直流干扰未防护，0分
	P2.8 防腐层质量	0~15分	指钢管防腐层及补口处防腐层的质量，根据经验进行判定，按以下评分：好，15分；一般，10分；差，5分；无防腐层，0分
	P2.9 防腐层检漏	0~4分	按以下评分：按期进行，4分；没有按期进行，2分；没有进行，0分
	P2.10 保护工—人员	0~3分	按以下评分：人员充足，3分；人员严重不足，0分
	P2.11 保护工—培训	0~2分	按以下评分：每1年1次，2分；每2年1次，1.5分；每3年1次，1分；无培训，0分
	P2.12 外检测	0~10分	根据系统的外检测与直接评价情况，按以下评分：距今<5年，10分；距今5年至8年，6分；距今>8年，2分；未进行，0分
	P2.13 阴保电流	0~5分	根据防腐层类型和电流密度进行评分。 a. 三层PE防腐层按以下评分：电流密度<$10\mu A/m^2$，5分；电流密度为 10~$40\mu A/m^2$，3分；电流密度>$40\mu A/m^2$，0分。 b. 石油沥青及其他类防腐层按以下评分：电流密度<$40\mu A/m^2$，5分；电流密度为 40~$200\mu A/m^2$，3分；电流密度>$200\mu A/m^2$，0分
	P2.14 管道内检测修正系数	100%	管道内检测修正系数根据内检测精度和内检测距今时间来评分。 a. 高清按以下评分：未进行，100%；距今>8年，100%；距今3年至8年，75%；距今<3年，50%。 b. 标清按以下评分：未进行，100%；距今>8年，100%；距今3年至8年，85%；距今<3年，70%。 c. 普通按以下评分：未进行，100%；距今>8年，100%；距今3年至8年，95%；距今<3年，90%。 （乘以2.1至2.13得分之和，即为最终评分）

续表

指标类别	项　目	分值范围	评分说明
3. 制造与施工缺陷（100分）	P3.1 运行安全裕量	0～15分	此项评分时可按公式计算：运行安全裕量评分＝（设计压力/最大正常运行压力－1）×30，此项最大分值为15
	P3.2 设计系数	0～10分	根据与地区等级对应管道的设计系数，按以下评分：0.4，10分；0.5，9分；0.6，8分；0.7，7分；0.8，1分
	P3.3 疲劳	0～10分	根据比较大的压力波动次数，如泵/压缩机的启停，按以下评分：≤1次/周，10分；＞1次/周且≤13次/周，8分；＞13次/周且≤26次/周，6分；＞26次/周且≤52次/周，4分；＞52次/周，0分
	P3.4 水击危害	0～10分	根据保护装置、防水击规程、员工熟练操作程度，按以下评分：不可能，10分；可能性小，5分；可能性大，0分
	P3.5 压力试验系数	0～5分	指水压试验/打压的压力与设计压力的比值，按以下评分：＞1.40，5分；＞1.25且≤1.40，3分；＞1.11且≤1.25，2分；≤1.11，1分；未进行压力试验，0分
	P3.6 轴向焊缝缺陷	0～20分	钢管在制管厂产生的缺陷，根据运营历史经验和内检测结果，按以下评分：无，20分；轴向焊缝缺陷，15分；严重轴向焊缝缺陷，0分
	P3.7 环向焊缝缺陷	0～20分	根据运营历史经验和内检测结果，按以下评分：无，20分；环向焊缝缺陷，15分；严重环向焊缝缺陷，0分
	P3.8 管体缺陷修复	0～10分	按以下评分：及时修复，10分；不需要修复，10分；未及时修复，0分
	P3.9 管道内检测修正系数	100%	同P2.14。（乘以P3.1至P3.8得分之和，即为最终评分）
4. 误操作（100分）	P4.1 危害识别	0～6分	根据站队的危险源辨识、风险评价、风险控制等风险管理情况，按以下评分：全面，6分；一般，3分；无，0分
	P4.2 达到最大许用操作压力（MAOP）的可能性	0～15分	根据管道运行过程中运行压力达到MAOP的可能性情况，按以下评分：不可能，15分；极小可能，12分；可能性小，5分；可能性大，0分
	P4.3 安全保护系统	0～10分	按以下评分：本质安全，10分；两级或两级以上就地保护，8分；远程监控，7分；仅有单级就地保护，6分；远程监测或超压报警，5分；他方拥有，证明有效，3分；他方拥有，无联系，1分；无，0分
	P4.4 规程与作业指导	0～15分	根据操作规程、作业指导书及执行情况，按以下评分：受控（工艺规程保持最新，执行良好），15分；未受控（有工艺规程，但没有及时更新，或多版本共存，或没有认真执行），6分；无相关记录，0分
	P4.5 SCADA通信与控制	0～5分	根据现场与调控中心间的沟通核对工作方式，按以下评分：有沟通核对，5分；无沟通核对，0分

指标类别	项　目	分值范围	评 分 说 明
4.　误操作 （100分）	P4.6 健康检查	0～2分	按以下评分：有，2分；无，0分
	P4.7 员工培训	0～10分	多选，最大分值为70，为以下各项评分之和：通用科目—产品特性，3分；通用科目—维修维护，1分；岗位操作规程，2分；应急演练，1分；通用科目—控制和操作，1分；通用科目—管道腐蚀，1分；通用科目—管材应力，1分；定期再培训，1分；测验考核，2分；无，0分
	P4.8 数据与资料管理	0～12分	根据保存管道和设备设施的资料数据管理系统情况，按以下评分：完善，12分；有，6分；无，0分
	P4.9 维护计划执行	0～10分	按以下评分：好，10分；一般，5分；差，0分
	P4.10 机械失误的防护	0～15分	多选，最大分值为15，为以下各项评分之和：关键操作的计算机远程控制，10分；联锁旁通阀，6分；锁定装置，5分；关键操作的硬件逻辑控制，5分；关键设备操作的醒目标志，4分；无，0分
5.　地质灾害 （100分）	P5.1 已识别灾害点（100分）	100分	已识别灾害点评分为以下三项得分的乘积（$a \times b \times c$）。 a. 已识别灾害点—易发性。潜在点发生地质灾害的可能性，如滑坡，应考虑发生滑动的可能性，按以下评分：低，10分；较低，9分；中，8分；较高，7分；高，6分。 b. 已识别灾害点—管道失效可能性。灾害发生后造成管道泄漏的可能性，按以下评分：低，10分；较低，9分；中，8分；较高，7分；高，6分。 c. 已识别灾害点—治理情况。按以下评分：没有必要，100%；防治工程合理有效，95%；防治工程轻微破损，90%；已有工程受损，但仍能正常起到保护作用，80%；已有工程严重受损，或者存在设计缺陷，无法满足管道保护要求，60%；无防治工程（包括保护措施）或防治工程完全毁损，50%
	P5.2 地形地貌	0～25分	按以下评分：平原，25分；沙漠，20分；中低山、丘陵，15分；黄土区、台田地，15分；高山，10分
	P5.3 降雨敏感性	0～10分	根据降水导致的地质灾害的可能性，按以下评分：低，10分；中，6分；高，2分
	P5.4 土体类型	0～20分	按以下评分：完整基岩，20分；薄覆盖层（土层厚度大于或等于2m），18分；薄覆盖层（土层厚度小于2m），12分；破碎基岩，10分
	P5.5 管道敷设方式	0～25分	按以下评分：无特殊敷设，25分；沿山脊敷设，22分；爬坡纵坡敷设，18分；在山前倾斜平原敷设，18分；在台田地敷设，18分；在湿陷性黄土区敷设，15分；切坡敷设，与伴行路平行，15分；穿越或短距离在季节性河床内敷设，15分；在季节性河流河床内敷设，10分
	P5.6 人类工程活动	0～15分	根据人类工程对地质灾害的诱发性，按以下评分：无，15分；堆渣，12分；农田，12分；水利工程、挖砂活动，8分；取土采矿，8分；线路工程建设，8分
	P5.7 管道保护状况	0～5分	按以下评分：有硬覆盖、稳管等保护措施，5分；无额外保护措施，0分

（2）后果指标。后果指标总分值500分，由介质危害性（10分）、影响对象（10分）和泄漏扩散影响系数（6分）三个因素综合计算得来。

① 介质危害性（10分）。介质危害性得分为介质危害得分与介质危害修正得分之和，最大分值为10，见表4-2。

表4-2　介质危害性评分

介质危害得分		介质危害修正得分		
介质类别	评分	介质类别	压力	评分
天然气	9分	输气管道	内压大于13MPa	2分
			内压大于3.5MPa且小于13MPa	1分
汽油	9分		内压大于0MPa且小于3.5MPa	0分
原油	8分	输油管道	内压大于7MPa	1分
煤油	8分		内压大于0MPa且小于7MPa	0分
柴油	7分			

② 影响对象（10分）。按输气管道和输油管道两种类型进行评分，最大分值为10，见表4-3和表4-4。

表4-3　输气管道的影响对象得分

输气管道的影响对象得分为以下两项评分之和			
人口密度评分		其他影响评分	
人口密度类型	评分	设施或场所类别	评分
城市	7分	码头、机场	2分
特定场所	6分	易燃易爆仓库	2分
城镇	5分	铁路、高速公路	2分
村屯	4分	军事设施	1.5分
零星住户	3分	省道、国道	1.5分
其他	2分	国家文物	1分
荒无人烟	1分	其他油气管道	1分
		其他	1分
		保护区	0.5分
		无	0分

表4-4　输油管道的影响对象得分

输油管道的影响对象得分为以下三项评分之和					
人口密度评分		环境污染评分		其他影响评分	
人口密度类型	评分	饮用水源	5分	设施或场所类别	评分
城市	5分	常年有水河流	4分	码头、机场	2分
特定场所	4.5分	湿地	3分	易燃易爆仓库	2分
城镇	4分	季节性河流	3分	铁路、高速公路	2分

续表

人口密度评分		环境污染评分		其他影响评分	
人口密度类型	评分	池塘、水渠	2.5分	设施或场所类别	评分
村屯	3分	无	1分	军事设施	1.5分
零星住户	2分			国家文物	1分
其他	1.5分			其他	1分
荒无人烟	1分			无	0分

③ 泄漏扩散影响系数(6分)。泄漏扩散影响系数评分可根据表 4-5 进行插值计算获得。

表 4-5 泄漏扩散影响系数评分表

泄 漏 值	分值/分	泄 漏 值	分值/分
24370	6	7762	3.2
13357	5.5	7057	2.9
12412	5.1	6756	2.8
12143	5	5431	2.2
11746	4.8	4789	2
11349	4.7	4481	1.8
10747	4.4	1288	0.5
10018	4.1	949	0.4
8966	3.7		

泄漏扩散影响系数分值根据介质不同,选择式(4-1)或式(4-2)进行计算:

$$气体泄漏分值 = \sqrt{d^2 \cdot p} \cdot MW \times 0.474 \qquad (4\text{-}1)$$

$$液体泄漏分值 = \frac{\lg(m \times 1.1023)}{\sqrt{T \times 9/5 + 32}} \times 20000 \qquad (4\text{-}2)$$

式中,d 为管径,单位为毫米(mm);p 为运行压力,单位为兆帕(MPa);MW 为介质相对分子质量;m 为最大泄漏量的液体质量,单位为千克(kg);T 为沸点(至少50%的馏点时的沸点),单位为摄氏度(℃)。

三、数据收集与整理

根据表 4-1 中所列指标进行风险评价属性数据收集,参照表 4-6 和表 4-7 的格式进行整理。管段属性数据格式及示例见表 4-6,管道单点属性数据格式及示例见表 4-7。

表 4-6 管段属性数据格式

属性编号	属性名称	起始里程/km	终止里程/km	属性值	备注
1	设计系数	20.0	35.0	0.5	三级地区

表 4-7　管道单点属性数据格式

属性编号	属性名称	里程/km	属性值	备注
2	高程	70.1	541.786	5号阀池

收集数据的方式有踏勘、与管道管理人员访谈和查阅资料等,一般需要收集以下资料。

(1) 管道基本参数,如管道的运行年限、管径、壁厚、管材等级及执行标准、输送介质、设计压力、防腐层类型、补口形式、管段处敷设方式、里程桩及管道里程等。

(2) 管道穿跨越、阀室等设施。

(3) 管道通行带的遥感或航拍影像图和线路竣工图。

(4) 施工情况,如施工单位、监理单位、施工季节、工期等。

(5) 管道内外检测报告,内容应包括内、外检测及结果情况。

(6) 管道泄漏事故历史,含打孔盗油。

(7) 管道高后果区、关键段统计,管道周围人口分布。

(8) 管道输量、管道运行压力报表。

(9) 阴保电位报表以及每年的通/断电电位测试结果。

(10) 管道更新改造工程资料,含管道改线、管体缺陷修复、防腐层大修、站场大的改造等。

(11) 第三方交叉施工信息表及相关规章制度,如开挖响应制度。

(12) 管道地质灾害调查/识别,以及危险性评价报告。

(13) 管输介质的来源和性质、油品/气质分析报告。

(14) 管道清管杂质分析报告。

(15) 管道初步设计报告及竣工资料。

(16) 管道安全隐患识别清单。

(17) 管道环境影响评价报告。

(18) 管道安全评价报告。

(19) 管道维抢修情况及应急预案。

(20) 站场危险与可操作性(HAZOP)分析及其他危害分析报告。

(21) 是否安装有泄漏监测系统、安全预警系统等情况。

(22) 其他相关信息。

四、管道分段

管道风险计算以管段为单元进行。可采用关键属性分段或全部属性分段两种方式。管段划分方式应优先选用全部属性分段。

关键属性分段是指考虑高后果区、管材、管径、压力、壁厚、防腐层类型、地形地貌、站场位置等管道的关键属性数据,比较一致时划分为一个管段。以各管段为单元收集整理管道属性数据,进行风险计算。

全部属性分段是指收集所有管道属性数据后，当任何一个管道属性沿管道里程发生变化时，插入一个分段点，将管道划分为多个管段，针对每个管段进行风险计算。

五、风险计算与结果分析

1. 风险计算

对每个管段计算失效可能性分值 P 和失效后果分值 C，并按式(4-3)进行风险值计算。

$$R_i = (DS_i + FS_i + ZS_i + WO_i + DZ_i)/HG_i \tag{4-3}$$

式中，R_i 为第 i 个管段的风险值；DS_i 为第 i 个管段的第三方损坏分值；FS_i 为第 i 个管段的腐蚀分值；ZS_i 为第 i 个管段的制造与施工缺陷分值；WO_i 为第 i 个管段的误操作分值；DZ_i 为第 i 个管段的地质灾害分值；HG_i 为第 i 个管段的后果分值。

式(4-3)中的第 i 个管段的第三方损坏分值 DS_i、腐蚀分值 FS_i、制造与施工缺陷分值 ZS_i、误操作分值 WO_i、地质灾害分值 DZ_i，按照表 4-1 列出的评分项目及评分标准，分别由式(4-4)～式(4-8)计算得出。

$$DS_i = P1.1 + P1.2 + P1.3 + P1.4 + P1.5 + P1.6 + P1.7 + P1.8 + P1.9 + P1.10 \tag{4-4}$$

$$FS_i = 100 - [100 - (P2.1 + P2.2 + P2.3 + P2.4 + P2.5 + P2.6 + P2.7 + P2.8 \\ + P2.9 + P2.10 + P2.11 + P2.12 + P2.13)] \times 2.14 \tag{4-5}$$

$$ZS_i = 100 - [100 - (P3.1 + P3.2 + P3.3 + P3.4 + P3.5 + P3.6 + P3.7 + P3.8)] \times 3.9 \tag{4-6}$$

$$WO_i = P4.1 + P4.2 + P4.3 + P4.4 + P4.5 + P4.6 + P4.7 + P4.8 + P4.9 + P4.10 \tag{4-7}$$

$$DZ_i = \text{MIN}[P5.1, (P5.2 + P5.3P + P5.4 + P5.5 + P5.6 + P5.7)] \tag{4-8}$$

注：$\text{MIN}(x_1, x_2, \cdots, x_n)$ 表示从 $x_1, x_2, \cdots, x_n$ 中找出最小值。

第 i 个管段的后果分值 HG_i 按照式(4-9)计算得出。

$$HG_i = 介质危害性得分 \times 影响对象得分 \times 泄漏扩散影响系数得分 \tag{4-9}$$

评分时应注意以下几点。

(1) 采用最坏假设，一些未知的情况应给予较低的评分。

(2) 保持评分的一致性。

(3) 必要时添加备注，进行情况说明，增加评分结果的可追溯性。

2. 风险值统计

完成各管段评分及风险值计算后，应进行计算结果汇总。各管段的风险值按照表 4-8 进行统计。

表 4-8　管道风险值统计表

管段编号 i	管段起始里程/km	管段终止里程/km	失效可能性	失效后果	风险值 R_i	备注
i						

根据表 4-8,可绘制一些直观的图表来展示风险值。常用的风险图表有风险折线图,如图 4-1 所示。其中,横坐标为管道里程,纵坐标为管道风险值。另外,也可以参照绘制管道失效可能性折线图、管道失效后果折线图等。采用典型的风险直方图,如图 4-2 所示。绘制出 4×4 风险矩阵图,如图 4-3 所示。

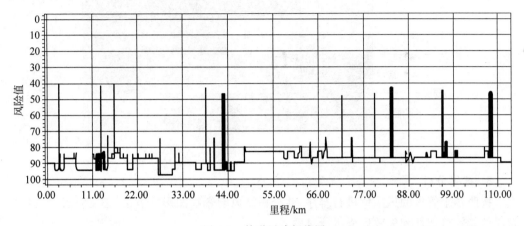

图 4-1 管道风险折线图

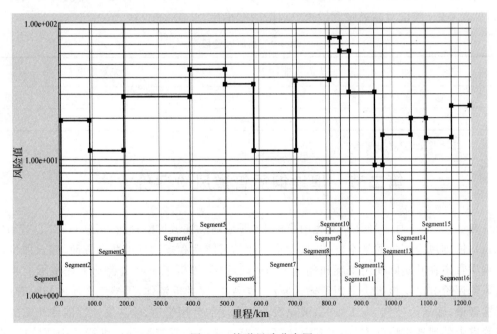

图 4-2 管道风险分布图

图 4-3 中,横坐标表示失效后果,中间三条线界限值分别为 30、40、50,纵坐标表示发生 8 类危害的总可能性(此处是将每一类危害发生的可能性累加),中间三条线界限值分别为 2.6、2.8、3.0。图 4-3 中,Ⅳ区表示风险很高,需要采取措施削减;Ⅲ区表示风险较高,需要密切关注;Ⅱ区表示风险大小一般;Ⅰ区表示风险可忽略。

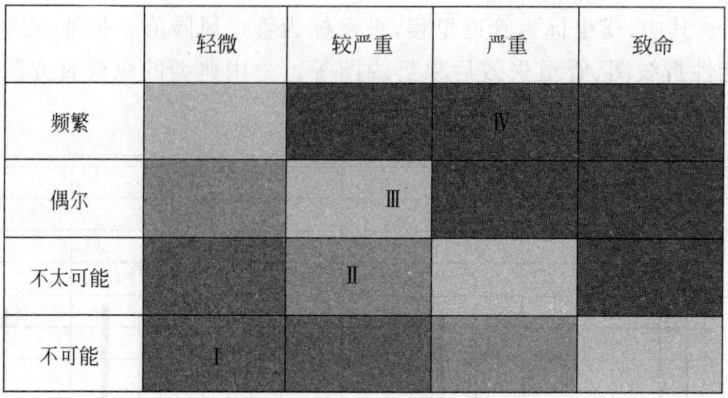

	轻微	较严重	严重	致命
频繁			Ⅳ	
偶尔		Ⅲ		
不太可能		Ⅱ		
不可能	Ⅰ			

图 4-3　风险矩阵图

3. 结果分析

按照各个管段的风险值进行排序,并分析高风险管段的影响因素,必要时也可按各个管段的失效可能性和失效后果进行排序。

按照风险计算结果对管段进行风险等级划分。满足以下条件之一应视为高风险管段,见表 4-9。建议对高风险管段采取风险减缓措施。

表 4-9　高风险管段

序号	失效可能性 P	失效后果 C
1	$P<381$ 且 $C>66$	
2	$P<409$ 且 $C>134$	

第二节　埋地钢质管道风险评价方法

自 2012 年 5 月 1 号开始实施国家标准《埋地钢质管道风险评价方法》(GB/T 27512-2011),依据风险评价的基本原理,从发生事故的可能性和事故后果两个方面,综合评价埋地钢质管道在其实际使用工况和环境下的风险程度,提出了一种适合于工程实际的半定量风险评价方法。该方法适用于输送原油、成品油、腐蚀性液体、天然气介质的长输管道、集输管道,输送天然气、人工煤气、液化石油气介质的公用管道,输送腐蚀性液体介质的工业管道中的埋地钢质管道,用于其埋地部分、跨越部分和露管部分在可行性论证阶段、设计审查阶段、竣工验收阶段、在用阶段四个阶段的风险评价,不适用于非钢质长输管道、集输管道、公用管道、输送腐蚀性液体介质的工业管道的风险评价,也不适用于长输管道、集输管道、公用管道、输送腐蚀性液体介质的工业管道的站场中的各种装置、设备本身的风险评价。

一、采用的术语、定义和符号

1. 术语、定义

下列术语和定义适用于《埋地钢质管道风险评价方法》(GB/T 27512-2011)。

(1) 输气管道(long-distance gas transmitting pipeline)：输送天然气、煤气、液化石油气介质的长输管道。

(2) 集气管道(gas gathering lines)：油田内部自一级油气分离器至天然气的商品交接点之间的气管道。

(3) 输油管道(long-distance oil transmitting pipeline)：输送原油、成品油的长输管道。

(4) 集油管道(crude gathering lines)：油田内部计量分离器至有关场站间输送气液两相或未经处理的液流管道。

(5) 半定量风险评价(semi-quantity risk assessment)：按照评分体系对影响失效可能性和失效后果的各种因素进行打分，并综合得出以分数表示的风险值的过程。

(6) 区段(section)：为对管道进行风险评价而将管道划分成的各个部分，是管道风险评价的最小单位。

(7) 失效可能性(failure probability)：管道发生事故的可能性，以分数表示。

(8) 失效可能性评分基本模型(basic model for failure probability assessment)：在对管道失效可能性评分时，应采用统一的失效可能性评分模型，该模型包括影响管道失效的基本因素，即评分项，并给出了这些评分项的默认权重。

(9) 失效可能性评分修正模型(modified model for failure probability assessment)：针对所评价的管道所确定的失效可能性评分模型，即根据所评价管道所处特定条件所确定的影响管道失效的因素(即评分项)，并给出了这些评分项的权重。

(10) 第三方破坏(third-party damage)：除管道业主、使用管理维护方之外的其他人员无意中对管道造成的破坏。

(11) 管道本质安全质量(pipeline essential safety quality)：由管道设计、制造、施工、地质条件、自然灾害、缺陷等因素所决定的管道安全水平。

(12) 失效后果(failure consequence)：潜在的管道泄漏、燃烧、爆炸等事故所可能引起的最严重的人员伤亡、直接经济损失、无形损失等后果，以分数表示。

(13) 直接经济损失(directly economic loss)：由于管道泄漏、燃烧、爆炸等事故所造成的管道业主的不包括停工损失等间接损失的经济损失，在计算直接经济损失时不考虑由于该事故所引起的次生事故所造成的损失。

(14) 无形损失(invisible loss)：由于管道泄漏、燃烧、爆炸等事故所造成的非经济损失，包括政治、社会、军事等方面的损失。

(15) 风险值(risk value)：以分数表示的失效可能性与失效后果的乘积。

(16) 风险绝对等级(risk absolute grade)：将[0,15000]划分为预先给定的若干个区间，根据风险值所属的区间所确定的等级。

(17) 风险相对等级(risk relative grade)：将"同一管道上的风险最小值，同一管道上的风险最大值"划分为若干个区间,根据风险值所属的区间所确定的等级。

2. 符号含义

在《埋地钢质管道风险评价方法》(GB/T 27512-2011)中,所用的符号含义如下。

- a_{11}——针对设计审查阶段的失效可能性评分修正模型中设计控制得分的修正系数,无量纲;
- a_{12}——针对设计审查阶段的失效可能性评分修正模型中施工控制得分的修正系数,无量纲;
- a_{13}——针对设计审查阶段的失效可能性评分修正模型中第三方破坏控制得分的修正系数,无量纲;
- a_{14}——针对设计审查阶段的失效可能性评分修正模型中腐蚀控制得分的修正系数,无量纲;
- a_{21}——针对竣工交付阶段的失效可能性评分修正模型中第三方破坏得分的修正系数,无量纲;
- a_{22}——针对竣工交付阶段的失效可能性评分修正模型中腐蚀得分的修正系数,无量纲;
- a_{23}——针对竣工交付阶段的失效可能性评分修正模型中设备(装置)及人员培训得分的修正系数,无量纲;
- a_{24}——针对竣工交付阶段的失效可能性评分修正模型中本质安全质量得分的修正系数,无量纲;
- a_{31}——针对在用管道的失效可能性评分修正模型中第三方破坏得分的修正系数,无量纲;
- a_{32}——针对在用管道的失效可能性评分修正模型中腐蚀得分的修正系数,无量纲;
- a_{33}——针对在用管道的失效可能性评分修正模型中设备(装置)及操作得分的修正系数,无量纲;
- a_{34}——针对在用管道的失效可能性评分修正模型中本质安全质量得分的修正系数,无量纲;
- C——失效后果得分,无量纲;
- C_d——泄漏系数,无量纲;
- C_p——理想气体的定压比热,$J \cdot g^{-1}/K$;
- C_v——理想气体的定容比热,$J \cdot g^{-1}/K$;
- K——C_p 与 C_v 的比值,无量纲;
- d_1——设计规范要求的覆土层最小厚度,mm;
- d_2——设计的覆土层厚度,mm;
- d_3——实际的覆土层厚度,mm;
- g_c——转变系数,无量纲;
- M——介质分子量,g/mol;
- N——从管道投用后到所进行的风险评价期间,工作压力的波动次数,无量纲;

- P——管道内介质压力，MPa；
- P_1——管道设计压力，MPa；
- P_{max}——管道组成件的最大允许工作压力，MPa；
- P_{maxZ}——管道最高工作压力，MPa；
- P_2——管道强度试验压力，MPa；
- P_a——大气压力，MPa；
- P_{criti}——临界压力，MPa；
- P'——液体介质的静水压，MPa；
- q——距离发生泄漏的区段最近的上下游紧急切断阀之间的介质量，kg；
- Q——介质泄漏量，kg；
- R——风险值，无量纲；
- R'——理想气体常数，无量纲；
- S——失效可能性得分，无量纲；
- S_{11}——针对设计审查阶段的失效可能性评分中设计控制得分，无量纲；
- S_{12}——针对设计审查阶段的失效可能性评分中施工控制得分，无量纲；
- S_{13}——针对设计审查阶段的失效可能性评分中第三方破坏控制得分，无量纲；
- S_{14}——针对设计审查阶段的失效可能性评分中腐蚀控制得分，无量纲；
- S_{21}——针对竣工交付阶段的失效可能性评分中第三方破坏得分，无量纲；
- S_{22}——针对竣工交付阶段的失效可能性评分中腐蚀得分，无量纲；
- S_{23}——针对竣工交付阶段的失效可能性评分中设备（装置）及人员培训得分，无量纲；
- S_{24}——针对竣工交付阶段的失效可能性评分中本质安全质量得分，无量纲；
- S_{31}——针对在用阶段的失效可能性评分中第三方破坏得分，无量纲；
- S_{32}——针对在用阶段的失效可能性评分中腐蚀得分，无量纲；
- S_{33}——针对在用阶段的失效可能性评分中设备（装置）及人员培训得分，无量纲；
- S_{34}——针对在用阶段的失效可能性评分中本质安全质量得分，无量纲；
- S_k——泄漏孔面积，mm^2；
- t——泄漏持续时间，s；
- t_1——管道所需要的最小壁厚，为设计计算值（如果相应规范规定采用计算的方式确定壁厚）和相应设计规范要求的最小值（如果相应规范给出最小值）两者中的较大值，mm；
- t_2——管道设计所选用的壁厚，mm；
- t_3——管道实测最小壁厚，mm；
- T——介质温度，K；
- W_g——介质泄漏速度，kg/s；
- y——从管道上次强度试验到所进行的风险评价之间的时间，年；
- Y——埋地钢质管道外防腐层的电流衰减率，db/m；
- ρ——介质在泄漏温度下的密度，g/cm^3；

- ΔP——管道工作压力的最大波动幅度，MPa。

二、开展风险评价的基本要求

采用《埋地钢质管道风险评价方法》(GB/T 27512-2011)进行埋地钢质管道风险评价时，除应遵循本标准的规定外，还应遵守国家有关部门颁布的相关法律、法规和规章。该标准对管道的各区段进行评价，以风险值的大小对管道各区段作出综合评价。

1. 评价人员组成和评价单位的基本要求

（1）评价单位的基本要求：进行埋地钢质管道风险评价的单位，应根据评价对象的实际工况和环境，对所评价的区段明确地给出其风险值，并对高风险的区段，明确给出降低风险措施的建议。进行埋地钢质管道风险评价的单位，应对所评价管道的评价结论的正确性负责。

（2）评价人员组成：应由熟悉本标准、有经验的检验人员、材料和腐蚀专业人员、管道工艺专业人员、使用管理人员等技术人员组成风险评价团队，对埋地钢质管道进行风险评价。

2. 风险评价所需要的基本信息及来源

（1）可行性论证阶段的埋地钢质管道的风险评价，需要以下基本信息。

① 可行性论证单位资格。

② 工程概况及其研究结论。

③ 环境评价单位资格及其报告、地质评价单位资格及其报告、地震评价单位资格及其报告。

④ 其他有关资料。

（2）设计审查阶段的埋地钢质管道的风险评价，需要以下基本信息。

① 管道设计单位资格、设计图纸及有关计算书。

② 防腐设计单位资格、防腐设计资料。

③ 其他有关资料。

（3）竣工交付阶段的埋地钢质管道的风险评价，需要以下基本信息。

① 管道设计单位资格、设计图纸、安装施工图及有关计算书、设计变更单。

② 管道安装单位资格、防腐设计单位资格、监检单位和监检人员资格、监理单位和监理人员资格。

③ 施工过程中的施工联络单、各种修改记录、各种检验记录、竣工交付资料。

④ 使用单位巡线规程、操作规程、设备维护规程、人员培训规定等质量管理体系文件和应急预案。

⑤ 其他有关资料。

（4）在用埋地钢质管道的风险评价，需要以下基本信息。

① 管道设计单位资格、设计图纸、安装施工图及有关计算书、设计变更单。

② 管道安装单位资格、防腐设计单位资格、监检单位和监检人员资格、监理单位和监理人员资格。

③ 施工过程中的施工联络单、各种修改记录、各种检验记录、竣工交付资料。

④ 使用单位巡线规程、操作规程、设备维护规程、人员培训规定等质量管理体系文件和应急预案。

⑤ 管道运行记录、开停车记录、介质监测记录、检修记录、隐患监护措施实施情况记录、改造施工记录、巡线记录、故障处理记录、人员培训记录、人员考核记录。

⑥ 管道历次年度检查报告、全面检验或合于使用评价报告。

⑦ 其他有关资料。

对于竣工交付阶段和在用的埋地钢质管道,宜进行管道沿线环境调查和内检测或直接检测,以获得实际调查和检测数据。

如果无法通过资料收集或实际调查和检测获得上述基本信息,则可以采用以下方式间接获取所评价管道的基本信息,但应在风险评价报告中明确指出结论的有效性有所降低。

(1) 同地区的土壤检测数据。

(2) 同地区其他同类管道的检测数据。

(3) 不同地区其他同类管道的检测数据。

(4) 同地区与被评价管道同期建设的其他同类管道的基本信息。

(5) 与有关人员的访谈。

(6) 评价人员的经验。

3. 风险评价报告的基本要求

埋地钢质管道风险评价报告应至少包括以下方面的内容。

(1) 所评价管道的基本情况概述。

(2) 风险评价所需基本信息的来源。

(3) 管道区段划分。

(4) 失效可能性得分。

(5) 失效后果得分。

(6) 风险值。

(7) 高风险区段的风险来源分析及降低风险的措施。

(8) 风险评价周期。

4. 风险评价基本工作流程

埋地钢质管道风险评价的基本工作流程如下。

(1) 管道区段划分。

(2) 对每一区段,确定失效可能性得分。

(3) 对每一区段,确定失效后果得分。

(4) 对每一区段,确定风险值。

(5) 对每一区段,确定风险等级。

(6) 对高风险区段,给出降低风险措施的建议。

三、管道区段划分

《埋地钢质管道风险评价方法》(GB/T 27512-2011)要求按照以下原则进行管道区段

的划分。

（1）先按照管道压力进行区段划分。

（2）对按照管道压力划分的每一区段，按照管道规格再次进行区段划分。

（3）对按照管道规格划分的每一区段，按照管道使用年数再次进行区段划分。

（4）对按照管道使用年数划分的每一区段，按照管道输送介质的腐蚀性再次进行区段划分。

（5）对按照管道输送介质的腐蚀性划分的每一区段，按照管道沿线人口密度再次进行区段划分。

（6）对按照管道沿线人口密度划分的每一区段，按照管道沿线土壤的腐蚀性再次进行区段划分。

（7）对按照管道沿线土壤的腐蚀性划分的每一区段，按照管道沿线杂散电流状况再次进行区段划分。

（8）对按照管道沿线杂散电流状况划分的每一区段，按照管道外覆盖层状况再次进行区段划分。

（9）对按照管道外覆盖层状况划分的每一区段，按照管道阴极保护状况再次进行区段划分。

（10）对按照管道阴极保护状况划分的每一区段，按照管道沿线土壤工程地质条件再次进行区段划分。

（11）对按照管道沿线土壤工程地质条件划分的每一区段，按照管道沿线附近建筑物的密集程度和重要程度再次进行区段划分。

四、失效可能性评价

1. 评价模型的采用

如果风险评价的目的是为政府安全监察提供技术数据，则采用基本模型。如果风险评价的目的是为企业安全管理提供技术数据，则采用修正模型。如果风险评价的目的是既为政府安全监察提供技术数据，又为企业安全管理提供技术数据，则应同时采用基本模型和修正模型，形成两种风险评价结论。

采用修正模型时，应遵循以下原则。

（1）修正模型应根据企业营运管道所处环境条件的客观实际，在基本模型的架构下调整相关因素的评分权重，或增加所评价管道特有的风险因素，或在基本模型中剔除不影响所评管道各区段风险排序的风险因素。

（2）采用修正模型时应由熟悉本标准并且具有长期风险评价经验的评价单位在基本模型的基础上确定修正模型。

（3）修正模型仅适用于其所针对的管道。

2. 埋地钢质管道可行性论证阶段的失效可能性评分

埋地钢质管道可行性论证阶段失效可能性评分基本模型，从单位资质和质量体系、与规划的符合性、管道基本情况和周围环境状况四个方面对埋地钢质管道可行性论证阶段失效可能性进行半定量评分。每个方面的得分为其下设的一个或多个评分项得分之和，从每个评分项下设的各列项中单一选择最接近实际情况的列项，从而确定该评分项的得分。

当采用基本模型进行失效可能性评分时，按照表 4-10 规定的评分项、评分项的权重和评分细则进行评分，失效可能性得分 S 等于 100 减去各个评分项得分之和。

表 4-10　埋地钢质管道可行性论证阶段失效可能性评分基本模型（100 分）

评分指标	评分项目	分值	评分细则
单位资质和质量体系（14 分）	可行性论证单位资质和业绩	0～8	
	建设单位质量管理体系	0～6	
与总体规划的符合性（14 分）	与总体规划的符合性	0～14	
管道基本情况（36 分）	管道选材	0～7	参见《埋地钢质管道风险评价方法》（GB/T 27512-2011）附录 A
	防腐层和/或阴极保护系统	0～7	
	不良地质条件	0～10	
	加强措施	0～6	
	净距控制和/或安全保护措施	0～6	
周围环境状况（36 分）	拟建管道区段沿线人口密度	0～7	
	拟建管道区段沿线交通繁忙程度	0～10	
	大气腐蚀性	0～3	
	介质腐蚀性	0～8	
	土壤腐蚀性	0～8	
埋地钢质管道可行性论证阶段失效可能性评分＝100－上述各个评分项得分之和			

当采用修正模型进行失效可能性评分时，应针对所评价管道，结合管道可行性论证方面的专家意见，在基本模型的基础上确定针对具体情况的修正模型，并按照修正模型进行评分，失效可能性得分 S 等于 100 减去各个评分项得分之和。

3. 埋地钢质管道设计审查阶段的失效可能性评分

埋地钢质管道设计审查阶段失效可能性评分基本模型，从设计控制、施工控制、第三方破坏控制和腐蚀控制四个方面对埋地钢质管道设计审查阶段失效可能性进行半定量评分。每个方面的得分为其下设的一个或多个评分项得分之和，下设子评分项的得分为其下设所有子评分项得分之和。从每个评分项或子评分项下设的各列项中，单一选择最接近实际情况的列项，从而确定该评分项或子评分项的得分。

当采用基本模型进行失效可能性评分时，按照表 4-11 规定的评分项及其层次关系、评分的权重和评分细则进行评分，分别确定设计控制得分 S_{11}、施工控制得分 S_{12}、第三方破坏控制得分 S_{13}、腐蚀控制得分 S_{14}，按照式（4-10）计算失效可能性得分 S：

$$S = 100 - (0.40S_{11} + 0.15S_{12} + 0.30S_{13} + 0.15S_{14}) \tag{4-10}$$

表 4-11　埋地钢质管道设计审查阶段失效可能性评分基本模型

评 分 指 标	评 分 项 目		分值	评 分 细 则
设计控制(100分)	设计单位资质		0~9	
	设计人员资质		0~9	
	设计规范选用		0~9	
	设计更改		0~4	
	设计文件审批		0~5	
	危险识别		0~5	
	与总体规划的符合性		0~5	
	风雪载荷(风载荷2；雪载荷2)		0~4	
	自然灾害及其防范措施(14分)	滑坡及泥石流防范措施	0~5	
		防震措施	0~5	
		抵御洪水能力	0~2	
		其他地质稳定性	0~2	
	壁厚控制	选材控制	0~7	参见《埋地钢质管道风险评价方法》(GB/T 27512-2011)附录B
		壁厚计算与/或选择	0~7	
		额外壁厚	0~2	
	应力控制	应力计算或校核	0~8	
		额外的压力安全裕度	0~1	
	锚固件的控制		0~3	
	安全保护装置的控制		0~3	
	净距控制或安全保护装置		0~5	
施工控制(100分)	管道元件质量控制的规定		0~20	
	管道安装质量控制的规定		0~10	
	管道监检的规定		0~30	
	管道监理的规定		0~24	
	管道建设单位质量管理		0~16	
第三方破坏控制(100分)	地面活动水平		0~35	
	地面装置及其保护措施		0~15	
	管道设计埋深		0~35	
	管道标识		0~15	
腐蚀控制(100分)注：以输气管道为例	大气腐蚀控制		0~10	
	内腐蚀控制		0~15	
	土壤腐蚀控制		0~75	

当采用修正模型进行失效可能性评分时,应针对所评价管道,结合管道设计方面的专家意见,在基本模型的基础上确定针对具体情况的修正模型,确定评分项和评分项的权重,并且进行归一化处理,保证设计控制、施工控制、第三方破坏控制、腐蚀控制的权重均为100,同时各个评分项的权重等于由其分解而得到的各个子评分项的权重之和。按照修正模型进行评分,分别确定设计控制得分 S_{11}、施工控制得分 S_{12}、第三方破坏控制得分 S_{13}、腐蚀控制得分 S_{14},按照式(4-11)计算失效可能性得分 S:

$$S = 100 - (a_{11}S_{11} + a_{12}S_{12} + a_{13}S_{13} + a_{14}S_{14}) \tag{4-11}$$

式中，$a_{11}+a_{12}+a_{13}+a_{14}=1$。

如果所评价的区段中存在强度设计不满足相关标准、规范规定的最小强度要求的情况，应将失效可能性得分 S 调整为 100 分。

4. 竣工交付阶段埋地钢质管道的失效可能性评分

埋地钢质管道竣工交付阶段失效可能性评分基本模型，从第三方破坏、腐蚀、设备（装置）及人员培训、管道本质安全质量四个方面对埋地钢质管道竣工交付阶段失效可能性进行半定量评分。每个方面的得分为其下设的一个或多个评分项得分之和，下设子评分项的评分项的得分为其下设所有子评分项得分之和。从每个评分项或子评分项下设的各列项中单一选择最接近实际情况的列项，从而确定该评分项或子评分项的得分。

当采用基本模型进行失效可能性评分时，按照表 4-12 规定的评分项及其层次关系、评分的权重和评分细则进行评分，分别确定第三方破坏得分 S_{21}、腐蚀得分 S_{22}、设备（装置）及人员培训得分 S_{23}、本质安全质量得分 S_{24}，按照式（4-12）计算失效可能性得分 S：

$$S = 100 - (0.30S_{21} + 0.10S_{22} + 0.15S_{23} + 0.45S_{24}) \tag{4-12}$$

表 4-12　埋地钢质管道竣工交付阶段失效可能性评分基本模型（400 分）

评分指标	评分项目	分值	评分细则
第三方破坏（100 分）	地面活动水平	0～23	参见《埋地钢质管道风险评价方法》（GB/T 27512-2011）附录 C
	埋深	0～25	
	地面装置及其保护措施	0～12	
	占压	0～6	
	管道施工带条件	0～4	
	巡线	0～14	
	对公众进行管道安全教育的计划	0～8	
	公众对管道的保护意识	0～8	
腐蚀（100 分） 注：以输气管道为例	大气腐蚀	0～10	
	内腐蚀	0～15	
	土壤腐蚀	0～75	
设备（装置）及人员培训（100 分）	设备（装置）功能及安全质量	0～40	
	设备（装置）维护保养规程	0～5	
	设备（装置）操作规程	0～6	
	人员培训与考核	0～20	
	安全管理制度	0～8	
管道本质安全质量（100 分）	防错装置	0～21	
	设计施工控制	0～74	
	检测及评价计划	0～8	
	自然灾害及其防范措施	0～18	

当采用修正模型进行失效可能性评分时，应针对所评价管道，结合当地的管道事故统计数据和设计、安装、使用、检验等方面的专家意见，在基本模型的基础上确定针对具体情况的修正模型，确定评分项和评分项的权重，并且进行归一化处理，保证第三方破坏、腐蚀、设备（装置）及人员培训、本质安全质量的权重均为100，同时各个评分项的权重等于

由其分解而得到的各个子评分项的权重之和。按照修正模型进行评分,分别确定三方破坏得分 S_{21}、腐蚀得分 S_{22}、设备(装置)及人员培训得分 S_{23}、本质安全质量得分 S_{24},按照式(4-13)计算失效可能性得分 S:

$$S = 100 - (a_{21}S_{21} + a_{22}S_{22} + a_{23}S_{23} + a_{24}S_{24}) \quad\quad (4\text{-}13)$$

式中,$a_{21} + a_{22} + a_{23} + a_{24} = 1$。

如果所评价的区段中存在以下情况,应将失效可能性得分 S 调整为 100 分:

(1)管道组成件不满足设计要求。

(2)实测最小壁厚低于管道所需要的最小壁厚。

(3)含有不能通过按照 GB/T 19624-2019 进行安全评定的平面缺陷或体积型缺陷。

(4)安全保护装置和措施不满足设计要求。

5. 在用埋地钢质管道的失效可能性评分

埋地钢质管道在用阶段失效可能性评分基本模型,从第三方破坏、腐蚀、设备(装置)及操作、管道本质安全质量四个方面对埋地钢质管道在用阶段失效可能性进行半定量评分。每个方面的得分为其下设的一个或多个评分项得分之和,下设子评分项的评分项的得分为其下设所有子评分项得分之和。从每个评分项或子评分项下设的各列项中单一选择最接近实际情况的列项,从而确定该评分项或子评分项的得分。

当采用基本模型进行失效可能性评分时,按照表 4-13 规定的评分项及其层次关系、

表 4-13   埋地钢质管道在用阶段失效可能性评分基本模型(400 分)

评 分 指 标	评 分 项 目	分值	评 分 细 则
第三方破坏(100 分)	地面活动水平	0~18	
	埋深	0~20	
	地面装置及其保护措施	0~9	
	占压	0~6	
	管道施工带条件	0~4	
	巡线	0~19	
	对公众进行管道安全教育	0~16	
	公众对管道的保护意识	0~8	
腐蚀(100 分) 注:以输气管道为例	大气腐蚀	0~10	参见《埋地钢质管道风险评价方法》(GB/T 27512-2011)附录 D
	内腐蚀	0~15	
	土壤腐蚀	0~75	
设备(装置)及人员操作(100 分)	设备(装置)功能及安全质量	0~25	
	设备(装置)维护保养	0~15	
	设备(装置)操作	0~23	
	人员培训与考核	0~20	
	安全管理制度	0~8	
	防错装置	0~9	
管道本质安全质量(100 分)	设计施工控制	0~47	
	检测及评价	0~33	
	自然灾害及其防范措施	0~19	
	其他评价项	0~1	

评分的权重和评分细则进行评分,分别确定第三方破坏得分 S_{31}、腐蚀得分 S_{32}、设备(装置)及人员操作得分 S_{33}、本质安全质量得分 S_{34},长输管道和集输管道按照式(4-14)计算失效可能性得分 S:

$$S = 100 - (0.25S_{31} + 0.25S_{32} + 0.25S_{33} + 0.25S_{34}) \qquad (4\text{-}14)$$

城市燃气管道和输送腐蚀性液体介质的工业管道按照式(4-15)计算失效可能性得分 S:

$$S = 100 - (0.30S_{31} + 0.30S_{32} + 0.10S_{33} + 0.30S_{34}) \qquad (4\text{-}15)$$

当采用修正模型进行失效可能性评分时,应针对所评价管道,结合当地的管道事故统计数据和设计、安装、使用、检验等方面的专家意见,在通用模型的基础上确定针对具体情况的修正模型,确定评分项和评分项的权重,并且进行归一化处理,保证第三方破坏、腐蚀、设备(装置)及人员操作、本质安全质量的权重均为 100,同时各个评分项的权重等于由其分解而得到的各个子评分项的权重之和。按照修正模型进行评分,分别确定第三方破坏得分 S_{31}、腐蚀得分 S_{32}、设备(装置)及人员操作得分 S_{33}、本质安全质量得分 S_{34},按照式(4-16)计算失效可能性得分 S:

$$S = 100 - (a_{31}S_{31} + a_{32}S_{32} + a_{33}S_{33} + a_{34}S_{34}) \qquad (4\text{-}16)$$

式中,$a_{31} + a_{32} + a_{33} + a_{34} = 1$。

如果所评价的区段中存在以下情况,应将失效可能性得分 S 调整为 100 分:

(1) 管道组成件不满足设计要求。

(2) 工作压力超过设计压力。

(3) 实测最小壁厚低于管道所需要的最小壁厚。

(4) 含有不能通过按照 GB/T 19624-2019 进行安全评定的平面缺陷或体积型缺陷。

(5) 安全保护装置和措施不满足设计要求。

五、失效后果评价

埋地钢质管道失效后果评分模型,从介质的短期危害性、介质的最大泄漏量、介质的扩散性、人口密度、沿线环境、泄漏原因和供应中断对下游用户影响七个方面对埋地钢质管道失效后果进行半定量评分。失效后果得分为每个方面的得分之和。每个方面的得分为其下设的一个或多个评分项得分之和,下设子评分项的评分项的得分为其下设所有子评分项得分之和。从每个评分项或子评分项下设的各列项中单一选择最接近实际情况的列项,从而确定该评分项或子评分项的得分。

按照表 4-14 规定的评分项及其层次关系、评分项的权重和评分细则进行评分,计算各个评分项得分之和,即为失效后果得分 C。

如果输气管道的区段存在下列情况之一,则将失效后果得分 C 调整为 150 分:

(1) 未避开 GB 50251-2003 所规定的必须避开的区域及设施;

(2) 未避开 GB 50251-2003 所规定的应避开的区域及设施,并且未采取安全保护措施。

如果输油管道的区段未避开 GB 50253-2006 所规定的不得通过的区域并且未采取安全保护措施,则将失效后果得分 C 调整为 150 分。

表 4-14　埋地钢质管道失效后果评分模型（150 分）

评分指标	评 分 项 目	分值	评分细则
介质的短期危害性（36 分）	介质燃烧性	0～12	
	介质反应性	0～12	
	介质毒性	0～12	
介质的最大泄漏量（20 分）	计算介质泄漏速度，估算泄漏量，估算泄漏的时间，调整泄漏量。如果可能的介质最大泄漏量镇 450kg，则为 1 分；如果可能的介质最大泄漏量∈（450kg,4500kg]，则为 8 分；如果可能的介质最大泄漏量∈（4500kg,45000kg]，则为 12 分；如果可能的介质最大泄漏量∈（45000,450000kg]，则为 16 分；如果可能的介质最大泄漏＞450000kg，则为 20 分	0～20	
介质的扩散性（15 分）	液体介质的扩散性 气体介质的扩散性	0～15	
人口密度（20 分）	如果可能的泄漏处是荒无人烟地区，则为 0 分；如果可能的泄漏处 2km 长度范围内，管道区段两侧各 200m 的范围内，人口数量任∈[1,100)，则为 6 分；如果可能的泄漏处 2km 长度范围内，管道区段两侧各 200m 的范围内，人口数量∈[100,300)，则为 12 分；如果可能的泄漏处 2km 长度范围内，管道区段两侧各 200m 的范围内，人口数量∈[300,500]，则为 16 分；如果可能的泄漏处 2km 长度范围内，管道区段两侧各 200m 钓范围内，人口数量＞500，则为 20 分	0～20	参见《埋地钢质管道风险评价方法》（GB/T 27512-2011）附录 E
沿线环境（15 分）	如果可能的泄漏处是荒无人烟地区，则为 0 分；如果可能的泄漏处 2km 长度范围内，管道区段两侧各 200m 的范围内，大多为农业生产区，则为 3 分；如果可能的泄漏处 2km 长度范围内，管道区段两侧各 200m 的范围内，大多为住宅、宾馆、娱乐休闲地，则为 6 分；如果可能的泄漏处 2km 长度范围内，管道区段两侧各 200m 的范围内，大多为商业区，则为 9 分；如果可能的泄漏处 2km 长度范围内，管道区段两侧各 200m 的范围内，大多为仓库、码头、车站等，则为 12 分；如果可能的泄漏处 2km 长度范围内，管线两侧各 200m 的范围内，大多为工业生产区，则为 15 分	0～15	
泄漏原因（8 分）	泄漏原因	0～8	
供应中断对下游用户影响（36 分）	抢修时间	0～9	
	供应中断的影响范围和程度	0～15	
	用户对管道所输送介质的依赖性	0～12	

如果高压城市燃气管道的区段存在下列情况之一，则将失效后果得分 C 调整为 150 分：

（1）未避开 GB 50028-2006 所规定的不宜进入或通过的区域，并且与建筑物外墙的水平净距小于 GB 500228-2006 的规定或不满 GB 50028-2006 对分段阀门的规定；

（2）未避开 GB 50028-2006 所规定的不应通过的区域或设施，并且未采取安全保护措施。

六、风险值计算与风险等级

（一）风险值计算

按式（4-17）计算风险值 R。

$$R = S \times C \tag{4-17}$$

式中，S 为失效可能性得分；C 为失效后果得分。

（二）风险等级划分

1. 风险绝对等级划分

（1）低风险绝对等级。如果 $R \in [0, 3600)$，则风险等级为低风险绝对等级。

（2）中等风险绝对等级。如果 $R \in [3600, 7800)$，则风险等级为中等风险绝对等级。

（3）较高风险绝对等级。如果 $R \in [7800, 12600)$，则风险等级为较高风险绝对等级。

（4）高风险绝对等级。如果 $R \in [12600, 15000]$，则风险等级为高风险绝对等级。

2. 风险相对等级划分

（1）低风险相对等级。设同一条管道上各区段的风险最小值为 Min，风险最大值为 Max，如果 $R \in [\text{Min}, \text{Min} + (\text{Max} - \text{Min}) \times 6/25)$，则风险等级为低风险相对等级。

（2）中等风险相对等级。设同一条管道上各区段的风险最小值为 Min，风险最大值为 Max，如果 $R \in [\text{Min} + (\text{Max} - \text{Min}) \times 6/25, \text{Min} + (\text{Max} - \text{Min}) \times 13/25)$，则风险等级为中等风险相对等级。

（3）较高风险相对等级。设同一条管道上各区段的风险最小值为 Min，风险最大值为 Max，如果 $R \in [\text{Min} + (\text{Max} - \text{Min}) \times 13/25, \text{Min} + (\text{Max} - \text{Min}) \times 21/25)$，则风险等级为较高风险相对等级。

（4）高风险相对等级。设同一条管道上各区段的风险最小值为 Min，风险最大值为 Max，如果 $R \in [\text{Min} + (\text{Max} - \text{Min}) \times 21/25, \text{Max}]$，则风险等级为高风险相对等级。

（三）降低风险措施的建议

对于高风险绝对等级或高风险相对等级的区段，应分析其风险的主要来源，并针对其风险主要来源，提出相应的降低风险措施的建议。

（四）风险再评价

当出现下列情况之一时，应对所评价的埋地钢质管道重新进行风险评价。

（1）采取降低风险措施；

（2）上次风险评价周期到期；

（3）管道进行重大修理改造；

（4）管道站场的设备进行重大修理改造；

（5）操作工况发生重大变化；

（6）管道所属业主的管理制度发生重大变化；

（7）沿线环境发生重大变化；

（8）下游用户发生重大变化。

复习思考题

1. 什么是半定量评价法？油气管道风险半定量评价法的基本原则是什么？

2. 油气管道风险半定量评价法的管段是如何划分的？

3. 简述油气管道风险半定量评价法的指标体系。

4. 使用公式加以说明，油气管道风险半定量评价法中风险值的确定过程。

5. 简述《埋地钢质管道风险评价方法》的使用范围。

6. 简述《埋地钢质管道风险评价方法》对风险评价报告的基本要求。

7. 简述《埋地钢质管道风险评价方法》（GB/T 27512-2011）进行管道区段划分遵循的原则。

8. 简述《埋地钢质管道风险评价方法》中埋地钢管在用阶段失效可能性评分模型。

9. 简述《埋地钢质管道风险评价方法》中埋地钢管失效后果评分模型。

10. 《埋地钢质管道风险评价方法》（GB/T 27512-2011）是如何划分风险等级的？

11. 当出现什么情况时，应对所评价的埋地钢质管道重新进行风险评价？

城镇埋地燃气管道风险评价

城市燃气管道与油气长输管道存在着明显差别。KENT 评分法是针对地下油气长输管道开发的半定量风险评价方法。该方法,特别是其中的腐蚀评价模型不适用城镇地下燃气管道。因此,在借鉴 KENT 评分法开展城镇燃气管道风险评价时,必须根据我国城市燃气管道的特点,作出必要的修改和调整,建立适合于我国城市燃气管道的风险评价模型和方法。

第一节　城镇燃气管道风险评价模型与方案概述

一、城镇燃气管道风险评价的意义和工作目标

1. 燃气管道风险评价的意义

燃气管道安全运行至关重要,但降低运行风险是要以资金投入为代价的。理论上讲,无限地加大投入,可以使运行风险趋近于零,即管道达到绝对的安全。在实际操作中,无限的投入既不可能,也不必要。对于到期管段通过整改确认其运行风险在可接受范围内,就应该继续使用。对在可接受范围外的管段或维修也无法安全运行的管段,进行维修都是无效的投入,则应避免。管道公司的第一个目标是科学确定运行风险的可接受值,风险太高不能保证安全,裕量太大则造成浪费。

传统管网管理体制将日常管理力量平均分配,结果导致运行风险较小的部分管道投入过量,运行风险较大的管道则投入不足。根据木桶理论,管网的运行风险取决于运行风险最大的管段,按照管段的风险等级调整管理投入,可以在日常管理投入总量不变甚至减少的前提下,降低整个管网的运行风险,是管道公司渴望达到的第二个目标。

管道运行风险是事故可能性和后果严重度的二元函数,即风险等级＝f(事故可能性,后果严重度)。降低风险等级应该从两方面综合考虑,不可偏废。管道维修资金投入应按照管段的风险等级确定,而不能只看事故可能性的大小。传统上偏重事故可能性的减低,风险管理的最新发展则要求加重对后果严重度的考虑。对后果严重度很大的管段,可采用优化管网结构(对重要客户实现多路供气),或改善应急能力(降低事故发生时的潜在损失),而不是单纯依靠降低事故可能性。因

此,管道公司的第三个目标是实现资金投入在两方面的最佳分配,即提高整改措施的经济性。

燃气管道风险评价是解决上述三个难题的基本前提和基础。

2. 燃气管道风险评价工作目标

对于燃气管网的运行管理,发达国家采用综合管理体制,保证了在役管道运行的安全可靠。其核心内容就是"跟踪检测—安全评价—计划性修复",即依据管道历史、周边环境和管道安全的要求等综合信息,制订适当的检测方案。然后依据检测方案,周期性地对管道实施检测,建立管道状况信息数据库,并据此建立科学的统计模型,评价预测管道的风险系数;最后按照风险系数值的等级,确定管道运行方案和大修计划,从而在有效预防各种事故发生的前提下降低运营成本。因此,燃气管道风险评价工作目标是建立风险管理体制,与传统的管理体制相比,实现下列四个根本改变。

(1) 安全管理的转变。贯彻《安全生产法》要求预防为主的指导方针,变"被动抢修"为"主动预防"。传统的管理侧重于泄漏发生后的补救,稍有疏忽就会发生恶性事故。通过风险评价,可以实现事故防范从被动抢修到主动预防的转变,将泄漏消灭在发生前,使爆燃事故大幅度降低,提高科学管理水平。

(2) 日常运行的转变。实现不同管段不同管理,变"平均投入"为"按需投入"。传统的巡检管理模式,人力物力为平均分配。通过风险评价可实现按照不同管段的运行风险级别采用相应的管理措施,把有限的人力物力,根据实际需要合理调配,使之充分发挥作用,既保证安全,又避免不必要的投入。

(3) 大修安排的转变。均衡合理安排大修投入,变"应急性更换"为"计划性修复"。传统的管道大修,建立在泄漏处理的基础上,往往造成无效维修或过度更换。通过风险评价可科学制订更新计划,并及时实施,维修资金用在适于维修的管段上。另外,均衡地安排管段年度大修计划,避免部分年份大批管段同时大修对正常生产造成的冲击和部分年份大修资源闲置造成的浪费。

(4) 管道寿命评价的转变。评价到期管段经济寿命,变"按时更换"为"按需更换"。达到设计使用年限的管道,运行费用将逐渐增加。通过风险评价,可对其继续运行或大修更换进行经济比较,做出科学决策。并采用有针对性的措施延长使用期,以减少不必要的更换。

二、KENT 评分法的局限与适用范围

KENT 评分法有其局限性。该方法存在以下几个较大缺陷。

(1) 对不同类型的影响因素都采用同样的评分方法,且认为各类因素引发爆燃的可能性相同。实际上,不同类型的影响因素蕴涵的内容往往有本质的差别,不宜使用单一模型、统一赋值、简单计算进行表达。

(2) 假定同类影响因素间相互独立,而实际上各影响因素间关系错综复杂,有些因素间的交互作用非常强烈(如管地电位与阴极保护状况之间),不宜忽略。

(3) 多数影响因素是概念性的,专家赋值有很大的主观性,统计赋值则要有大量准确可靠的历史和运行数据。

针对上述问题，国内外诸多专家都在不断提出改进建议，《管道风险管理手册》1992年改版时，将因素设置增补了近50％的内容以提高其客观性，许多学者则采用人为设定的权重，将模糊综合技术用于数据处理阶段，试图描述各因素间的交互作用。

KENT评分法适用于油气长输管道风险评价，其利用大量完整可靠的长输管道建设和运行的数据库，归纳出各风险影响因素的分值和权重。KENT评分法实质是力图直接反映每个基本因素对运行风险的影响，由于基本因素众多且关系复杂，分值设定时作了一系列假设和简化，因而其适用于管道结构简单（单根直管、单级压力、单一管径）的长输管道。

但是，城市燃气管道的建设和运行与油气长输管道之间存在较大的差异和不同，所以将KENT评分法用于结构复杂的城市燃气管道风险评价，将会产生很大偏差。究其原因，长输管道与城市燃气管道两者间的明显差别表现在以下几点。

（1）长输管道通常为单管，阀门和变径很少。城市燃气管道多为网、枝状，阀门、三通及凝液缸等管件密布，管道变径较普遍。

（2）长输管道通常为一次同期建成，有完备的勘察设计、施工监理、竣工验收程序，质量相对均衡且缺陷较少。城市燃气管道则随着城市建设的进展逐步形成，且不断拓展。由于投资来源复杂，设计、施工和验收标准往往参差不齐，质量缺陷相对较多。

（3）长输管道通常铺设在郊野，周边环境的改变大多为平滑过渡，容易把握，且杂散电流影响较小。城市燃气管道周边环境复杂，改变有时为突变，而且城市杂散电流干扰很普遍且严重。

（4）长输管道有完备的管理体系，其日常管理侧重于阴极保护，发现电位异常时即开始整改。城市燃气管道管理相对薄弱，日常管理侧重于巡线查找漏气点，即使发现问题，由于涉及市政管理等诸多方面，处理手续较为繁杂，隐患往往无法及时消除。

三、城镇燃气管道风险评价模型与方案

1. 城镇燃气管道风险评价方案

评价是手段，其目的是指导日常生产管理。无论评分体系还是评控技术，都属于静态评价，特点是依靠专家在某一时刻进行宏观考评检查和数据处理，通常不针对具体管段。风险管理方案要求由管道公司定期自行采集各管段数据并进行处理，即可得到风险等级动态变化，通过调整管理投入，使各个管段的风险等级都处于可接受范围，且相对均衡。

要将KENT评分法用于结构复杂的城市燃气管道风险评价，必须结合城市燃气管道的建设和运行具体结构等实际情况，对KENT评分模型做出相应的调整和修改，形成适合城市燃气管道的风险评价模型。

根据对燃气管道情况的分析，评控技术的原理可以作为基本框架，但具体模块内容要在KENT评分法的基础上，针对国内城市燃气管道加以设计和调整。

KENT评分法有的模型是可以借鉴的，如设计因素、人为失误的评价，在这些方面城市燃气管道与美国地下长输管道的内在影响因素没有根本差别，仅需对参数重新赋值。有的模型虽然可以借鉴，如第三方损坏、后果严重度，但需要根据国情做较大的调整，才可以满足需要。有的模型不能套用在城市燃气管道上，如腐蚀评价模型。

目前我国的燃气管道管理和运行体制,形成很多中国特有的管理、操作、运行、维护的措施和规范,使得事故可能性的影响因素和控制措施与国外有较大差别。通过对城市燃气管道爆燃事故分析,确定固有危险因素为"腐蚀防护"和"外力破损",抵消因素为"运行裕量"和"管理力度"。

2. KENT 评分法模块内容调整和设计

1)"腐蚀防护"模块

KENT 评分法的"腐蚀"中,检测采用管内爬行器,城市燃气管道内径变化频繁,阀门、凝液缸、三通、弯头等管件密布,根本无法使用。要根据国内情况,设计管外数据采集内容和方案,其中包括设计、施工环节中腐蚀防护措施的效果评价,故定义为"腐蚀防护"。目前国内地下钢管检测所依据的行业标准适用于长输管道,在用于城镇钢管时存在诸多不足,必须根据具体情况,进行有针对性的改进。

KENT 评分法中的腐蚀评价模型不能套用在城市燃气管道上,原因分析如下。

(1) KENT 评分法中腐蚀评价模型的内腐蚀和大气腐蚀评价占 40%,所列入防腐措施包括内防腐层、缓蚀剂、清管三项,这些措施只可能用于长输管道,国内外所有城市燃气管道都不会采用这些措施,通常也无需考虑大气腐蚀。

(2) KENT 评分法中对于外防腐,其阴极保护检测周期和结果占有远超过防腐层的地位,且检测项目针对外加电流。国内燃气管道阴极保护刚刚起步,且几乎全是牺牲阳极,此类数据几近空白,根本无法采集。

(3) KENT 评分法中对于管体缺陷,模型推荐采用爬行器检测,赋值与阴极保护检测结果相同,但城市燃气管道内径变化频繁,阀门、凝液缸、三通、弯头等管件密布,根本无法使用爬行器进行内检测。

(4) KENT 评分法中对于防腐层缺陷,模型所赋分值很小,不到 3%,这是由于长输管道的缺陷通常较少且会及时修复,国内城市燃气管道不但缺陷较多,且分布很不均匀,是决定管道运行风险的重要指标。

(5) 由于在防腐层无缺陷时土壤腐蚀性影响很小,KENT 评分法中模型所赋分值占 4%,且仅依土壤电阻率赋值,而对于缺陷较多的城市燃气管道,土壤腐蚀性对腐蚀模型有重大的影响,且需用综合等级确定。

上述 5 项指标分值已超过 KENT 评分法中模型总分的 50% 以上。另外,城市燃气管段建设原始质量参差不齐更是国内特有的。通过上述分析比对,勉强使用现有模型必将产生重大偏差,有必要重新建立评价模型。

2)"外力破损"和"运行裕量"模块

KENT 评分法的"设计因素"中,包括管道周边土壤的滑坡、地震等自然力对管道的破坏,"第三方破坏"指除管道公司之外的其他人员造成的破坏。实际上,无论是人力还是自然力,其实质都是外力导致管道的物理损坏,理应归于同一模型,故将"设计因素"中有关自然力破坏的内容与第三方破坏整合为"外力破损","设计因素"的其他内容定义为"运行裕量"。

3)"管理力度"模块

KENT 评分法中的"人为失误",包括设计、施工、操作、维修各个环节,重点评价各种防护措施的可靠性。对于在役燃气管道,其有关设计、施工的"人为失误"已经定型,应分解到"腐蚀防护""运行裕量"中。维修由管道公司统一进行,不针对具体管段。"人为失误"仅剩下操作环节的内容,只需要对巡查员的可靠性进行评价,定义为"管理力度",反映各管段隐患被发现的及时性。

4)"后果严重度"模块

KENT 评分法中的后果严重度,仅包括人身伤亡和财物损坏。国内燃气管道事故后果应包括人身伤亡、财物损坏、连锁反应危险、对工业用户的赔损、对居民用户生活的影响、引发的社会恐慌和动荡、抢险投入、销售收入减少。后果严重度的评价要考虑我国的价值取向,不宜进行货币折合,而应对包括社会、政治、经济等多方面因素进行综合分析后最终评定。由于燃气种类(天然气、液化气、水煤气、焦炉气等)差异对后果严重度影响不大,无须列为影响因素。

3. **城镇燃气管道风险评价模型**

综上所述,城镇燃气管道风险评价模型可概括为:事故可能性根据其成因分为腐蚀防护、外力破损、运行裕量、管理力度四个模块综合确定;后果严重度评价则包括人身伤亡、政治影响、经济损失等方面的考虑;根据风险矩阵确定每个管段的运行风险等级。整个系统由七个模块组成(图5-1),简称"七模块评价系统"。

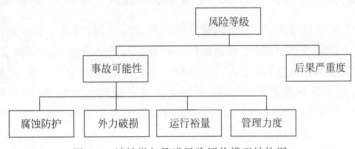

图 5-1 城镇燃气管道风险评价模型结构图

(1) 腐蚀防护的影响因素很多,大多可以量化,其测试方法有行业标准可以参照(标准按长输管道制定,用于城市管道时需修正,不宜直接引用)。在聚类和主成分分析的基础上,经过不断的探索,分别建立了人工神经网络和线性综合评价的数学模型。通过择优,并考虑目前检测数据的数量和可靠性均有待补充和提高,最终确定采用人工神经网络模型。其具有强大的自学习、自修正功能,便于今后的扩充和移植。

(2) 外力破损的影响因素大多难以准确量化,且随机性强,需进行模糊处理。根据影响外力破损因素的具体情况,采用故障树分析和模糊综合评价法相结合的数学模型。通过故障树分析,得到引起外力破损的各种基本事件的内在逻辑关系,计算得出各种基本事件的结构重要度,再将之作为模糊综合评判法的权重向量,求得外力破损的综合评判向量,最后按照最大隶属度原则确定各管段外力破损可能性的等级。

(3) 运行裕量的影响因素都可以准确量化,且各因素间相关度较低,适合建立多因素评分模型。模型参数(权重和标准分)由专家调查法确定,创新性地提出了专家意见综合可信度的概念和计算办法。

（4）管理力度采用人员可靠性分析方法，基于对燃气管道运行和维护工作流程的特征分析，确定根据巡查员的合格性、熟练性、稳定性、工作负荷量、体力差异等因素，统计回归各评价参数，得到管理力度等级的评价模型。

（5）腐蚀防护、外力破损、运行裕量、管理力度四方面对管道爆燃事故可能性的贡献是不同的，采用德尔菲法确定各个方面的权重，经过模糊综合得到每个管段的事故可能性的模糊等级。

（6）对管道事故后果严重度的评价，采用层次分析与模糊综合评价法相结合的评价模型。对实地采集或调查得到的数据和资料，通过层次分析计算评价因素的权重集，根据国内外风险评价经验设定模糊隶属度函数，将影响后果严重度的各因素作为模糊评价因素。通过模糊计算，求得模糊综合评价结果向量，进而得到后果严重度的模糊等级。

（7）管道运行风险等级的确定，选用美国石油学会《基于风险的检验规范》（API 581）推荐的风险矩阵（见图 2-16 和图 2-17）。在管道评价时，以前述评定所得的事故可能性与后果严重度等级为矩阵元素的脚标，矩阵中相应元素的数值即为管道的风险等级，矩阵包含轻微风险、一般风险、较大风险、极大风险，共四个级别数值。矩阵是非对称的，偏重后果严重度。

四、城镇燃气管道风险评价检测单元（管段）的划分及检测周期

对于燃气管网的运行管理，发达国家采用综合管理体制，保证了在役管道运行的安全可靠。其核心内容是"跟踪检测—安全评价—计划性修复"，即依据管道历史、周边环境和管道安全的要求等综合信息，制订适当的检测方案。然后依据检测方案，周期性地对管道实施检测，建立起管道状况信息数据库，并据此建立科学的统计模型，评价预测管道的风险系数；最后按照风险系数值的等级，确定管道运行方案和大修计划，从而在有效预防各种事故发生的前提下降低运营成本。

1. 检测单元（管段）的划分

《钢质管道及储罐腐蚀评价标准 埋地钢质管道外腐蚀直接评价》（SY/T 0087. 1-2018）规定，埋地钢质管道应定期开展外腐蚀直接评价（ECDA）。ECDA 评价应为一个连续、循环、不断修正趋准的检测和评价过程，包括预评价、间接检测与评价、直接检测与评价、后评价四个环节。ECDA 评价前应根据管道的使用情况，编制检测和评价方案，方案内容应包括调查大纲、检测方法、仪器设备要求等，检测与评价工作应由专业人员完成。

ECDA 管段是指有相似物理性质、相同运行历史的一个或几个管段，并在该管段可使用相同的间接检测方法。应按管道材质、施工因素、管道腐蚀泄漏事故发生频率等运行中发现的问题，间接检测方法，管段风险，自然地理位置，地貌环境特点和土壤类别等因素确定 ECDA（外腐蚀直接评价）管段划分原则。ECDA 管段可为连续的，也可为不连续的。宜根据间接检测与评价及直接检测与评价的结果对管段的划分进行修正。下列管段宜划分为单独管段：①防腐层管道的裸管部分、不同焊接方法段、不同金属连接处的两端；②不同防腐层类型的管段、不同年代施工的防腐层管段；③弯头、套管、阀门、绝缘接头、联结器、进出土壤管段、固定墩等影响防腐层老化和质量的共性部位，施工质量差异段、穿越段、未施加阴极保护的管段、管道埋深差异大的管段；④腐蚀事故多发段、风险高的管

段、阴极保护电流明显流失和改变区域、改线或更换段、防腐层和阴极保护修复段、交（直）流干扰段；⑤不同土壤性质段、冻土段、沥青和水泥路面段、细菌腐蚀管段。

有外防腐层的管道间接检测内容应包括阴极保护有效性评价、防腐层完整性评价、土壤腐蚀性等内容。开展管道阴极保护有效性评价时，应对管道存在的交直流干扰情况和程度进行评价；对无外防腐层的管道或防腐层质量较差的管道，宜以确定腐蚀活性为主。应按照预评价阶段确定的 ECDA 管段进行间接检测，在同一个 ECDA 管段内，可使用两种间接检测方法进行间接检测，并按照本标准的要求对检测结果数据确认和修正。开展检测前，宜对预评价步骤确定的每个 ECDA 管段边界进行确认并设置明显标记。在整个管线或待评价管段上所使用的地面检测方法应能满足连续性检测的要求。在同一 ECDA 管段区域内应保持检测方法的连续性，检测和数据分析应采用成熟的、被广泛接受的技术。初次应用 ECDA 时，宜通过抽样校核、重复检测或其他验证方法，保持所测数据的一致性。应根据防腐层类型、检测方法要求确定检测间距，检测间距应能够检测到管段上可疑腐蚀活性点的位置。检测时间宜在计划时间内完成，检测时间跨度较大或检测期间发生了安装、拆卸管线设施、阴极保护参数大幅调整等重大变化时，检测结果的分析评价应考虑上述变化对检测结果的影响，并宜做出合理的解释。同一管段通过不同检测方法或在不同时间段进行检测得到的数据，在进行分析对比时应注意空间位置误差，可采用卫星定位系统或用地面参照物进行标记。

《钢质管道及储罐腐蚀评价标准 埋地钢质管道内腐蚀直接评价》（SY/T 0087.2-2012）规定，内腐蚀直接评价（ICDA）评价方法是一个连续、循环、不断修正趋准的过程，通过识别、评价已经发生的腐蚀部位和趋势，提出维护建议，达到不断改进的目的。因此，应整体使用本评价方法。埋地钢质管道应定期开展内腐蚀直接评价。ICDA 评价前应编制调查大纲，整个检测与评价工作应由有经验的腐蚀工程师指导，并由腐蚀与防护专业队伍进行。ICDA 评价还应符合其他有关的安全规定，不得降低原管道的安全程度。ICDA 评价方法包括以下四个步骤和内容。

（1）预评价。间接检测与评价和直接检测与评价前的准备工作包括资料及数据收集、检测方法及仪器要求、ICDA 可行性评价、ICDA 管段划分。

（2）间接检测与评价。开展地面检测，结合历史记录，初步确定内腐蚀分布及程度。

（3）直接检测与评价。依据间接检测结果，确定开挖数量及顺序，进行开挖检测、腐蚀管道剩余强度评价、分析腐蚀原因，并对间接检测分级准则进行修正。

（4）后评价。评价 ICDA 的有效性和确定再评价时间。

ICDA 管段（ICDA region）是指运行参数一致的管段，运行参数至少应包括流体特征（如管输介质，包括污染物等）、管道及流动特征（如管径、流速等）、防护措施（清管、化学处理等）。ICDA 管段应具有与其他管段不同的明显特征，即按管输介质品种、介质腐蚀性、流动方式、运行条件、管道内防护方式、管道规格及材质、施工因素、维护更换年限及相关信息、管道腐蚀泄漏事故发生频率等影响腐蚀发生位置、腐蚀机理或腐蚀速率等进行划分。ICDA 管段可是连续的，也可是不连续的。存在以下因素应单独确定为一个 ICDA 管段划分点：①管径、壁厚变化点；②管输介质交接点；③化学药剂注入点；④清管器操作点（发射/接收点）；⑤流速明显变化点；⑥内防护措施明显变化点；⑦特殊部位的起始点。可根据间接检测、直接检测的结果对 ICDA 管段的划分进行修正。宜对 ICDA 管段的边界进行确认,并设置明显标记。

在实际检测中,长输管道每个检测单元通常长达数十千米或更长,至少也要 1km。分析城市燃气管道的建设和运行管理与长输管道间的差异可知,其分段原则显然不适用于城市燃气管道。要完整、科学而精确地对城市燃气管道进行评价,就必须建立新的分段原则。按照管道和周边环境的情况,合理细分。

KENT 评分法规定,管段划分因素优先级依次为人口密度、土壤情况、防腐层状况、管龄。首先,其中没有管径和压力级制,这并不是考虑疏漏,而是由于长输管道的管径和压力级制都是恒定的。其次,对位于城市的燃气管道,周边建筑物情况和人口密度同样重要,这是由于建筑物通常代表大量人流和政治经济影响。最后,阀门是控制事故影响范围的重要节点,但长输管道阀门通常间距数十千米,将其作为分段点,就可能太长。

根据国内外风险评价的经验,针对城市燃气管道的特点,从便于运行风险管理和控制的角度出发,确定城市燃气管道风险评价单元即管段的划分原则如下:①管径和压力级制为分段第一级因素;②地面人流和建筑物情况为第二级因素;③阀门为第三级因素。

2. 检测周期

《石油天然气管道安全监督与管理暂行规定》(原国家经济贸易委员会第 17 号令)要求,石油管道应当定期进行全面检测,新建石油管道应当在投产后三年内进行检测,以后视管道运行安全状况确定检测周期,最多不超过 8 年;石油企业应当定期对石油管道进行一般性检测,新建管道必须在一年内检测,以后视管道安全状况每隔 1~3 年检测 1 次。这是针对长输管道的规定。

《钢质管道及储罐腐蚀评价标准 埋地钢质管道内腐蚀直接评价》(SY/T 0087.2-2012)规定,首次进行 ICDA 时间可根据管道内腐蚀日常调查等情况确定,但一般管道运行 2~5 年时应开展首次 ICDA 评价(腐蚀严重的管线可相应缩短首次调查时间),以后依据再评价时间进行下一轮评价。

《城镇燃气埋地钢质管道腐蚀控制技术规程》(CJJ 95-2013)明确了城镇燃气管道防腐层的检测周期应符合下列规定:①高压、次高压管道每 3 年不得少于 1 次;②中压管道每 5 年不得少于 1 次;③低压管道每 8 年不得少于 1 次;④再次检测的周期可依据上一次的检测的结果和维护情况适当缩短。

阴极保护系统的检测周期应符合下列规定:①牺牲阳极阴极保护系统检测每 6 个月不得少于 1 次;②外加电流阴极保护系统检测每 6 个月不得少于 1 次;③电绝缘装置检测每年不得少于 1 次;④阴极保护电源检测每 2 个月不得少于 1 次;⑤阴极保护电源输出电流、电压检测每日不得少于 1 次。

干扰防护系统的检测周期和检测内容应符合下列规定:①直流干扰防护系统应每月检测 1 次,检测内容应包括管地电位、排流电流(最大、最小、平均值);②交流干扰防护系统应每月检测 1 次,检测内容应包括管道交流干扰电压、管道交流电流密度、防护系统交流排流量。

对于城镇燃气管道的全面检测(包括间接、直接检测),由于电位检测数据不稳定,探坑开挖间距不宜采用均布,应根据具体情况确定。通常应结合日常生产抢修和维修,而不宜专题进行。一般性检测（仅间接监测）内容应包括防腐层破损探测、绝缘性检测、电位检测，应按国家标准、行业标准进行。

第二节　城镇燃气管道风险评价中的腐蚀评价

分析城镇燃气管道的建设和运行管理与长输管道间的差异可知，KENT评分法中的腐蚀模型不适用于燃气管道，要完整、科学而精确地对城市燃气管道进行腐蚀评价，就必须建立新的评价模型。下面介绍根据国内外风险评价的经验，针对城市燃气管道的特性引发的技术难题，采用样本调查表确定初值、实测数据迭代修正、制定检测评价标准的方法，建立的适合于国内城市燃气管道的腐蚀评价体系。

一、城镇燃气管道腐蚀主要影响因素分析

1. 管道腐蚀状况与土壤环境的综合分析

地下燃气管道处在土壤环境中，其腐蚀状况既取决于管道本身，也取决于环境，具体地说，取决于环境的腐蚀性。由于城市燃气管体与环境的交互作用相当复杂，土壤理化性能会影响防腐层的老化破损进程，土壤腐蚀性和杂散电流情况又直接决定破损处的腐蚀速度。对于防腐结构良好的长输管道，腐蚀电流通道几乎被防腐层完全隔断，少量破损受到阴极保护电流的作用，一般不会发生穿孔泄漏，因而环境腐蚀性的影响很小。需要注意的是，现有一些评价系统都侧重于管体本身，对环境的影响重视不够。对于城市燃气管道，防腐层缺陷很多，阴极保护又不正常，环境腐蚀性的影响非常显著。如果环境腐蚀性较强，管体很快就会发生穿孔泄漏，而环境腐蚀性较弱，则可以在很长时间内维持正常运行。因此，城市燃气管道的腐蚀防护状况评价，必须将管体腐蚀与环境腐蚀性综合考虑。

2. 主要腐蚀影响因素及分级

（1）主要腐蚀影响因素。城市燃气管道腐蚀状况取决于防腐层现状、阴极保护有效性、土壤理化性能、杂散电流分布等诸多方面。凡是影响上述方面的因素都有可能直接或间接地影响管道的腐蚀状况。许多因素对腐蚀状况的影响是非线性的，各因素之间有着不同的相关程度。这些因素多达40余个，全部测取需要很长时间和巨大投资，且各数据间存在大量的信息重复，使模型变量维数加大，因而有必要根据城市燃气管道的具体情况，进行降维预处理。

【例5-1】　首先通过聚类分析，依据12个样本管段检测数据和开挖情况，对影响腐蚀防护状况的因素进行相关性和聚类分析。结果表明，影响腐蚀防护状况的44个因素在相关系数大于0.5的条件下，明显地聚为8类。为了从同类因素中选取有代表性的特征因素，对同类因素进行主成分分析，以贡献率作为选择特征因素的依据，同时也对44个因素直接进行主成分分析，以避免聚类分析可能产生的漏项。最后通过SPSS软件分析可知，整合出的8个主要因素的特征贡献率已达到95.1%。从而既保证了数据的科学完整，又避免了不必要的工作量。

影响管道腐蚀穿孔导致泄漏的主要因素包括：①防腐层种类；②钢管壁厚；③建设监理力度；④运行年数；⑤土壤腐蚀性；⑥管地电位；⑦防腐层绝缘性（电阻率）；⑧缺陷

线密度。

(2) 主要腐蚀影响因素分级。借鉴国内外相关标准，可制定出适合于风险评价需要的 8 个主要因素的分级体系，见表 5-1。

表 5-1　主要影响因素及等级一览表

防腐层种类	钢管壁厚/mm	建设监理力度	运行年数	土壤腐蚀性	管地电位/mV	防腐层绝缘性(电阻率)	缺陷线密度/(处/km)
夹克	<4.0	极强	<1	极强	<−850	优	<5
牛油布	4.0~5.5	强	2	强	−850~−600	良	5~10
环氧煤	5.5~7.0	中	7	中	−600~−400	可	10~20
胶带	7.0~8.5	弱	15	弱	>−400	差	>20
沥青	>8.5		>15			劣	

表 5-1 中的建设监理力度旨在体现管段建设原始质量的参差不齐，取决于建设单位的实际资质、对其所建工程的普遍评价、建设时期监理制度的总体情况、管段竣工资料的完善程度、管段首次腐蚀泄漏时的运行时间等。

《城镇燃气埋地钢质管道腐蚀控制技术规程》(CJJ 95-2013)规定了城镇燃气埋地钢质管道腐蚀控制评价主要包括土壤腐蚀评价、干扰评价、防腐层评价、阴极保护评价和管道腐蚀损伤评价。依据此标准，对于城镇燃气埋地钢质管道来说，影响管道腐蚀穿孔导致泄漏的主要因素包括防腐层种类及绝缘性、土壤腐蚀性、管地电位、钢管壁厚。

二、防腐层状况检测

1. 燃气管道防腐层状况检测内容

燃气管道防腐层检测分为防腐层绝缘性测量和防腐层缺陷线密度检测。

地下燃气管道防腐层绝缘质量是反映管道整体老化程度的重要参数，也是划分评价单元的基本参数，必须进行准确的检测。《埋地钢质管道防腐绝缘层电阻率现场测量技术规定》(SY/T 6063-1994)规定采用变频选频法，从管道的阴极保护测试线发射和接收讯号。在城镇燃气管道上没有阴极保护测试线，又存在大量的分支，限制了该仪器的使用。在全面检测时，应以开挖坑内暴露的管体为发射和接收点，注意检测单元中不得有钢质分支。一般检测时，则以管中电流法测试为主，其可靠度稍差，但基本不受接入点的限制。

(1) 在管道下沟回填的施工过程中，可能存在一些防腐层碰伤；管道埋地后第三方施工或土壤应力，也会造成防腐层老化破损。国内一般仅采用 SL-2088 型管道防腐层探测检漏仪，检测快捷，但实际使用中发现，由于周边其他管道的影响，经常发生误报，故应对所有报警点用直流电位梯度法(DCVG)仪进行鉴别。DCVG 仪检测比较麻烦，进度效率较低，但精度较高。二者结合，可以较好地满足破损点修复任务，并最大限度避免不必要的开挖。

(2) 对于探坑内防腐层检测，《钢管防腐层检漏试验方法》(SY/T 0063-1999)规定使用电火花检测仪对暴露的防腐层进行检测。传统上都是将接地极插在探坑内管道附近的土壤中，铜丝电刷扫过防腐层，缺陷处就会有火花发生。然而，曾经对三层夹克的钢管进行检测时发现,在破损处没有火花出现。经分析发现,由于接地不当所致。对于早期的冷缠胶带防腐层,探坑附近的土壤中,总会存在许多破损点,插在土壤中的接地极通过这些破损点与管体连通。三层夹克整体质量优异,探坑两侧很长的管道上都没有破损点,接地极无法与管体良好连通,所以破损点处不会发生火花。对此,将检测仪的地线延长数十米,直接连到最近的凝液缸或阀门上,而不是插在土壤中,结果证实问题症结就在于此。

《城镇燃气埋地钢质管道腐蚀控制技术规程》(CJJ 95-2013)明确,管道防腐层缺陷的评价可采用交流电位梯度法(ACVG)、直流电位梯度法(DCVG)、交流电流衰减法(ACAS)和密间隔电位法(CIPS)进行,防腐层缺陷评价分级应符合表 5-2 的规定。

表 5-2　防腐层缺陷评价分级

检测方法	级　别		
	轻	中	重
交流电位梯度法(ACVG)	低电压降	中等电压降	高电压降
直流电位梯度法(DCVG)	电位梯度 IR% 较小,CP 在通/断电时处于阴极状态	电位梯度 IR% 中等,CP 在断电时处于中性状态	电位梯度 IR% 较大,CP 在通/断电时处于阳极状态
交流电流衰减法(ACAS)	单位长度衰减量小	单位长度衰减量中等	单位长度衰减量较大
密间隔电位法(CIPS)	通/断电电位轻微负于阴极保护电位准则	通/断电电位中等偏离并正于阴极保护电位准则	通/断电电位大幅偏离并正于阴极保护电位准则
评价结果	具有钝化或较低的腐蚀活性可能性	具有一般腐蚀活性	具有高腐蚀活性可能性
处理建议	可不开挖检测	计划开挖检测	立即开挖检测

2. 防腐层绝缘性测量方法

地下钢管腐蚀绝大多数为电化学腐蚀,防腐层是切断电流通道的主要手段,因而防腐层电阻率是反映防腐层绝缘性的最重要指标,也是阴极保护的基本依据,但是该指标的测定迄今尚无公认的无损现场检测手段。防腐层电阻率是防腐层电阻和防腐层面积的乘积,单位为 $\Omega \cdot m^2$。

《城镇燃气埋地钢质管道腐蚀控制技术规程》(CJJ 95-2013)要求,防腐层绝缘性能评价应符合下列规定:①对环氧类、聚乙烯等高性能防腐层的绝缘性能可采用电流-电位法或交流电流衰减法进行定性评价;②石油沥青防腐层绝缘性能评价指标应符合表 5-3 的规定。

表 5-3　石油沥青防腐层绝缘性能评价指标

检测方法及建议	防腐层等级				
	Ⅰ(优)	Ⅱ(良)	Ⅲ(可)	Ⅳ(差)	Ⅴ(劣)
电流—电位法测面电阻率 $R_g/(\Omega \cdot m^2)$	$\geqslant 5000$	$2500 \leqslant R_g < 5000$	$1500 \leqslant R_g < 2500$	$500 \leqslant R_g < 1500$	< 500

续表

检测方法及建议	防腐层等级				
	Ⅰ（优）	Ⅱ（良）	Ⅲ（可）	Ⅳ（差）	Ⅴ（劣）
变频-选频法测面电阻率 R_g/（$\Omega \cdot m^2$）	$\geqslant 10000$	$6000 \leqslant R_g < 10000$	$3000 \leqslant R_g < 6000$	$1000 \leqslant R_g < 3000$	< 1000
老化程度及表现	基本无老化	老化轻微，无剥离和损伤	老化较轻，基本完整，沥青发脆	老化较严重，有剥离和较严重的吸水现象	老化和剥离严重，轻剥即掉
处理建议	暂不维修和补漏	计划检漏和修补作业	近期检漏和修补	加密测点，进行小区段测试对加密点测出的小于 $1000\Omega \cdot m^2$ 的防腐层进行维修	大修

（1）变频-选频法。国内长输管道推荐采用变频-选频法，开发了专用的仪器，有相应的行业标准和判据，如《埋地钢质管道防腐绝缘层电阻率现场测量技术规定》（SY/T 6063-1994），并有大量实际应用案例，国内部分燃气企业的外委评价都采用此法。

变频-选频法测试数据重现性好，但管段上的三通将使结果产生较大偏差。对有三通的管段，先尝试改进接地极位置以消除三通的影响，但没有明显效果。又试图根据不同情况归纳测试数据的修正方法，结果没有找到规律。

（2）管道电流图（PCM）法。这是在英国雷迪探管仪的基础上开发的管道电流图（PCM）法。PCM 法在用于城市燃气管道时，对外界杂散电充干扰非常敏感，其读数重现性较差。

【例 5-2】 变频-选频法和管道电流图（PCM）法测试对比。有人曾在长输管道进行过两种方法的测试对比，但其结论是否适用于城市燃气管道有待验证。在评价工作中，以 6 条市政路和 6 个庭院小区作为比较样本，分别用两种方法依次测试，随后进行开挖验证，发现它们用于城市燃气管道都有较大局限。

（3）C 扫描技术。根据国外资料，美国的 C 扫描技术可用于有三通的管道，且抗干扰能力较强。但该技术所测数据如何分级，是必须要解决的难题。

以往国内防腐层分级判据是在长输管道防腐层上用选频变频取得的防腐层电阻率，而美国 C 扫描技术的分级判据是用电流衰减取得的防腐层电导率。

【例 5-3】 为针对城市燃气管道防腐层用 C 扫描技术制定适合的分级标准，进行了大量细致的摸索。首先选择满足选频变频操作条件的管段，进行两种方法的数据比较，又通过管道运行记录和 30km 样本管段开挖检测结果进行调整，找出其中的相对关系（防腐层电导率与国内标准的防腐层电阻率间的换算关系）后，适时将模型参数转换为防腐层电阻率，最终确定了与国内标准衔接并适合城市管道防腐层的分级标准，见表 5-4。

表 5-4 防腐层电阻率判据对比表　　　　　　　　　　单位：$\Omega \cdot m^2$

等级	C 扫描	变频-选频法
优	>1500000	>10000
良	10001~1500000	5001~10000
可	2001~10000	3001~5000
差	500~2000	1000~3000
劣	<500	<1000

先进的检测技术可以提高检测数据的可靠性，进而保证模型的科学性，但引进国外先进技术必须注意配套引进并消化其软件。

【例 5-4】 城市燃气地下钢管防腐层绝缘性测试方法比较。对于防腐层绝缘性的现场测定，主要有变频-选频法和管中电流法两种。行业标准《埋地钢质管道防腐绝缘层电阻率现场测量技术规定》(SY/T 6063-1994)推荐采用变频-选频法，指定了专用仪器，通过大量开挖检查，确定了分级判据并有大量实际应用成功案例。其使用前提是首端至末端间没有支管，这对于长输管道不成问题，但在测试市政燃气管道时需要在三通处接线，从而受到很大限制。管中电流法可在三通以外接线。该方法目前尚未列入行业标准，其开发单位宣称与变频-选频法所测数据有很好的一致性，故分级借用变频-选频法的判据，其在国内部分城市管道上应用效果褒贬不一。为此，结合小区管道改造工程，通过现场测试对比和开挖验证，以考察两种方法，尤其是管中电流法在市政管道检测的可行性。

1）管段

某小区地下钢管总长 553m，所选试验管段为干管，口径 $\phi108m \times 6m$，长度 312m，沿小区道路敷设在人行道下 0.8m 左右，其上接有长度不等，通往楼栋的支管 5 条，口径 $\phi76m \times 5m$，所有管道防腐设计均为 2 内 2 外的 4 层加强级胶带。管道运行已 8 年，管内介质为 0.07MPa 的液化石油气。

检测前，在支管三通处开挖(K1、K2、K3、K4)，使管段分成 4 段(有一条支管极短且位于小区的交叉路口上，没有开挖)，检测管段分段和开挖点情况见表 5-5 和图 5-2。

表 5-5 管段情况一览表

管段	长度/m	起止位置	备　注
1#	86	阀门~K1	
2#	72	K1~K2	
3#	94	K2~K3	含一个未开挖三通
4#	60	K3~K4	甲公司测量 61m

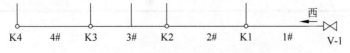

图 5-2 管段分段和开挖点示意图

2) 仪器

管中电流法使用进口的测量仪(国内无此类产品),变频-选频法使用国产的测量仪(国外无此类产品)。

3) 检测过程

为保证检测数据的客观性,选择了两家专业检测公司分别独立自行完成检测。笔者进行旁站监督配合,不参与检测方案制订。第一天由甲公司用管中电流法检测,第二天由乙公司用管中电流法检测,第三天由乙公司用变频-选频法检测。待两家公司分别提交报告后,将管段全部开挖,按照国家有关标准逐项检查,完成验收报告,确定检测结果的可靠性。

4) 检测数据

(1) 甲公司用管中电流法检测数据见表5-6所示。

表5-6 绝缘性能测试数据

序号	管段	首端/m	末端/m	测试长度/m	数值/($\Omega \cdot m^2$)	判断等级
1	1#	阀门西20	阀门西78	58	60230	极好
2	2#	K2东20	K2东69	49	215	极差
3	3#	K2西36	K2西46	10	39	极差
4	3#	K3东17	K3东41	24	270	极差
5	4#	K3西30	K3西61	31	164	极差

(2) 乙公司用管中电流法检测数据见表5-7所示。

表5-7 绝缘性能测试数据

序号	管段	首端	末端	测试长度/m	数值/($\Omega \cdot m^2$)	判断等级
1	1#	阀门西20m	阀门西51m	31	1820	较差
2	2#	K1西14m	K1西54m	40	275	极差
3	3#	K2西15m	K3西31m	110	243	极差
4	4#	K3西31m	K3西56m	25	385	极差

(3) 乙公司用变频-选频法检测结果见表5-8所示。

表5-8 绝缘性能测试数据

管段	首端	末端	测试长度/m	数值/($\Omega \cdot m^2$)	判断等级
1#	K1	阀门	86	4920	中等
2#	K1	K2	72	3839	中等
3#	K3	K2	94	3642	中等
4#	K3	K4	60	3154	中等

5) 讨论

(1) 管中电流法数据重现性。

管中电流法测试数据受环境和操作人员水平影响很大,重现性差。同一管段两家公司的检测结果差别巨大,以1♯管段为例,甲公司的结果是 $60230\Omega \cdot m^2$,属于"极好"等级,相当于新建优级管道;乙公司的结果仅 $1820\Omega \cdot m^2$,属于"较差"等级,应考虑大修。分析原因,可能与环境气候有关,甲公司检测时是晴天,乙公司检测时有阵雨。比较表5-6和表5-7可知,两家公司对不同管段检测结果的相对优劣顺序大致相同,均为1♯管段明显优于其他管段,属于不同等级。表5-8所示变频-选频法检测结果也显现同样趋势,但是相互差别较小,属于同一等级。

(2)检测盲区。

管中电流法检测盲区很大,甲公司实际检测长度172m,乙公司实际检测长度206m(扣除K3三通两侧共30m,有效长度为176m),都不到干管总长度的2/3。如果考虑支管,检测长度将不到管段总长度的1/3。变频-选频法可检测全部管段。

盲区有两类。一是发射机附近15~20m内为一次场干扰区,根据发射机信号强度变化,最短不少于15m。此范围内接收机所接收信号直接来自发射机,而不是管道感应磁场,故仪器使用规定,在此范围内采集数据无效。二是有电缆(包括电灯、电力、通信等)在管道上方且非常浅表时,管道感应信号完全为其他电缆的磁场所压制,根本检测不到信号,自然形成盲区。

(3)支管、弯头的影响。

管中电流法跨越支管的含义,是指检测段首端与仪器接电点是分离的,其间可以有支管,但检测段首端至末端间是不能有支管的。另外,仪器使用规定,靠近三通、弯头的15~20m内不应采集数据,还要求可采集区内连续检测长度应大于50m,太短可能产生较大误差。这是由于管中电流法在地面接收感应信号的衰减规律,其理论模型建立在无限长直管道基础上。在三通、弯头附近,所测信号实际是多段管道中信号的叠加,无法测取正确数据。变频-选频法检测段首端与仪器接电点必须是同一点,但接收信号直接取自管道,不存在三通、弯头部位信号叠加问题,首末端甚至可以直接位于三通上。

实际上,两种方法测试时,均将三通处排除在外。然而三通、弯头部位由于表面不规则,并通常采用现场防腐,质量优劣相差巨大,是影响管段宏观性能的最不确定因素,其防腐绝缘情况直接影响对所在管段性能的总体评判。

(4)数据可靠性。

根据各自管中电流法的检测报告,两家公司都认为除1♯管段外,其他管段均属于"极差"级,推断其防腐层厚度不够,胶带包缠不严,管体有均匀腐蚀。实际开挖情况表明,除破损点外,管道其余部分胶带搭接较均匀,管体完好无损,且1♯管段与其他管段情况没有明显差别。乙公司根据变频-选频法检测结果的报告,判定所有管段均为"中等"级,与实际情况基本相符。分析原因,管中电流法在地面接收的是感应信号,周边电磁场必然影响信号的接收。1♯管段为直管段,而其他管段为保证检测长度,末端距三通往往太近,没有达到仪器规定的间隔,所测信号实际是管道中的信号与管段末端支管信号的叠加,从而导致检测结果失真。检测还发现,各支管的影响情况不一,取决于周边杂散电流的方向。如有杂散电流汇入干管,会使测试结果偏高,反之则使测试结果偏低。

(5)结论。

管中电流法允许信号接入点位于被测管段之外,可以满足市政燃气管道普查时定性确定相对优劣的要求,但直管段长度应至少大于80m,且管段上方地表浅层不得有电缆干扰。

管中电流法可以用于防腐层绝缘性检测,但测试结果与变频-选频法有很大差别,应在大量开挖基础上另行建立分级判据,而不宜借用变频-选频法的分级判据。

管中电流法测试市政燃气管道时受周边环境和操作人员影响较大,在决定管段是否大修更换时,应以开挖三通后用变频—选频法的检测结果作为判断依据。

三、城镇燃气埋地钢管土壤腐蚀检测与评价

1. 埋地管道发生土壤腐蚀的机理分析

由于居民生活和市政建设的原因,城镇土壤多为回填土,腐蚀性比郊野土壤复杂和严重,地下管线风险评价需通过周期性检测确定其变化趋势。城镇市政管道几乎全都采用直埋方式铺设,土壤腐蚀性对其安全运行影响重大。它不但会影响防腐层的老化破损进程,而且直接决定防腐层破损处钢管的腐蚀穿孔速度,因而土壤腐蚀性评价的正确性,直接关系到地下管线腐蚀防护评价结果的可靠性。所以,应结合城镇市政管道的实际,提出适合地下管线风险评价的土壤腐蚀性分级标准。

地下钢质管道的腐蚀绝大多数都是电化学腐蚀,土壤是具有固、液、气三相的毛细管多孔性的胶质体,颗粒骨架的空隙被空气和含有可溶盐的水所充满。根据电化学理论,防腐层破损处的管道与土壤界面会自动形成半电池,管道沿线不同部位由于土壤性质不同,使得半电池电位不同。土壤中的水使土壤具有离子导电性成为电流通道,其将不同的半电池连通就构成了腐蚀电池,使电位较低的阳极区管道发生腐蚀(见图5-3)。

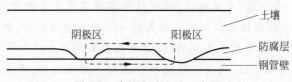

图 5-3　腐蚀电池电流示意图

进一步分析可知,影响土壤腐蚀性的因素主要有土壤颗粒度、结构、透气性、含水量、离子种类及含量、细菌含量、杂散电流分布等,测定这些参数并不困难,但这些参数的作用相互交织和制约,无法建立各自与土壤腐蚀性间的量化关系。为此,人们不得不选定一些综合参数来判断土壤腐蚀性。

2. 评价城镇土壤腐蚀性的主要因素分析

国内长输管道往往采用土壤电阻率来分级,但统计结果表明,只用土壤电阻率来判断城镇土壤腐蚀性的误差率高达30%～40%,原因是:①长输管道沿线多为郊野,土壤结构、透气性等变化平缓,相邻管段电位差异相对较小,土壤腐蚀性更多地取决于土壤的综合导电能力;②城镇多为回填土,土壤结构、透气性变化剧烈,使管道不同部位间构成强烈的浓差电池,土壤腐蚀性取决于综合导电能力和电位差等诸多方面。

对于城镇地下管线还应注意土壤化学污染、杂散电流和细菌腐蚀。此外,不同种类的离子对腐蚀的影响也不尽相同。这些因素都无法仅用土壤电阻率来充分体现。换言之,土壤电阻率可表明土壤的综合导电能力,较好地反映出土壤的颗粒度、含水量、可溶离子

总含量等信息,但不能完全反映土壤结构、透气性、离子种类、杂散电流、细菌含量等同样与金属腐蚀速率密切相关的因素。

为全面反映各因素的影响,美国、德国等分别制定了综合评价的标准。美国国家标准 ANSI A21.5 测试 5 项指标,包括土壤电阻率、pH 值、氧化还原电位、硫化物、地下水位,上述标准中土壤腐蚀性等级均采用各个单项分别加权评分,以其代数和查表判定。德国标准 DIN 50929 共测试 12 项指标,包括:土壤类型、土壤电阻率、含水量、pH 值、缓冲能力、硫化物、中性盐、硫酸盐、地下水位、埋深处与地表土壤电阻率的差值、埋深处与周边土壤电阻率的差值、管地电位。

《钢质管道及储罐腐蚀评价标准　埋地钢质管道外腐蚀直接评价》(SY/T 0087.1-2018)规定,土壤腐蚀性检测的土壤理化性质分析宜包括土壤电阻率、氧化还原电位、pH 值、含水率、土壤容重、氯离子、硫酸根离子、碳酸根离子、土壤总含盐量、微生物种类项目。

《油气田及管道岩土工程勘察规范》(SY/T 0053-2004)在附录 D《环境水和土对钢结构的腐蚀性评价》明确了土壤对钢结构腐蚀性的主要影响因素,包括 pH 值、氯离子、硫酸根离子、土壤电阻率、氧化还原电位、试片失重、极化电流密度 7 项。

《城镇燃气埋地钢质管道腐蚀控制技术规程》(CJJ 95-2013)明确规定,土壤腐蚀性应采用检测管道钢在土壤中的腐蚀电流密度和平均腐蚀速率判定;在土壤层未遭到破坏的地区,可采用土壤电阻率指标判定土壤腐蚀性;当存在细菌腐蚀时,应采用土壤氧化还原电位指标判定土壤腐蚀性。

3. 土壤腐蚀性测试项目

现场测试与试验室测试相结合,可提高不同管段间的可比性。现场测取的实时数据是各种环境因素的综合反映,较为可靠,但不同地段、不同时间所测数据间可比性较差。

(1) 现场测试。现场原位测试包括:极化电流密度、土壤电阻率、pH 值、氧化还原电位。

极化电流密度可以较好反映土壤结构、含水量、透气性、杂散电流的影响。土壤电阻率侧重反映土壤的颗粒度、含水量、可溶离子总含量的影响。pH 值用于判断化学污染、细菌的影响。氧化还原电位体现细菌腐蚀的可能性。

极化电流密度测试是在测量现场将与管道钢同质的试件插入土壤中,通入电流使试件电位产生 10mV 的极化,即可从仪器上直接读出数值。由于该项目是在现场与管道埋设的土壤完全相同的环境下测定的,因此能较准确地反映土壤的原位腐蚀性,是现场测试的主项。

(2) 试验室测试。试验室测试项目包括:试件失重和离子种类含量测试。

试件失重有两种测试方法:现场埋件测试和试验室加速测试。现场埋件测试获取一组数据通常需要数年观测,试验室加速测试仅需 24h。

试验室加速测试是指在试验室把土样用蒸馏水饱和后,将直流电通入所采土样中与管道钢同质的试件,24h 后测量减失的重量。饱和水代表了最严酷条件,且使得各土壤样品间具有可比性。实际上,即使通常干燥的地段,在暴雨或意外(如附近水管爆裂)情况下,也有可能为水所饱和,此时土壤中所含的可溶性离子会全部融进水中,参与电化学腐蚀进程。

试件失重模拟了管道钢在土壤中发生腐蚀时,金属表面的电化学行为和腐蚀动力学过程的难易,可以充分反映土壤质地、可溶性离子总含量对腐蚀性的影响,是实验室测试的主项。

另外,氯离子具有极强的穿透性,促成针孔点蚀,这在城镇市政管道中较常见。在实验室测试其含量,并判断其影响。硫酸根离子的测试则用于初步判断细菌腐蚀的可能性。

4. 油气输送管道线路土壤腐蚀性综合等级判定方法

《油气田及管道岩土工程勘察规范》(SY/T 0053-2004)的附录 D《环境水和土对钢结构的腐蚀性评价》分别从水对钢结构的腐蚀性、一般地区土壤腐蚀性、土壤腐蚀性、土壤细菌腐蚀性等几个方面对管道线路土壤腐蚀性进行评价分级,见表 5-9～表 5-12。当各项腐蚀介质评价的腐蚀等级不同时,则采用腐蚀等级的综合评价。

表 5-9　水对钢结构腐蚀性评价

腐蚀等级	pH 值和(Cl^-＋SO_4^{2-})含量
弱	pH 3～11,(Cl^-＋SO_4^{2-})＜500mg/L
中	pH 3～11,(Cl^-＋SO_4^{2-})＞500mg/L
强	pH＜3,(Cl^-＋SO_4^{2-})(mg/L)任何浓度

注:表中系指氧能自由溶入的水及地下水。本表亦适用于钢管道。如水的沉淀物中有褐色絮状沉淀(铁)、悬浮物中有褐色生物膜、绿色丛块或硫化氢臭,应做铁细菌、硫酸盐还原细菌的检验,查明有无细菌腐蚀。

表 5-10　一般地区土壤腐蚀性分级标准

等级	强	中	弱
土壤电阻率/(Ω·m)	＜20	20～50	＞50

表 5-11　土壤腐蚀性分级标准

指　标	等　　级				
	极轻	较轻	轻	中	强
极化电流密度/($\mu A \cdot cm^{-2}$)(原位极化法)	＜0.1	0.1～＜3	3～＜6	6～＜9	≥9
平均腐蚀速率/[g·$(dm^2 \cdot a)^{-1}$](试片失重法)	＜1	1～3	3～5	5～7	＞7

表 5-12　土壤细菌腐蚀性评价指标

腐蚀级别	强	较强	中	弱
氧化还原电位/mV	＜100	100～＜200	200～400	≥400

按照表 5-9～表 5-12 对各项腐蚀介质评价的腐蚀等级不同时,则采用如下的综合评价法确定土壤腐蚀等级:各项腐蚀介质的腐蚀评价等级中,只出现有弱腐蚀,无中等腐蚀或无强腐蚀时,应综合评价为弱腐蚀;各项腐蚀介质的腐蚀评等级中,无强腐蚀,腐蚀等级最高为中等腐蚀时,应综合评价为中等腐蚀;各项腐蚀介质的腐蚀评价等级中,有一个

或两个为强腐蚀性,应综合评价为强腐蚀;各项腐蚀介质的腐蚀评价等级中,有 3 个或 3 个以上为强腐蚀时,应综合评价为严重腐蚀。

根据《城镇燃气埋地钢质管道腐蚀控制技术规程》(CJJ 95-2013)的要求,城镇土壤腐蚀性评价指标及分级采用表 5-11 的规定;在土壤层未遭到破坏的地区,可采用表 5-10 的规定;当存在细菌腐蚀时,应采用土壤氧化还原电位指标判定土壤腐蚀性,采用表 5-12 的规定。假如各种因素都存在,可采用上述的综合评价法确定土壤腐蚀等级。

5. 土壤电阻率的测量

土壤电阻率是影响设计的最重要参数,直接决定阳极品种、规格和布局等,因而其测试值准确与否直接关系到阴极保护的效果好坏。《埋地钢质管道阴极保护参数测量方法》(GB/T 21246-2007)推荐平均土壤电阻率的测试,采用等距(四极)法测管道埋深处的电阻率,但用于测深不小于 20m 情况下的土壤电阻率测量则采用不等距法。

长输管道根据土壤情况划分检测单元时,往往以土壤电阻率数据为主。对于城镇燃气管道,上方地面往往是铺设方砖的人行道,根本无法找到足够的土壤空间去以管道埋深作为间距插入 4 根接地极。对此,有些检测单位在远离管道的绿化带中进行测试,或在管道上方以方便插入为准,随意确定接地极间距,检测数据并不能代表管道埋深处的情况;即使地表为土壤,由于管道周边的其他地下金属结构影响,无法满足接地极测试条件,结果偏差达 30%~40%,作为检测单元划分依据是不合适的。

实际上,管道上方附近通常都有行道树或小面积裸露土壤处,树坑中可以方便地进行极化电流密度测试。极化电流密度测试是在测量现场将与管道钢同质的试件(探头)插入土壤中,仪器自身的电源使试件电位产生 10mV 的极化,即可从仪器上直接读出数值。由于该项目是在现场与管道埋设的土壤完全相同的环境下测定的,因此能较准确地反映土壤的原位腐蚀性。更重要的是,其测试快捷方便,很适合作为检测单元划分的手段。

(1)等距四极法。《埋地钢质管极保护参数测量方法》(GB/T 21246-2007)规定,平均土壤电阻率测试优先采用等距四极法。测量时将接地电阻测量仪的四根电极以间距 S 等距离排成一条直线,垂直打入地表层。如图 5-4 所示。

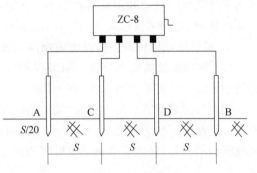

图 5-4 土壤电阻率测试方法示意图

摇动直流发电机,通过两个电流极 A、B 在土壤中形成电流场,测取回路的电流密度和两个电位极 C、D 之间的电位差,根据欧姆定律可计算两支电位极之间的电阻值。检测仪器为 ZC-8 接地电阻测量仪,相邻电极间距 S 取管道中心线设计埋深。虽然测试是在地表进行,但当电流极的入土深度小于 S/20 时,可以看成为球形电极。如果土壤性质均匀,两个电位极 C、D 之间的土壤电阻率值即等同于从地表至埋深 S 处的平均土壤电阻率。按施隆贝格式(5-1)计算出两个电位极 C、D 之间的土壤电阻率值,进行地温修正后得到设计所需参数值。

$$\rho = 2\pi S R \tag{5-1}$$

式中,ρ 为土壤电阻率,单位为 $\Omega \cdot m$;S 为相邻电极距,单位为 m;R 为接地电阻仪读数,单位为 Ω。

(2) 等距四极法适用范围。对位于郊野的长输管道,周边土壤大多为原状土,地表与地下土壤性质差别很小,通常测取地表至管道中轴线埋深处的土壤电阻率,即可作为设计依据,不会产生太大偏差。

对于城镇燃气管道,地表土壤大多为回填土,至少经夯填处理形成硬壳,甚至为混凝土或沥青路面和路基。如果照搬长输管道的做法,由于地表与地下土壤性质差别巨大,导致所得结果根本不能代表管道埋深处土壤的性质。此外,城镇地表土壤含水量和温度变化远大于郊野,导致土壤电阻率测试值大幅度震荡。实测数据表明,暴雨或绿化浇灌前后,同一地点所测土壤电阻率数值最大相差 3 倍以上。按照表 5-10 判定,其腐蚀性甚至可以横跨"强""中""弱"三个等级,因此必须采取相应措施消除误差。

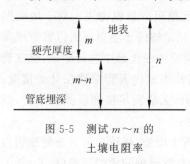

图 5-5　测试 $m \sim n$ 的土壤电阻率

(3) 城镇土壤电阻率误差消除方法。根据施隆贝格公式的原理可知,对于不均匀土壤,应采用分别测取地表至硬壳厚度 m 深处的土壤电阻值 R_m、地表至管道埋深 n 处的土壤电阻值 R_n,通过计算得到埋深 $m \sim n$ 的土壤电阻率,作为设计依据。其中,m 为地表硬壳厚度,一般情况可取 0.3m,混凝土或沥青路面可取 0.6m;n 为设计管底埋深。如图 5-5 所示。

城镇土壤电阻率计算式(5-2)如下:

$$\rho_{(m \sim n)} = 2\pi R_m R_n (n - m) / (R_n - R_m) \qquad (5-2)$$

式中,$\rho_{(m \sim n)}$ 为土壤电阻率,单位为 $\Omega \cdot m$。

由于建设后管道和阳极均处于 $m \sim n$ 层内,以该值作为设计依据,可以很好消除地表硬壳的影响,且测试值稳定重现性好,基本不受地表雨水和绿化浇灌的影响。

6. 氧化还原电位的测量与土壤细菌腐蚀可能性的判断

(1) 细菌腐蚀的化学分析。阴极保护设计时最小保护电位的确定,依照规程要根据土壤中细菌腐蚀可能性的大小,在 $-0.95 \sim -0.75V$ 取值。

细菌腐蚀是指有土壤中细菌(硫酸盐还原菌)参加或促进的腐蚀。细菌能将土壤中的可溶性硫酸盐转化为硫化氢,硫化氢,一方面消耗钢管,生成硫化亚铁,另一方面抑制腐蚀电池阴极的极化,促进了电化学腐蚀过程的进行。在硫酸盐还原菌作用下,可发生下列化学反应:

$$4Fe + SO_4^{2-} + 4H_2O \longrightarrow FeS + 2OH^- + 3Fe(OH)_2$$

(2) 氧化还原电位的测量。对于是否存在细菌腐蚀的判定方法,规程和其他标准都没有明确规定,传统上采用氧化还原电位标准值判定。

实际上,氧化还原电位是反映土壤中各种氧化还原反应动态平衡的综合指标,主要影响因素是土壤通气情况、有机质和盐基状况。氧化还原电位高,表明土壤性质不适合细菌活动,即使有硫酸盐还原菌存在,也不会导致腐蚀发生;氧化还原电位低,只是表明土壤性质适合细菌活动,至于是否发生细菌腐蚀,还要看土壤中是否有硫酸盐还原菌存在,以及是否有足够的硫酸根供其还原。因此,氧化还原电位只是判断细菌腐蚀可能性的间接指标。

氧化还原电位测定采用铂电极,以饱和甘汞电极作参比。测试前铂电极必须进行彻底去极化脱膜处理,否则可能导致结果失真且很难被发现,处理过程复杂,需要由有较高化工专业知识的技术人员完成。测试时把铂电极轻轻插入待测土中 40～50mm,然后在间距 30mm 外插入饱和甘汞电极,深度相同。将铂电极与酸度计正端相接,甘汞电极与酸度计负端相接,稳定 2min 后由酸度计读出电位差,经地温、pH 值等一系列复杂修正,才能算得氧化还原电位标准值。

氧化还原电位测试时需对铂电极及时彻底脱膜,通常难以做到,加之杂散电流的影响,使实际测试数据可信度不高。考虑到城镇土壤中很少存在细菌腐蚀,通常不必进行该项测试,确有必要时由专业人员进行专项测试。该项指标通常是区域性的,测试不必考虑在管道沿线。同样,土壤电阻率也是区域性的,可在城市内不同地质类型处,随机选择满足测试的点进行测试,结果作为该片区的统一等级。

综观整个测试过程,可以发现其对测试设备及人员资质的要求均较高。另外,为保证测试值具有代表性,规定用 5 支铂电极对 1 支参比电极同时测定,取 3 支读数接近的算术平均数值,作为最终读数。由于城镇土壤中通常有强烈的杂散电流,导致实际操作中,有时几支铂电极的读数呈离散状态且不断漂移,很难确定准确读数。

(3) 城镇土壤细菌腐蚀性判定方法的改进。我国的土壤腐蚀研究结果表明,滨海盐土、潮土及红壤等土壤,基本上都不会出现明显的细菌腐蚀,仅在沼泽、水稻田、森林土中可能发生细菌腐蚀。考虑到城镇土壤很少符合细菌腐蚀的条件,可以先进行简单判断,确有必要时再进行仔细的专项检测。

《钢质管道外腐蚀控制规范》(GB/T 21447-2008)规定:当土壤或水中含有硫酸盐还原菌,且硫酸根含量大于 5% 时,管道/电解质电位应达到 -950mV 或更负(相对 CSE)。这是该标准规定的存在土壤细菌腐蚀可能性的判定条件。

从资料可知,硫酸盐还原菌在 pH 值 6.2～7.8 范围内才具有较大活性,另外发生细菌腐蚀的前提是土壤中有足够的硫酸根离子,pH 值在此范围外或没有足够的硫酸根离子时,即使土壤中有硫酸盐还原菌存在,细菌腐蚀等级也为弱或以下,不影响最小保护电位的确定。

据此,可按照操作难易,确定细菌腐蚀可能性的检测程序为:先进行土壤 pH 值检测,范围超出 6.2～7.8 时,按无细菌腐蚀设计;再进行硫酸根离子比色检测,其含量小于 5%,也将细菌腐蚀等级直接判为弱,设计时不予考虑。这两项操作很简单,且不会受杂散电流的影响。只有硫酸根离子浓度超出时,才由专业机构进行氧化还原电位检测和细菌培养,确认存在细菌腐蚀的可能性大小。这样既可以减少测试工作量,又能够提高结论的可靠度。

四、管地电位测试与阴极保护效果判断

1. 管地电位测试的作用

管地电位是指管道与其相邻电解质(土壤)的电位差。

地下钢管阴极保护工程中,管地电位是最重要的参数,是判断管道是否得到有效保护的唯一判据。通过管地电位的检测可以了解如下地下管线的信息。

（1）未加阴极保护的管地电位测试，是衡量土壤腐蚀性的一个参数，通过电位的对比，可以估算管道的腐蚀程度和腐蚀速率；较新的或腐蚀较少的管线一般电位较负，新铺设的或涂覆的钢管的平均电位为$-0.5\sim-0.71V$，老的或裸管的平均电位在$-0.1\sim-0.3V$（CES）的范围内。

（2）施加阴极保护的管地电位是判断阴极保护效果或程度的一个重要参数。

（3）当管道上有杂散电流干扰时，管地电位的变化是判断干扰程度的重要指标。

管地电位的测试通常有地表参比法、近参比法和远参比法三种方法（见图5-6～图5-8）。请参阅《埋地钢质管道阴极保护参数测量方法》（GB/T 21246-2007）的具体规定。测量的基本步骤如下。

（1）测量前，应确认管道是处于没有施加阴极保护的状态下，对已实施过阴极保护的管道宜在完全断电24h后进行。

（2）测量时，将硫酸铜电极放置在管道上方地表的潮湿土壤上，应保证硫酸铜电极底部与土壤接触良好。

（3）按图5-6～图5-8的测量接线方式，将电压表与管道及硫酸铜电极相连接。

（4）将电压表调至适宜的量程上，读取数据，作好管地电位值及极性记录，注明该电位值的名称。

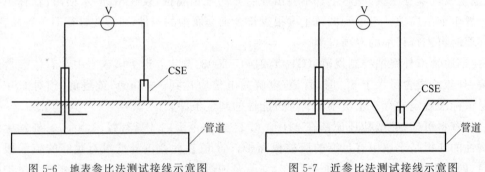

图5-6　地表参比法测试接线示意图　　　　图5-7　近参比法测试接线示意图

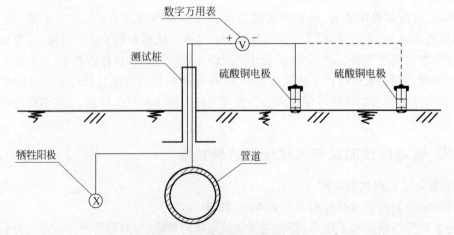

图5-8　远参比法测量接线图

2．阴极保护电位检测方法概述

《埋地钢质管道阴极保护参数测量方法》（GB/T 21246-2007）规定，管道保护电位测试通过管道的阴极保护测试线进行。在城镇燃气管道上没有阴极保护测试线，但存在大量的凝液缸或出地面立管等漏铁点可以进行检测。管道沿线的电位，应采用 CIPS 进行密间隔电位测试。

（1）CIPS 密间隔电位测试方法。该方法是一种沿着管顶地表，以密间隔（一般为 1～3m）移动参比电极测量管地电位的方法，如图 5-9 所示，适用于对管道阴极保护系统的有效性进行全面评价。本方法可测得管道沿线的通电电位（V_{on}）和断电电位（V_{off}），结合直流电位梯度法（DCVG）可以全面评价管道的保护状况，查找防腐层破损点及识别腐蚀活性点。通电电位是指阴极保护系统持续运行时测量的构筑物对电解质（土壤）电位。断电电位是指断电瞬间测得的构筑物对电解质（土壤）电位（注：通常情况下，应在切断阴极保护电流后和极化电位尚未衰减前立刻测量）。

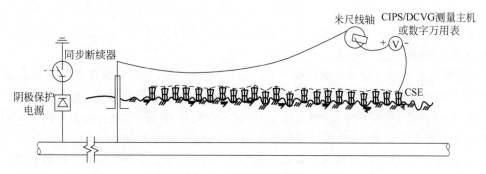

图 5-9　CIPS 测量简图

本方法不适用于保护电流不能同步中断（多组牺牲阳极、牺牲阳极与管道直接连接、存在不能被中断的外部强制电流设备）的管道，以及破损点未与电解质（土壤、水）接触的管段。另外，下列情况会使本方法应用困难或测量结果的准确性受到影响：①管段处覆盖层导电性很差，如铺砌路面、冻土、钢筋混凝土、含有大量岩石回填物；②剥离防腐层或绝缘物造成电屏蔽的位置。

（2）燃气管道 CIPS 密间隔电位测试。将万用表通过 10m 左右的导线直接连到最近的漏铁点上，另一端连接硫酸铜电极（铜-饱和硫酸铜电极，代号 CSE），图 5-10 为密间隔电位测试示意图。

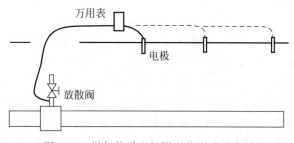

图 5-10　燃气管道密间隔电位测试示意图

将电极插入管道沿线上方的土壤中,得到各点的电位,标绘到图上形成连续的电位测试曲线。需要注意的是,导线要连接到凝液缸的放散阀门之前的管体上,而不能连接在阀体或之后的管体上。这是由于阀体与管道为丝扣连接,起密封作用的水胶布是电绝缘的,万用表电池的电压又低,连接不当会严重影响数据的可靠性。

施工前需制定周密的检测流程,并通知供气单位。检测人员在得到该片区的管道巡查员许可后,才能开始进行操作。不能自作主张在管道系统上进行任何接线操作,以免影响在役管道的正常运营,这是需要格外注意的。

3. 管地电位测试方法改进与阴极保护效果的判断

1) 管地电位测试数据分析

实验室测定和理论推导都表明,碳钢的电位(相对饱和硫酸铜参比电极,以下简称CSE)负于-850mV时,腐蚀过程基本停止,故行业标准规定地下管道的保护电位临界值为-850mV。然而实践证明,有不少地面测量电位值已达到或略负于临界值的地下管道,仍然因为腐蚀发生了穿孔。究其原因,因为管道埋设于地下,测试通常是在地面进行的。测量时无法将CSE参比电极放置在管道与土壤接触的界面上,而是放置在管道正上方地表面,或更远一些的地方。

《钢质管道外腐蚀控制规范》(GB/T 21447-2008)规定,正常情况下的阴极保护效果应达到下列任意一项或全部指标:①在施加阴极保护时,测得的管道/电解质电位达到-850mV或更负(相对CSE)。测量电位时,应考虑消除IR降的影响,以便对测量结果做出准确的评价;②管道/电解质极化电位达到-850mV或更负(相对CSE);③在阴极保护极化形成或衰减时,测取被保护管道表面与土壤接触、稳定的参比电极之间的阴极极化电位差不应小于100mV。存在硫化物、细菌、高温、酸性环境和异金属等情况下,保护电位准则可比上述的准则略负一些;被保护管道在干燥或充气的高电阻率土壤中或镶嵌在混凝土中时,保护电位准则可比上述的准则略正一些;当管道运行压力和其他因素可促进应力腐蚀开裂时,保护电位应比-850mV略正(相对CSE);被保护管道,尤其是高强钢、某些级别的不锈钢,宜避免使用会导致过量析氢的极化电位;阴极保护的管道/电解质电位不应过负,以避免被保护管道防腐层产生阴极剥离。

地面测试的电位数据包括了测量电路中IR降引入的偏差。IR降是指根据欧姆定律,由于电流的流动在参比电极与金属管道之间电解质(土壤)内产生的电压降。所以,地面测到的管地电位读数,要比管道与土壤直接接触界面的电位负(见图5-11),用式(5-3)表示如下:

$$\text{实际电位} = \text{地面读数} + \text{IR降} \tag{5-3}$$

当实际电位处于阴极保护的临界值附近时,这个偏差足以造成对保护效果的误判,地面测量达到保护电位的管道,其实际电位可能并未达到保护要求。例如,地面测试数据刚刚达到-850mV,扣除IR降后,管道实际电位肯定是高于-850mV的,可能只有$-800\sim-700\text{mV}$处于欠保护状态。将欠保护的管道判断为已经得到完全保护,从而未及时进行整改,管道腐蚀继续进行,就会导致穿孔泄漏发生。因此,行业标准明确规定,所测电位应是扣除IR降后的数值。消除IR降的干扰,修正其引起的偏差是正确评价地下管道阴极保护效果的前提。

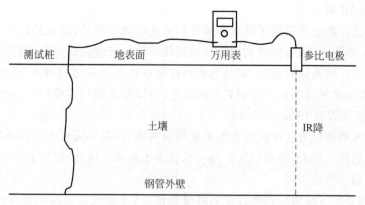

图 5-11　IR 降引入偏差示意图

2）消除 IR 降的常用方法及适用范围

（1）经验公式法。经验公式法是基于研究人员在实验室通过模拟的现场条件，研究土壤电阻率、极化电流、参比电极与管道间距等参数与 IR 降之间的关系，归纳出计算偏差的公式。由于实验室测试条件模拟的是现场条件的理想状态，故其通常仅适用于郊外的单条直管。误差根据现场与实验室条件的差异而相应变化，在符合公式使用条件的前提下，一般在 10% 左右。

经验公式中各参数对偏差的影响大多呈对数或指数函数关系，计算比较复杂，将函数关系绘制成曲线或图表，有利于现场查对，但精度有限，限制了经验公式法的应用。通过大量工作，人们归纳出一些半定量判据，确定在某些条件下偏差可以忽略，是经验公式法最常见的实际应用。

（2）瞬间断电法。美国标准重点推荐瞬间断电法，原理是在所有保护电流同步中断的瞬间在地面测取电位读数。此时由于没有电流通过，IR 降变为零，但管道极化的消失需要较长的时间，因而理论上说，断电瞬间的地面测量电位读数就是不含 IR 降的管道极化电位，其与通电电位的差值就是 IR 降引入的偏差。

实际上在断电瞬间，管道表面通常会有一个短暂的电涌，随后才是断电电位，并开始缓慢的去极化过程。因此，保证数据准确的关键是读数的时间，人们为此开发了多种电子仪器。最新的仪器是在电源电缆上串接电子断续器，现场测试仪器利用卫星定位系统与断续器保持时间同步，可以连续读取和记录电涌前后的电位读数。

瞬间断电法使用的前提是要同步切断管道与环境的所有电连接，通常适用于强制电流系统，人们只要在阴极保护站内的外加电源阴极电缆上串接断续器，在管道沿线测试桩上分别读取和记录电涌前后的管道电位读数，即可算得偏差。

（3）试片断电法。牺牲阳极方式时，每一组阳极都是一个独立的电源，采用在每一组阳极电缆上都串接断续器，测取所有阳极同步断电瞬间的电位读数几乎是不可能的，换句话说，同步的断电、通电在技术上不可行，为此开发了试片断电法。在测试点处埋设一个辅助试片，其材质、埋设状态与管道相同。试片与管道通过电缆连接，管道的保护电流使之极化，这样就模拟了一个防腐层缺陷。测量时只需要切断试片和管道的连接电缆，而无须切断管道与外界的电连接。用 CSE 参比电极读取试片的通电电位、断电瞬间的电位，二者之差就是 IR 降。

理论上,试片断电法适用于任何阴极保护系统的现场测试,但对操作人员的技术要求较高。为减少操作误差,人们将辅助试片与长效参比电极组合在一起,制成极化电位测试探头,但探头试片材质是固定的,如其与管道材质存在差异,就会引入一定的误差。另外,试片断电法需注意使辅助试片得到充分的极化,所以每次测量需要较长的时间。

3) 城市燃气管道 IR 降测试方法

实际上,各种测试方法和仪器都不可能绝对精确,只是不同程度地接近真值。测试精度越高,需要的投入越大,对测试人员的技术要求也越高。因此,应针对不同的需求,选用不同的方法,做到经济合理。

由于受周边地下金属构筑物较多的环境制约,城市燃气管道的阴极保护绝大多数采用牺牲阳极方式,IR 降测试只能采用试片断电法。IR 降是管道极化电位、破损点面积、参比电极距破损点距离、土壤电阻率等多个变量的函数,且随测量时间、地点的不同而变化。

日常生产管理时,阴极保护现场检测通常由巡检人员承担,防腐专业素质普遍较低,要求其熟练掌握测量技术,精确测试各点管地电位,实际上很难实现,客观上也没有必要。日常生产管理中的测试,管地电位具体数值并不重要,关键是对管道的保护状态及时做出正确的判断,实际操作要简单易行。

4) 阴极保护效果的判断

选择有代表性的典型管段和土壤环境条件,用试片断电法测取在最大保护电位下的实际 IR 降,在此基础上,合理增加一定的余量后,作为所有地面测取读数所含的偏差。以行业标准规定的管地电位边界值(-850mV)与这一偏差的代数和作为判断管段保护状态的地面测取读数判据,判断管道的阴极保护效果。

【例 5-5】 选择某市的 A 和 B 两个点,以牺牲阳极全参数检测桩所接的辅助试片作为试片,检测桩所接阳极为开路电位 -1750mV 的高电位镁阳极,试片为 $5\text{mm}\times10\text{mm}\times3\text{mm}$ 的 A3 裸钢板,埋设在管道周边的土壤中,正常状态下其与管道没有任何连接,相当于未实施阴极保护的管道,从而可以测取钢管的自然电位(见图 5-12)。

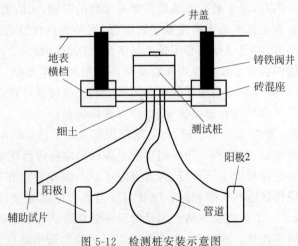

图 5-12　检测桩安装示意图

进行试片断电法测试时,先断开阳极组与管道的连接,将阳极组与辅助试片用带有开关的导线连通,使试片充分极化,直至试片电位完全稳定后,按动开关断开阳极组与辅助试片的导线。辅助试片及 CSE 参比电极分别连接在 DT800 高速记录仪的同一通道上,进行试片通电、断电电位的连续测试与存储。得到电位变化曲线如图 5-13 和图 5-14 所示。

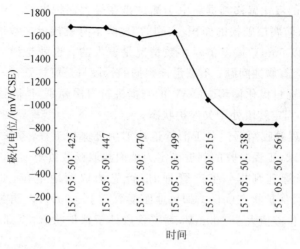

图 5-13　A1 极化衰减曲线

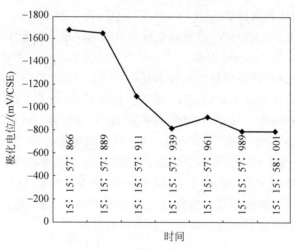

图 5-14　A2 极化衰减曲线

两处测试点各测试 2 次,在通电、断电瞬间的电位及 IR 降情况见表 5-13。

表 5-13　试片断电法测试电位数据一览表　　　　　　单位：mV

编号＼项目	A1	A2	B1	B2
On 电位	−1690	−1674	−1687	−1690
瞬间 Off 电位	−1654	−1637	−1644	−1648
IR 降	42	43	37	36
IR 降平均值	39.5			

由表 5-13 可知,IR 降数值均在 $36\sim43\mathrm{mV}$,在此基础上,考虑增加 20% 的余量,统一假定某市燃气管道地面测试读数中所含 IR 降偏差值为 $50\mathrm{mV}$。行业标准要求土壤中碳钢保护电位临界值为 $-850\mathrm{mV}$,相应地规定该市燃气管道阴极保护运行管理的判据为管地电位地面侧取读数负于 $-900\mathrm{mV}$。

(1) 可疑管段的极化偏移判据。由于测试是在最大保护电位下进行,且其试片面积 ($100\mathrm{cm}^2$)大于多数防腐层破损的面积,实测的 IR 降本身就接近多数情况的上限,又增加了一定的余量,所以 $50\mathrm{mV}$ 偏差值对多数情况是偏大的。也就是说,满足该判据的管段保护效果良好,不会有腐蚀问题;不满足该判据的管段只是可疑管段,并不一定会有腐蚀发生。可疑管段要通过极化偏移 $100\mathrm{mV}$ 的判据进行再次甄别,消除误判,只有极化偏移不足 $100\mathrm{mV}$ 时,才判定管段处于欠保护状态。

(2) 旧管道工程验收判据。对于旧管道追加阴极保护工程,考虑到随着时间延续防腐层老化的余量要求,工程验收的判据确定为地面测取读数负于 $-950\mathrm{mV}$。

(3) 日常生产管理判据。生产管理时,首先测取管地电位,如果地面读数负于 $-900\mathrm{mV}$,判定管段保护状态优良。如果地面读数正于 $-900\mathrm{mV}$,再加测自然电位,如果管地电位与自然电位差值大于 $100\mathrm{mV}$,判定管段处于保护状态,否则判定管段处于欠保护状态。

(4) 阴极保护状态分级。进行燃气管道安全评价时要对管段的阴极保护状态进行分级。一般情况下,地面测取读数负于 $-950\mathrm{mV}$ 为优;地面测取读数 $-950\sim-900\mathrm{mV}$ 为良;地面测取读数正于 $-900\mathrm{mV}$,但管地电位与自然电位差值大于 $100\mathrm{mV}$ 为可;管地电位与自然电位差值小于 $100\mathrm{mV}$ 为差。

《城镇燃气埋地钢质管道腐蚀控制技术规程》(CJJ 95-2013)规定,阴极保护状况可采用管道极化电位进行评价。正常情况下,施加阴极保护后,使用 CSE 测得的管道极化电位应达到或负于 $-850\mathrm{mV}$。测量电位时,应考虑 IR 降的影响。存在细菌腐蚀时,管道极化电位值相对于 CSE 应小于或等于 $-950\mathrm{mV}$。在土壤电阻率为 $100\sim1000\Omega\cdot\mathrm{m}$ 的环境中,管道极化电位值相对于 CSE 应小于或等于 $-750\mathrm{mV}$;当土壤电阻率大于 $1000\Omega\cdot\mathrm{m}$,管道极化电位值相对于 CSE 应小于或等于 $-650\mathrm{mV}$。当阴极极化电位难以达到 $-850\mathrm{mV}$ 时,可采用阴极极化或去极化电位差大于 $100\mathrm{mV}$ 的判据。阴极保护的管道极化电位不应使被保护管道析氢或防腐层产生阴极剥离。

五、城镇地下管道干扰电流的控制

1. 杂散电流腐蚀

干扰是指由于杂散电流作用或感应电流作用而对钢质管道等金属构筑物产生的有害的电扰动影响。杂散电流是指从规定的正常电路中流失而在非指定回路中流动的电流,分为直流与交流两种。直流杂散电流对管线的危害更大。

杂散电流腐蚀是指由杂散电流引起的金属电解腐蚀。直流杂散电流腐蚀是指管道沿线的直流电源泄漏在土壤中的电流流经钢管构成回路,在流出点造成的腐蚀。交流杂散电流腐蚀则是交流电气化铁路及高压输电线路电压波动在钢管上感生电流造成的腐蚀。

管道杂散电流干扰是城市燃气管道腐蚀的重要原因。它分为直流杂散电流和交流杂散电流干扰两种方式。城市地下杂散电流的主要来源是直流电气化铁路。地铁或轻轨运行中,有不少电流不是沿轨道回到牵引变电所,或者根本不再回到牵引变电所,而是流向大地低电位处。它可导致地铁或轻轨沿线两侧几千米至十几千米范围内埋地金属管线(如燃气管、自来水管、热力管、电缆套管等)发生严重的腐蚀。

依据法拉第定律,1A 的直流电流可使钢铁腐蚀约 9kg。杂散电流腐蚀通常是发生在管道防腐层破损处,即集中在局部,因而会引起强烈的坑蚀,导致很快穿孔。我国东北地区输油管道 80% 的腐蚀穿孔是由杂散电流引起的,位于直流电气化铁路附近的管道,严重时半年就发生腐蚀穿孔,计算可知腐蚀速度大于 10～12mm/a。

直流杂散电流的测试,按照要求应在管道沿线测试间距 10m 的电位梯度。由于城市燃气管道上方多数覆盖了方砖、混凝土或沥青路面,无法保证间距。此时可在两个树坑内测试,树坑之间可以为混凝土或其他路面,应注意结果处理时按实际间距计算电位梯度。间距无法达到 10m 时,应尽可能大,以减少误差,但间距太大时,不能反映管道实际位置的情况,一般不宜超过 20m。

2. 杂散电流腐蚀的概况

(1)国外情况。19 世纪 70 年代末第一条电气铁路投入商业运行,随后几十年内,国外轨道交通建设迅速发展。与此同时,电话、自来水和燃气公司发现,轨道附近的埋地管线和电缆的腐蚀格外严重,轨道交通部门也发现轨道和道钉发生了严重局部腐蚀。经过多年研究,终于确定是由于机车轨道与道床间没有良好的绝缘措施,牵引电流从轨道泄入大地引起的。1910 年,美国标准局开始对杂散电流腐蚀问题组织系统研究。到 1921 年,美国标准局确定必须从干扰源侧(电气轨道系统)和被干扰侧(埋地管线和电缆)两方面着手进行防护。

① 干扰源侧:各节轨道间要有良好的电连接;尽量缩短牵引供电站之间的距离;轨道与道床间进行良好的绝缘。

② 被干扰侧:对电气化轨道周围新建构筑物要有所选择;阻隔电气化电缆与地下构筑物间的电连接;电缆外加装套管;在埋地管道和电缆套管上加装绝缘接头;采用排流措施。

直到今天,这些基本原理也未曾改变,人们仍在使用这些技术措施,并根据这些原则,制定一系列技术标准,有效控制了杂散电流腐蚀的发生。

(2)国内情况。在我国,地铁和轻轨作为城市重要的交通工具正在得到迅速发展,目前北京、上海、香港、天津、广州、深圳、南京、西安等多个城市的地铁已投入使用,其他一些发达城市的地铁也在规划建设之中。另外,一些旅游景区或主题公园也多采用高架轻轨作为游览观光工具。

借鉴国外建设经验,国内地铁建成初期,轨道与道床之间采用了较好的绝缘措施。随着运营时间的推移,受环境污染、潮湿、渗水、漏水和高地应力作用等因素影响,其绝缘性能逐渐降低,从而产生了杂散电流。如北京地铁一期工程 1 号线中木樨地至崇文门段,其轨/地过渡电阻值最高时为 74.1Ω·km,最低仅为 0.16Ω·km;二期工程环线中最高时为 58.9Ω·km,最低仅 0.849Ω·km。显然,如此低的过渡电阻必然会导致大的杂散电流。

国内因杂散电流导致附近埋地金属结构破坏的事例已不少见,曾造成严重的社会影响和环境破坏,危及工业生产和城市公共安全。香港曾因地铁杂散电流腐蚀引起煤气管道的穿孔,造成煤气泄漏的事故。北京地铁一期工程投入运营数年后,其主体结构钢筋发现严重腐蚀,隧道内水管腐蚀穿孔,仅东段部分区段更换穿孔水管 54 处;天津地铁也存在着水管被杂散电流迅速腐蚀穿孔的情况。

20 世纪 90 年代北京新建的某条埋地输气钢质管道,由于受到附近直流杂散电流干扰影响,投产运行不到两年时间即发生严重的腐蚀穿孔和泄漏事故。检测检修和恢复工作耗时两周,更换建设了数百米新管道,最后采用两端安装免维护绝缘接头、增加有效的排流设施和实施阴极保护等措施,同时对地铁系统也采取了一系列整改措施,基本解决了杂散电流的干扰影响问题。

《地铁杂散电流腐蚀防护技术标准》(CJJ/T 49-2020)对干扰源侧(电气轨道系统)防止杂散电流漏失作了技术规定。《埋地钢质管道直流排流保护技术标准》SY/T 0017 专门对地下管道的直流保护措施作了规定。《钢质管道外腐蚀控制规范》(GB/T 21447-2008)、《城镇燃气埋地钢质管道腐蚀控制技术规程》(CJJ 95-2013)对于被干扰侧特别是埋地金属管道的防护措施也做了相应规定。

【例 5-6】 通过对实际检测结果分析表明,地铁沿线约 1km 范围内的地下燃气管道受到严重的杂散电流腐蚀威胁。同时,杂散电流出现与地铁运行时间有着密切关系,地铁沿线地下燃气管道内的杂散电流与地铁运行直接相关。2007 年 4 月,以某市 C 地点为检测对象,用 Datataker 800 型数据采集仪在 C 地点进行管地电位连续 24h 数据采集。其管地电位测量结果如图 5-15 所示。

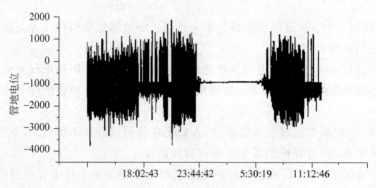

图 5-15　某市 C 地点凝液缸 24h 管地电位检测数据图(4 月 25 日)

从图 5-15 可看到,在 0:00—6:00 时间段内,地铁停止运行时,管地电位基本不变;而在 6:00—24:00 地铁运行的时间段内,管地电位发生剧烈波动。此外,对管地电位在两个不同的运行时间段内的峰值情况进行统计,结果如表 5-14 所示。

表 5-14　管地电位在不同时间段内的统计和计算

时 间 段	<−1600mV 出现比例/%	>−600mV 出现比例/%
6:30—8:30	8.0	16.3
10:30—12:30	3.0	4.3

按表5-9统计的峰值点所占的比例可知,6:30—8:30是地铁运行的高峰时间,时间段内管地电位小于−1600mV和大于−600mV的峰值出现的比例明显大于10:30—12:30时间段。这是因为高峰期地铁载客量大,列车消耗功率加大。地铁列车运行电压是恒定的,电流必然相应增大,导致杂散电流也相应增大,反映到燃气管道上,就表现为管地电位的变化幅度更大。

3. 直流电干扰评价与控制

(1) 直流电干扰评价。直流电干扰的判断规则是:①处于直流电气化铁路、阴极保护系统及其他直流干扰源附近的管道,其任意点上的管地电位较该点自然电位正向偏移20mV或管道邻近土壤中直流地电位梯度大于0.5mV/m,可确认管道存在直流干扰;②直流电干扰腐蚀的程度一般应采用管地电位较自然电位正向偏移值来判断,见表5-15;③管地电位较自然电位正向偏移值难以测取时,可采用土壤电位梯度值判断,见表5-16;④当管道任意点上管地电位较该点自然电位正向偏移100mV或管道邻近土壤中直流地电位梯度大于2.5mV/m时,管道应采取防护措施。

表 5-15　采用管地电位正向偏移值判断

杂散电流程度	弱	中	强
管地电位正向偏移值/mV	<20	$20\sim200$	>200

表 5-16　采用土壤电位梯度值判断

杂散电流程度	弱	中	强
土壤电位梯度/(mV·m^{-1})	<0.5	$0.5\sim5.0$	>5.0

《城镇燃气埋地钢质管道腐蚀控制技术规程》(CJJ 95-2013)规定,当管道任意点的管地电位较该点自腐蚀电位正向偏移大于20mV或管道附近土壤电位梯度大于0.5mV/m时,可确认管道收到直流干扰。当管道任意点的管地电位较自腐蚀电位正向偏移大于100mV或管道附近土壤电位梯度大于2.5mV/m时,应采取防护措施。

(2) 直流电干扰的控制。直流电干扰的防护应按排流保护为上、综合治理、共同防护的原则进行。排流保护是直流电干扰保护的主要方法,应根据干扰程度、状态、干扰源与管道位置关系,场地环境等条件选择直接排流、极性排流、强制排流、接地排流等保护方式。综合治理的要点如下。

① 扰源侧应采取措施,减少漏泄电流数量,使其对外部系统的干扰降至最小。

② 在受到干扰的管道系统中,适当、合理地装设绝缘法兰,以缓解或解决干扰问题。

③ 电连接(包括串入可调电阻)可以调整或改变管道内干扰电流流向分布,有助于排流效果提高。

④ 防腐层修理和加强,可限制流入或流出管道的干扰电流,缓解干扰和提高排流保护效果。

⑤ 改变顶定的管道走向或阴极保护阳极地床的位置。

⑥ 调节阴极保护电流的输出,或采用牺牲阳极保护代替强制电流阴极保护。

⑦ 设置屏蔽栅极或电场屏蔽,有助于改变杂散电流流向和流入被干扰体的数量。

处于同一干扰区域的不同产权归属的埋地管道或地下电力、通信等缆线,应在互相协商的基础上,纳入共同的干扰保护系统,实施"共同保护",以避免在独立进行干扰保护中形成相互间的再生干扰。

4. 交流电干扰评价与控制

《钢质管道外腐蚀控制规范》(GB/T 21447-2008)规定,埋地管道交流电对石油沥青防腐层埋地管道干扰程度可按表 5-17 中所列的指标进行判定;交流电对高性能防腐层埋地管道的干扰可按 15V 交流开路电压进行判定,在有安全防护措施时,判断指标可适当放宽。

表 5-17　埋地钢质管道交流电干扰判断指标

土壤类型	严重性程度(级别)		
	弱	中	强
	判断指标/V		
碱性土壤	<10	10~20	>20
中性土壤	<8	8~15	>15
酸性土壤	<6	6~10	>10

《城镇燃气埋地钢质管道腐蚀控制技术规程》(CJJ 95-2013)要求,当管道上的交流干扰电压高于 4V 时,应采用交流电流密度进行评价,并应符合下列规定:①交流电流密度可通过测量获得,其测量方法应符合国家相关标准的规定;②交流电流密度也可按式(5-4)计算获得。

$$J_{AC} = \frac{8V}{\rho \pi d} \tag{5-4}$$

式中,J_{AC} 为评价的交流电流密度,单位为 A/m^2;V 为交流干扰电压有效值的平均值,单位为 V;ρ 为土壤电阻率,单位为 $\Omega \cdot m$,ρ 值应取交流干扰电压测试时测试点处与管道埋深相同的土壤电阻率实测值;d 为破损点直径,单位为 m,d 值按发生交流腐蚀最严重程度考虑,取 0.0113。

城镇燃气管道受交流干扰程度判断指标可按表 5-18 进行判定。当交流干扰程度判定为"强"时,应采取防护措施;当判定为"中"时,宜采取防护措施;当判定为"弱"时,可不采取防护措施。

表 5-18　城镇燃气管道交流干扰程度判断指标

指　标	级别		
	弱	中	强
交流电流密度/(A·m⁻²)	<30	30~100	>100

埋地管道与架空送电线路的距离宜符合下列要求:埋地管道与架空送电线路平行敷设时控制的最小距离宜按表 5-19 的规定执行。一般情况下,交流电力系统的各种接

地装置与埋地管道之间的水平距离不宜小于表 5-20 的规定。在埋地管道与架空送电线路的距离不能满足表 5-19 和表 5-20 的要求时或在路径受限地区,在采取隔离、屏蔽、接地等防护措施后,表 5-19 和表 5-20 规定的距离可适当减小,但最小水平距离应大于 0.5m。

表 5-19 埋地管道与架空送电线路最小距离

地形	电力线电压等级/kV					
	≤3	6~10	35~66	110~220	330	500
	最小距离/m					
开阔地区	最高杆(塔)					
路径首先地区	1.5	2.0	4.0	5.0	6.0	7.5

注:距离为边导线至管道任何部分的水平距离。

表 5-20 埋地管道与交流接地体的最小距离

电压等级/kV	10	35	110	220	330	500
临时接地/m	0.5	1.0	3.0	5.0	6.0	7.5
铁塔或电杆接地/m	1	3.0	5.0	5.0	6.0	7.5

埋地管道的正上方或下方,严禁有直埋敷设的电缆,埋地管道与直埋敷设电缆之间容许的最小距离应符合表 5-21 的要求。

表 5-21 埋地管道与直埋敷设电缆之间容许的最小距离 单位:m

管 道 类 别	平 行	交 叉
热力管沟	2①	0.5②
油管或易燃气管道	1	0.5②
其他管道	0.5	0.5②

注:①特殊情况可酌减且最多减少一半值;②用隔板分隔或电缆穿管时可为 0.25m。

水下的电缆与管道之间的水平距离不宜小于 50m,受条件限制时不得小于 15m。

第三节 城镇燃气管道风险评价中的外力破损评价

一、外力破损影响因素的分析与整合

1. 外力破损评价

外力破损评价是指对由于各种外力作用而使管道受损的可能性进行分级。外力破损有两类:①由于周边设施(建筑物、构筑物)施工或钻探作业伤及地下管道,包括盲流人员的盗损破坏;②周边土壤与管道相对运动产生的应力,包括土壤自然运动(如滑坡、沉降等),以及地表负载(如建筑或车流占压)引起的变形破裂。

外力破损是地下燃气管道发生事故的重要原因,据统计,其在长输管道上次于腐蚀占据第二位,在市政管道上则占据第一位。为此,要建立综合安全管理体制,保证在役管道可靠运行,就必须进行外力破损的评价。

2.外力破损影响因素

影响城市燃气管道外力破损的因素包括:管道基本属性及维护管理水平、附近人口密度及施工活动情况、地表车流及建筑物状况、周边土质地基等诸多方面。许多基本事件对外力破损的影响存在着模糊不确定性,相互之间有着不同的相关度,因而有必要根据城市燃气管道的具体情况及各参数的性质,进行分界与整合预处理。

根据基本事件性质,对边界模糊的变量建立隶属函数进行合理量化和分界,而后通过对基本事件的相关度分析,将27个基本事件整合为9个主要因素,见表5-22。

表5-22　外力破损主要因素与基本事件对照表

主要因素	基 本 事 件
埋设深度 A	地表性质、最小埋地深度
管理水平 B	资料完整性、协调机制、日常巡线规定、违章处理机制、员工教育管理
居民活动状况 C	居民素质、人口密度
施工活动状况 D	性质、频繁性、周期、相对于管道位置、警示防护
地上状况 E	标志桩、违章占压、凝液缸、阀门
交通状况 F	车型、车流量、套管
地下状况 G	管道交叉、植物根茎
地质状况 H	地震、地基下沉、滑坡现象、开裂
盗损破坏 I	故意人为破坏;偷盗行为

二、变量分级并编制数据采集表

根据国内外燃气管道的事故统计,通过对基本事件的反复分析和讨论,对边界模糊的变量用模糊隶属函数合理量化后,编制了变量分级表。

每个变量分为5个级别,由若干基本事件的状态综合确定。以埋设深度 A 为例,其取决于地表性质、最小埋地深度两个基本事件,因素等级确定方法见表5-23。各外力破损因素的分级参见表5-24。

表5-23　埋设深度对外力破损影响因素级别判定表

基本事件	地表性质	埋设深度对外力破损影响的级别				
		I	II	III	IV	V
		最小埋设深度/m				
数值	车行道	大于1.3	1.0~1.3	0.7~1.0	0.4~0.7	小于0.4
	人行道	大于1.0	0.8~1.0	0.6~0.8	0.4~0.6	小于0.4
	绿化带	大于0.8	0.6~0.8	0.4~0.6	0.2~0.4	小于0.2
	水田	大于1.1	0.9~1.1	0.7~0.9	0.5~0.7	小于0.5

表 5-24　外力破损因素分级表

序号	因素分类（主因素）	基本事件	I	II	III	IV	V
1	埋地深度/m	地表性质；最小埋地深度	车行道：大于1.3；人行道：大于1.0；绿化带：大于0.8；水田：大于1.1	1.0~1.3；0.8~1.0；0.6~0.8；0.9~1.1	0.7~1.0；0.6~0.8；0.4~0.6；0.7~0.9	0.4~0.7；0.4~0.6；0.2~0.4；0.5~0.7	小于0.4；小于0.4；小于0.2；小于0.5
2	管理水平	资料完整性；管线施工协调机制；日常巡线机制；违章处理机制；员工教育管理机制	管线布置资料完整，具有完备的施工协调机制，执行得力，每天巡线1次，巡线结果准确，并能及时上报，能主章草能及时处理	管线布置资料完整，有管线施工协调机制健全，施工协调制度较为健全，每2天巡线1次，巡线结果准确，并能适当时上报	管线布置资料完整，有施工协调机制健全，施工协调制度较为健全，每周巡线1次，巡线结果准确，并在一周内上报结果，发生违章在半个月内处理	管线布置资料基本完整，政府有施工协调规定，但企业执行一般，定期有施工协调。巡线制度不太健全，每半个月巡线1次，巡线结果一般，并在半年结果，并在半个月内上报结果，发现违章在1个月内处理	管线布置资料不完整，没有相应的施工协调机制，巡线制度不健全，基本没人巡线。发生违章基本没有处理
3	居民活动状况	居民素质；人口密度	素质高，人口少	素质高，人口密度一般；素质中等，人口少	素质高，人口较多；素质中等，人口密度一般；素质低，人口少	素质中等，人口较多；素质低，人口密度一般	素质低，人口多
4	施工活动状况	施工性质；施工频繁性；施工周期；施工位置；警示防护	无施工	进行地上构筑施工，施工时不露管体，或水平位置在管体5m以外，施工周期在3个月以内，施工频度为每年1次，管线埋设上方有防护板	修路施工，露出管体，水平位置为1.5~5m，施工周期在半年以上，施工频度为每年2~3次，管线埋设上方有防护板	地下基础施工，施工时部分露出管道上方，施工位置在管线上方以上，施工周期在半年以上，施工频率为每年2~3次，管线埋设上方有警示带	地下基础施工，施工时管体全部露出，管体在管线上方，施工周期半年以上，管线埋设上方没有防护板或警示带

续表

序号	因素分类（主因素）	基本事件	I	II	III	IV	V
5	地上状况	违章占压；地表性质；地上标志桩；凝液缸或阀门数量	无违章占压状况；沿线标志清晰；无凝液缸	违章占压在1.5m以外，管线长度小于10m；沿线标志清晰；每千米有一个凝液缸或阀门	违章占压在0.5～1.5m之间，沿线长度大于10m；沿线标志部分清晰；每千米有2～3个凝液缸或阀门	违章占压在0.5m范围内，沿线长度大于10m；沿线标志部分清晰；每千米有4～5个凝液缸或阀门	违章占压在0.5m范围内，沿线长度大于10m；沿线标志部分不清；每千米有5个以上凝液缸或阀门
6	交通状况	车型；车流量；套管	重型车每小时10辆以内；轻型车每小时50辆以内	重型车每小时10～20辆；轻型车每小时50～100辆	重型车每小时20～100辆；轻型车每小时100～500辆	重型车每小时100～200辆；轻型车每小时500～1000辆	重型车每小时200辆以上；轻型车每小时1000辆以上；埋地管外无套管保护
7	地下状况	管线交叉；植物根茎	无交叉；植物根茎未达管体	交叉4处以下，植物根茎到达管体；交叉5～10处，但植物根茎未达管体	交叉4处以下，根茎超过管体；交叉5～10处，但植物根茎到达管体；多于10处交叉，植物根茎未达管体	交叉5～10处，但植物根茎超过管体；交叉多于10处，植物根茎到达管体	交叉多于10处，且植物根茎超过管体
8	地质状况	地震；地基下沉；滑坡现象；地基开裂现象	无地震记录；管线埋设前地基按规定处理；无地基下沉、滑坡、开裂等现象	无地震记录；管线埋设前地基按定处理；有过地基下沉、滑坡、开裂等现象，采取措施后5年内未发生上述现象	无地震记录；管线埋设前地基是否按规定处理情况不详；有过地基下沉、滑坡、开裂等现象，采取措施后3年内未发生上述现象	有地震记录，但管线埋设在地震前埋设；管线埋设前地基是否按规定处理情况不详；有过多次地基下沉、滑坡、开裂等现象，采取措施后1年内未发生上述现象	有地震记录，且管线在地震前埋设；地基未按规定进行处理；发现地基下沉、滑坡、土壤层开裂等现象，且未采取措施
9	恶意破坏	故意人为破坏；偷盗行为	无	有偷盗沿线标志桩现象，但标志已补齐；无偷盗阀门盖及附件现象	有偷盗沿线标志桩现象，且情况较严重，补不及；无偷盗阀门盖及附件现象	有偷盗沿线标志桩现象严重，且标志补不及；有偷盗阀门盖及附件现象	偷盗沿线标志桩，阀盖及附件情况严重

三、建立外力破损评价模型的方法介绍

根据影响外力破损因素的情况,可采用故障树分析法和模糊综合评判法相结合的方法建立外力破损评价数学模型。通过故障树分析,得到引起外力破损的各种因素的结构重要度。再将之作为模糊综合评判法的权重向量,求得外力破损的综合评判向量,最后按照最大隶属度原则确定各管段外力破损可能性的等级。详细内容可参阅文献 2 的内容。

第四节　城镇燃气管道风险评价中的运行裕量评价

一、运行裕量影响因素分析

地下管道运行时,工况偏离设计条件的情况在所难免。当运行裕量较大时,即使出现较大偏离也不会导致事故发生;反之,如果管道运行在极限参数下,就没有出错的余地,稍有偏离就可能诱发事故。运行裕量评价,就是对管道在非设计工况条件下的事故可能性进行分级。

管段运行裕量与其原始设计参数密切相关,即设计时对异常情况的考虑是否充分,也与运行工况有关,由于种种原因实际运行工况经常会偏离设计工况。运行裕量评价应考虑的因素主要有管道壁厚、压力、温度、疲劳应力、焊接情况。

1. 管道壁厚与运行需求值的差别

管道初始壁厚,通常大于实际需求。在设计时,计算的壁厚需要进行取大圆整,并按管材的壁厚系列上靠。在施工时,为利用库存管材,也可能再将壁厚规格进行上调。超出的壁厚有利于管道运行的安全。

投入运行后的管道,因内外腐蚀磨损的作用而减薄,在使用寿命末期其壁厚有可能低于设计壁厚,由于设计时的保险系数,仍满足运行需求值,但运行裕量等级较低。

实际壁厚与设计壁厚之比是极大型指标,即越大越好。

2. 设计压力与实际运行压力的差别

因为设计时要考虑用气最高峰时的输气压力,即最高输气压力。而实际上,在平时或用气低谷时,尤其在管道运行初期,由于用户量未达到设计负荷,运行压力经常低于设计压力。再如,有些城市考虑未来气源为天然气,管道的设计压力级制较高,但目前气源为液化石油气,使运行压力远低于设计压力。这些因素都会带来附加的运行裕量。

也有些管道可能满负荷运行,甚至利用保险系数短时间超压运行,以满足用户激增时末端的压力需求,此时的管道运行裕量等级较低。

运行压力与设计压力之比是极小型指标,即越小越好。

3. 管道焊缝强度与母材强度的差别

相关规范要求焊缝强度应大于母材强度,但实际上焊接施工质量存在瑕疵,使焊缝强度小于母材强度的情况在国内城市燃气管道上时有发生。当焊缝强度小于母材强度时,管道的运行裕量减少,但当焊缝强度大于母材强度时,运行裕量提高幅度有限。

焊缝强度与母材强度值之比是极大型指标,即越大越好。

4. 设计温度与实际温度的差别

环境温度与设计温度的偏差,对钢管影响不大,主要针对塑料管。城市燃气管道广泛使用塑料管材,温度偏高时其强度降低,温度偏低时其韧性变差。所以,温度升高或降低都会减少其运行裕量。

运行温度与设计温度之差是区间型指标,即距某一定值越近越好。

5. 管道压力周期性变化产生的疲劳

管内压力的波动(振幅大于 20%)会使管材产生疲劳应力,对管道的安全造成不利影响。随波动循环次数的增加,其疲劳应力不断累积,运行裕量等级相应降低。由于塑料管韧性较好,疲劳应力仅影响钢管。

疲劳应力循环累计次数是极小型指标,即越小越好。

二、模型选择及参数确定

1. 评价模型的选择

运行裕量的评价模型可以有多种选择,鉴于其影响因素都可以准确量化,各因素间相关度较低,建立多因素评分模型是合适的,其突出特点是操作简单。

该模型根据 5 项因素对运行裕量的影响程度分配权重值,影响程度越大则权重越大,权重总和为 1。对每一项因素的不同取值,按参数值确定后的表 5-25 赋予相应的标准分,标准分与权重乘积为该因素得分,根据各因素得分总和判定管段的运行裕量等级。

表 5-25 评分表的基本结构

因　　素	权重		不同取值相应的标准分						
实际壁厚与设计壁厚之比	?	比值	≤0.90	0.95	1.00	1.05	1.10	1.15	≥1.20
		标准分	?	?	60	?	?	?	?
运行压力与设计压力之比	?	比值	≤0.80	0.85	0.90	0.95	1.00	1.05	≥1.10
		标准分	?	?	?	60	?	?	?
焊缝强度与母材强度之比	?	比值	≤0.80	0.85	0.90	0.95	1.00	1.05	≥1.10
		标准分	?	?	?	?	60	?	?
运行温度与设计温度之差	?	差值	≤−4℃	−2℃	0℃	+2℃	+4℃	+6℃	≥+8℃
		标准分	?	?	100	?	?	?	?
疲劳应力循环累计次数	?	次数	≤1	50	100	500	1000	5000	≥10000
		标准分	100	?	?	?	?	?	?

2. 评分表的基本结构

依据影响因素的内在本质和变化规律,确定每项因素的取值系列。对每个因素初定两个基准标准分值,以保证其取值范围合理和便于确定参数值过程的统计处理。标准分衡量的是运行裕量的相对大小,100 分不代表绝对安全,0 分也不意味着处于事故发生的临界状态。

以各因素得分总和,查表 5-26 判别运行裕量的等级,Ⅴ级最差,Ⅰ级最好。焊缝合格的新管道在设计工况下运行,其运行裕量的等级为Ⅰ级或Ⅱ级。

表 5-26　运行裕量等级判别表

各因素得分之和	<20	20～40	～60	～80	>80
运行裕量的等级	V	IV	III	II	I

3. 数据采集

多因素评分模型的关键是表 5-25 中各参数值(包括空格和初定基准值共 40 个)的确定,不同的国家和不同的地域及环境条件,对管道的同一因素有着不同的权重,各因素不同取值相应的标准分也各异。必须根据国情和风险评价需求,科学确定这些数值。表 5-25 中的"?"表示的是使用该表的人员根据实际需要所做的等级分赋值。

第五节　城镇燃气管道风险评价中的管理力度评价

一、管理力度及其影响因素分析

1. 管理力度评价

城市在役燃气管道管理力度的评价,主要是对通过巡查发现隐患的能力进行评价。评价内容包括管理制度完善性和人员可靠性两方面,制度完善性是指巡查程序能否有效避免事故发生,人员可靠性是指巡查人员素质能否完成有效巡查。

巡查程序由管道公司根据巡查工作内容和巡查工作量统一制定,不针对具体管道,因此对管理力度的评价集中在人员可靠性评价,管理者根据各管段的风险状态确定和调整管理力度,进而提高整个管网安全管理水平。

2. 城市燃气管道管理工作内容及影响因素分析

目前,城市燃气管道运行管理主要指日常巡线。巡查员依靠目视、嗅闻、询问的方法,每日沿各自所辖管道巡逻。沿线了解地面设施完好、周边第三方施工、地质变化等情况,发现外力破损的隐患;通过地面植被异常变化、周边密闭空间(包括阀井、雨水井、污水井、电缆沟、地下室等)中燃气浓度、水面冒泡等迹象,判断腐蚀造成的泄漏。出于安全考虑,巡查通常采用 2 人一组,检查密闭空间时,1 人进入内部,1 人在外保护。

根据管道运行和维护人员的岗位职责分析,管理不力的主要表现方式为巡查员检查不到位或不熟练,未能及时发现所辖管段上腐蚀或外力破损隐患。其影响因素包括巡查员的责任心和可靠度两方面。责任心由于岗前教育和严格的管理措施(包括卫星定位行踪记录仪的使用),通常可以得到较好保证。可靠度影响因素包括培训考核情况、岗位工作经验、心理稳定状态、生理疲劳程度等。

二、评价单元和建模工作内容

1. 评价单元

腐蚀防护、外力破损、事故严重度等因素取决于客观环境,对其评价应按管段划分单元。管理力度取决于人的主观,其评价不能从被评价对象(管段)出发,而应以巡查人员为评价对象。其评价单元按巡线员划分,每个巡线员所辖管道范围内的管道具有同一的管理力度等级。

2. 工作内容

建模主要工作内容是基于对燃气管道运行和维护工作流程的分析,确定巡查员的合格性、熟练性、稳定性、工作负荷度的计算方法和具体计算参数,定期计算每位巡查员的可靠度,进而得到每段燃气管道管理力度等级。

3. 评价方法

参照文献3《工业危险辨识与评价》所介绍的方法,巡查员可靠度 R 采用下列式(5-5)来计算:

$$R = 合格指数 R_1 \times 熟练指数 R_2 \times 稳定指数 R_3 \times 工作负荷指数 R_4 \qquad (5-5)$$

(1)合格性依据培训情况、考核成绩判定,经过正规培训且考核合格者,合格指数为1,否则为0。

(2)熟练性代表员工对本岗位工作技巧的掌握水平,其与员工岗位工龄正相关,与工作难度系数负相关。

(3)稳定性表征责任事故对心理冲击造成的情绪波动。员工遭受责任处分时心理稳定性达到低谷,随上次事故后连续安全运行时间延长,稳定性逐渐增加,稳定指数趋近于1。没有事故发生的员工稳定指数为1。

(4)工作负荷量反映生理疲劳情况,员工实际工作时间小于等于8小时,工作负荷指数为1,超过时急剧下降。

《工业危险辨识与评价》所介绍的方法是针对化工生产危险岗位员工制定的,特点是岗位相对固定,操作人员需要按程序进行较多的开闭调控性操作。员工丰富的操作经验对避免事故至关重要,与体力基本无关,故可靠性为岗位工龄的单值函数,且单调正相关。城市燃气管道巡查与之有所不同,操作岗位是流动的,以视听嗅检查为主,一般不进行调控性操作。需要巡查员有丰富的操作经验和充沛的体力,巡查员工的可靠度与岗位工龄成正相关,与年龄成负相关,故应根据实际情况,采用年龄指数 R_5 进行修正。

三、等级评价

1. 数据采集

首先实测巡查员工的可靠度,以回归确定各项计算参数。选择同一管段作为样本,每位巡查员在规定时间内完成检测,各自列出所查到的腐蚀和外力破损隐患。所有测试完成后,由专家确定隐患总清单。每位巡查员所查到隐患与总清单项数之比作为实测可靠度 R_T。除非巡查程序改变,R_T 无须再次测定。

2. 数据处理

为简化计算,考虑到燃气企业都有严格的上岗培训制度和执行8小时工作制,可以取合格指数 R_1 和工作负荷指数 R_4 均为1;同时考虑到,一般情况下发生责任事故的巡查员要调离岗位,可以认为在岗员工稳定指数也为1。这样,可靠性评价就仅需要计算熟练指数 R_2 和年龄指数 R_5。

3. 计算熟练指数 R_2

熟练指数 R_2 的计算公式为

$$R_2 = 1 - [1/(k_2 t/T_2 + k_2)] \tag{5-6}$$

式中，t 为员工岗位工龄；T_2 为熟练工作所需岗位工龄；k_2 为工作难度指数。

4. 计算年龄指数 R_5

用最小二乘法拟合的方法计算年龄指数 R_5，计算方法如式(5-7)所示：

$$R_5 = aN + b \tag{5-7}$$

式中，N 为员工年龄；a 为可靠性随年龄变化的斜率；b 为拟合常数。

5. 管理力度分级

将每位员工的岗位工龄和年龄代入式(5-6)和式(5-7)，并按照下列式(5-8)计算每位巡查员可靠性指数 R_C：

$$R_C = R_1 R_2 R_3 R_4 R_5 \tag{5-8}$$

一般说来，员工的可靠度应符合正态分布。统计所有巡查员的可靠度 R_C，进行回归处理，计算所有巡查员可靠度的平均值 X 和标准差 δ。按照正态分布原则，根据每位巡查员的可靠度，确定其等级分，见表5-27。

表 5-27　可靠度与等级分对照表

可靠度 R_C	等　级　分	特　征	人数比例/%
$R_C \geqslant X + \delta$	1	年纪轻且岗位工龄长	17
$X - \delta \leqslant R_C < X + \delta$	2	其他情况	66
$R_C < X - \delta$	3	年纪大且岗位工龄短	17

根据燃气管道运行和维护工作流程，2人成组负责同一片区管道的巡查。该片区所有管段的管理力度等级取决于两位巡查员等级分之和。表5-28给出了管理力度等级划分标准。

表 5-28　管理力度等级划分

管理力度等级	Ⅰ	Ⅱ	Ⅲ	Ⅳ	Ⅴ
巡查员等级分之和	2	3	4	5	6

6. 管理力度等级的应用

对于腐蚀和外力破损危险很大、运行裕量很小、后果严重度很高的片区，设定"管理力度"为Ⅰ级，以降低腐蚀或外力破损造成爆燃的可能性。对于腐蚀和外力破损危险很小、运行裕量很大、后果严重度很低的片区，设定"管理力度"为Ⅴ级，以降低投入，其他情况则酌情预设；然后进行"运行风险"等级的验算，若结果合理就按照设定等级进行生产管理，若结果不合理，则调整"管理力度"等级重新计算。

其次，在满足片区内"管理力度"需求的前提下，合理组合巡查员。例如，片区管段要求"管理力度"为Ⅲ级，可以采用两位等级分均为2分的巡查员，也可以采用1位等级分为1分的巡查员和1位等级分为3分的巡查员组合。条件允许时，应尽量采用后者，以取长补短。

要特别注意，各个管段的运行风险等级和各位巡查员的可靠度都是随时间变化的，因而需定期重新验算,根据偏差情况适时进行调整。

第六节　城镇燃气管道运行风险综合评价

一、事故发生可能性综合评价

燃气事故的表现形式为泄漏引发窒息和爆燃,窒息通常发生在用户室内,故城市燃气管道事故主要指地下管道泄漏引发爆燃导致人身伤亡、财产损失以及生产生活环境的破坏。

爆燃需要一定条件:①管道发生泄漏;②管道周边有足够空间供燃气与空气混合且达到爆燃极限;③有火种(或电火花)等点燃源引燃。泄漏是爆燃的首要条件,但并非充分条件。不同原因导致泄漏的形式各异,爆燃发生的可能性有明显差别,需对四类影响泄漏的因素(腐蚀防护、外力破损、管理力度、运行裕量)进行整合,以确定爆燃事故可能性的综合等级。

1. 影响因素分析

外力破损是指非管道操作人员或土壤外界应力使管道受力破裂,通常造成燃气急剧大量泄漏且引燃条件充分。

防腐不当是指管道防腐层劣化(包括平均电阻率太低、破损等)和阴极保护措施失效导致钢管腐蚀穿孔,造成的燃气泄漏则相对缓慢和持久,大多在引燃前已被发现和控制。

管理不力是指管道操作人员不能及时发现隐患。

裕量不足则包括运行裕量太小或施工控制不严(如焊缝夹渣等)形成的隐患。

2. 爆燃事故可能性综合等级评价模型

采用一定的评价模型,对上述四类因素分别进行评价,可得到每类因素导致泄漏发生的可能性等级,通常分为:极小(Ⅰ)、较小(Ⅱ)、一般(Ⅲ)、较大(Ⅳ)、极大(Ⅴ)5个等级,数字越大代表发生泄漏的可能性越大。将四类因素的结果整合可以得到事故可能性的综合等级。

最简单的整合方法就是计算各个等级数字的算术平均,其前提是假定各类原因引发爆燃的可能性相同,事实上这种假定通常与实际情况是不符的。另一种是取各个等级数字中的最大值,实质是按照最坏情况设防,通常会造成不必要的浪费。比较科学的方法是基于各类泄漏引发爆燃的可能性情况,给予恰当的权值,应用模糊综合矩阵,判定事故可能性的综合等级。

二、事故后果严重度评价

1. 影响后果严重度的因素分析与整合

在生产实际中,燃气管道事故所造成的后果一般可体现在以下几个方面。

(1) 人身伤亡,指燃气管道地表的流动人口和附近建筑物中的居留人口。

(2) 财物损坏,指燃气管道周边的建(构)筑物和其他设施。

(3) 化工厂、加油站附近的燃爆事故有引起连锁反应的可能。

（4）对下游工商业用户生产的影响，尤其是连续生产的工业用户的赔损。

（5）对下游居民用户生活的影响。

（6）在政治、军事敏感地区的燃爆事故会引发社会恐慌和动荡。

（7）抢险导致管道中余气放散和其他投入。

（8）生产中断引起的销售收入减少。

从上述后果表现分析，影响后果严重度评价的因素可包括：①管道基本属性；②管网所在地区的人口数量；③建筑物数量和类型；④地表车流量；⑤周边单位的重要程度及性质；⑥事故时人员疏散条件和管道抢修的难易；⑦停止供气的影响；⑧相邻管沟和电缆沟与住宅的相通情况。

根据影响因素性质，采用头脑风暴法，对边界模糊的变量（如事故时人员疏散条件和管道抢修的难易等）建立隶属函数进行合理量化和分界，通过对调查表得到的数据进行统计、归纳和分析，可将上述影响因素整合为八大类，见表 5-29。

表 5-29　影响因素和内容一览表

影响因素	内容
管道周围人口数量 A	影响范围取决于压力、口径
建筑物性质与规模 B	军政要地、化工厂、加油站等
车流情况 C	数量、车型
停气损失 D	下游用户类型、数量、销售收入的减少
抢修投入 E	人力、物力、时间
现场控制 F	人员疏散和警戒能力、消防组织和通道
泄漏控制 G	发现及关闭阀门难易
燃爆危险 H	相邻相交管沟与地下室情况

2. 变量分级并编制数据采集表

根据国内外燃气管道的事故统计，通过对影响因素的反复分析和讨论，对边界模糊的变量用模糊隶属函数合理量化后，可编制出后果严重度影响因素变量分级表。

每个影响因素变量分为 5 个级别，Ⅰ级情况最有利，5 级情况最不利。每个影响因素变量的级别由若干子因素的状态综合确定。以管道周围人口 A 为例，其取决于管径×压力、人数两个子因素，管径×压力越大，事故发生时燃气泄漏量越大，可能危及的区域越宽；危险区域内人数越多，后果越严重。分级表确定每一个因素级别。

表 5-30 给出了事故后果严重度因素分级等级确定方法。根据各管段或区域的具体调查数据与资料，按表 5-30 可确定每一个因素的级别。

3. 评价模型选择

根据影响后果严重度因素的情况，可采用层次分析法和模糊综合评判法相结合的方法建立评价数学模型。通过层次分析法，得到影响后果严重度的各种因素的权重，再将其作为模糊综合评判法的权重向量，求得后果严重度的综合评判向量，最后按照最大隶属度原则确定各管段后果严重度的等级。

表 5-30　事故后果严重度因素分级表

序号	因素分类（主因素）	子因素项目	I	II	III	IV	V
1	管道周围人口（每百米管道的人数）	考虑人口密度、操作压力（MPa）、管道直径（mm）、气源性质、管道长度： • PD 在 10 以内的管道统计 15m 以内的人口； • PD 在 10～20 的管道统计 30m 以内的人口； • PD 大于 20 的管道统计 50m 以内的人口	小于 10 人	10～50 人	50～100 人	100～1000 人	1000 人以上
2	建筑物性质及规模（50m 以内）	考虑建筑物类型、规模、财产损失、社会稳定、政治影响等。 A：平房、临时建筑。 B：小高层、办公楼、仓库、大排档。 C：高层住宅、工厂、菜市场、小型停车场。 D：繁华超市、商贸中心、学校或体育场、政府机关、高级住宅、加油站、化工厂、燃爆品仓库、停车场。 E：枢纽中心、标志性建筑	A 类建筑为主	B 类建筑为主，至多有 1 个 C 类建筑	C 类建筑为主，至多有 1 个 D 类建筑	D 类建筑 2～3 个	E 类建筑，或 D 类建筑 4 个或 4 个以上
3	车流量	一般车辆（A 类）；载重车辆（B 类）	（A 类）小于 10 辆/h； （B 类）小于 2 辆/h	（A 类）10～50 辆/h； （B 类）2～10 辆/h	（A 类）50～100 辆/h； （B 类）10～20 辆/h	（A 类）100～1000 辆/h； （B 类）20～200 辆/h	（A 类）1000 辆以上/h； （B 类）200 辆以上/h
4	停气损失	考虑用户数量，以及管道类型；一个公用户相当于 50 个民用户	小于 500 户；用气量很小	500～2000 户；用气量小	2000～5000 户；用气量中等	5000～10000 户；用气量大	10000 户以上；用气量很大

续表

序号	因素分类（主因素）	子因素项目	Ⅰ	Ⅱ	Ⅲ	Ⅳ	Ⅴ
5	维修状态	考虑维修可靠性、维修时间、维修费用	能够在1h内进入维修地点，维修时间在半天以内，维修费用在1万元以内	能够在1h内进入维修地点，维修时间在半天以内，维修费用1万~5万元	能够在1~2h内进入维修地点，维修时间在一天以内，维修费用5万~10万元	能够在1~2h内进入维修地点，维修时间在一天以内，维修费用10万~50万元	进入维修地区需2h以上，维修时间超过一天，维修费用在50万元以上
6	消防能力	疏散能力（A强，B中等，C弱）；组织警戒（A容易，B一般，C困难）；消防组织（A完备，B有，C无）；消防通道（A顺畅，B埋塞，C无）注：A=3分；B=2分；C=1分	12分	10~11分	8~9分	6~7分	4~5分
7	检漏及关闭能力	泄漏发现（A容易，B一般，C困难）；气源关闭（A容易，B一般，C困难）注：A=3分；B=2分；C=1分	6分	5分	4分	3分	2分
8	相邻、相交地下管沟、地下室等等情况		无相邻、相通	有相邻管沟，容积在1m³以内，相通地下室	有相邻管沟，容积在1~10m³范围内，无相通地下室	有相邻管沟，容积在10m³以上，无相通地下室	有相邻管沟，并与地下室（含停车场）相通

三、城镇燃气管道风险等级综合判定

1. 综合评价的意义

目前一些燃气企业安全管理局限于（至少是有意或无意地侧重于）事故可能性的普遍控制，片面认为只有最大限度地降低所有管段的事故可能性，才能保证管网安全。实际上，要降低整个管网的运行风险，必须将事故可能性和后果两者综合考虑，并优先降低后果严重度较大的管段的事故可能性。

和位于远郊的管段相比，位于闹市区的管段发生事故时的损失要大得多，导致管段运行事故可能性的允许上限要小得多，必须给予更多的控制投入，才能保证运行风险在可接受范围内。因此，如果上述两个管段事故可能性相同，由于后果严重度不同，管段的运行风险是不同的。在极端情况下，即使位于闹市区的管段事故可能性低于位于市郊的管段，但前者的后果严重度远大于后者，会导致前者的运行风险高于后者，应给予前者更多的控制投入，才能保证管网系统的整体安全。而单纯按照事故可能性判断，将有限的投入给予后者，并不能保证管网系统的整体安全性能的提高。换言之，对于后果严重度较小的远郊管段，发现的防腐层缺陷并不一定要立即整修，而对于后果严重度很大的闹市区管段，发现的防腐层缺陷必须要尽快安排整修。

根据木桶原理，整个管网的运行风险取决于风险最大的管段，而并非事故可能性最大的管段。事故可能性相同并不意味风险相同，对风险较大的管段进行有针对性的整改，使之达到可接受状态，才能保证整个管网的运行风险处于可接受状态。

2. 综合风险等级评价方法

评价城市燃气管道综合风险等级的方法有多个。采用 KENT 评分法计算出的相对风险指数就可以用来评价综合风险等级。下面介绍一种基本的、简单的并被广泛采用的综合风险等级定性评价方法——矩阵法。

当事故可能性和后果严重度的等级被评定后，可根据矩阵确定运行风险等级，见图 2-16 的对称矩阵和图 2-17 的非对称矩阵。矩阵以纵坐标表示后果严重度，分为 5 个等级，其中Ⅰ表示事故后果轻微、Ⅴ表示事故后果严重。横坐标表示事故可能性，也分为 5 个等级，其中Ⅰ表示事故可能性小，Ⅴ表示事故可能性大。

依据传统的对称矩阵（见图 2-16），其中数值代表运行风险的大小，管段运行风险的判别分级如下：1～3 为轻微，4～9 为一般，10～19 为较大，20 以上为极大。

按照非对称性矩阵（见图 2-17），管段运行风险的判别分级如下：A 区为轻微风险区，B 区为一般风险区，C 区为较大风险区，D 区为极大风险区。在管道评价时，将评定所得的事故可能性与事故后果在矩阵上作点，该点落在哪个区就表明管道的风险为哪一等级。

与传统的对称矩阵相比，非对称风险矩阵对风险的判断结果有明显差别。

3. 综合风险等级的应用

对于日常生产，应根据管段风险等级，进行分级管理，采用不同的管理制度，可使风险得到经济有效的控制，见表 5-31。

表 5-31 风险等级与管理制度

风险等级	轻微	一般	较大	极大
巡查密度	2 次/周	1 次/2 天	1 次/天	2 次/天
维修安排	无须开挖	正常维修	计划整改	尽快整改

管段整改方案,则根据评价情况决定。一般来说,无论事故可能性还是后果严重度,降低一个级差的代价随等级增加而减少。换言之,从Ⅴ级降为Ⅳ级的资金投入将远低于从Ⅱ级降为Ⅰ级。例如,事故可能性为Ⅲ,后果严重度为Ⅴ的管段,降低事故可能性为Ⅱ,或降低后果严重度为Ⅳ,都可以达到目的,但后一方案通常要求代价较小。对于事故可能性为Ⅳ,后果严重度为Ⅴ的管段,后一个方案的经济性更加显著。

其他管段的情况类似,实践表明,采用非对称性矩阵,并将结果用于指导生产,可更好地实现风险管理的目标。

复习思考题

1. 简述城市燃气管道风险评价的工作目标。
2. 简述 KENT 评分法的局限与适用范围。
3. 为什说 KENT 评分法不适用于城市燃气管道?
4. 简述城市燃气管道风险评价的"七模块"模型,并指出该模型相对于 KENT 评分法做了哪些调整。
5. 简述城市燃气管道风险评价检测单元(管段)的划分原则并指出检测周期。
6. 影响管道腐蚀穿孔导致泄漏的主要因素包括哪些?
7. 比较变频-选频法和 PCM 法在检测防腐层电阻率时的优缺点。
8. 简述城镇土壤腐蚀性测试项目及综合等级判定方法标准。
9. 采用等距四极法测量土壤电阻率,如何消除误差?
10. 如何对土壤的细菌腐蚀可能性进行判断?
11. 什么是管地电位、IR 降?
12. 如何判断阴极保护的效果?
13. 什么是杂散电流、杂散电流腐蚀?
14. 简述判定城镇燃气管道存在直流干扰的准则。
15. 城镇燃气管道的直流干扰防护措施有哪些?
16. 简述判定城镇燃气管道存在交流干扰的准则。
17. 简述外力破损的主要影响因素。
18. 简述运行裕量的主要影响因素。
19. 分析城市燃气管道管理工作内容及影响因素。
20. 简述管理力度评价的主要对象和内容,并说明管道巡查员可靠度评价模型。
21. 简述城市燃气管道事故后果严重度评价的主要影响因素。

油气管道完整性管理

　　随着科技的不断发展,管道完整性管理已经成为全球管道技术发展的重要内容。国家发展和改革委员会和原国家安全生产监管总局联合发布文件《关于贯彻落实国务院安委会工作要求全面推行油气输送管道完整性管理的通知》(发改能源〔2016〕2197号),要求各单位坚持"安全第一、预防为主、综合治理"的方针,牢固树立以人为本、安全发展理念,建立完善油气输送管道完整性管理体系,加强管道完整性管理,不断识别和评价管道风险因素,采取有效风险消减措施,确保管道结构功能完整、风险受控,减少和预防管道事故发生,实现管道安全、可靠、经济运行。《油气输送管道完整性管理规范》(GB 32167-2015)规定了油气输送管道完整性管理的内容、方法和要求,包括数据采集与整合、高后果区识别、风险评价、完整性评价、风险消减与维修维护、效能评价等内容。该标准适用于遵循 GB 50251-2015 或 GB 50253-2014 设计,用于输送油气介质的陆上钢质管道的完整性管理,不适用于站内工艺管道的完整性管理。

　　本章将在《油气输送管道完整性管理规范》(GB 32167-2015)基础上并结合《输油管道完整性管理规范》(SY/T 6648-2016)、《输气管道系统完整性管理规范》(SY/T 6621-2016),全面介绍管道完整性管理程序、要素及相关内容、方法和要求。

第一节　管道完整性管理概述

　　管道企业的目标是无操作失误、无泄漏、无事故地运营管道,确保不对员工、环境、公众和用户产生不利影响。完整性管理为改进管道系统安全运行提供了一种方法,并且可以有效地分配资源。

一、管道完整性管理基本知识

1. 管道完整性管理的定义

　　管道完整性(pipeline integrity)是指管道处于安全可靠的服役状态,主要包括:

管道在结构和功能上是完整的；管道处于风险受控状态；管道的安全状态可满足当前运行要求。管道完整性的内涵归纳起来包括下列几点：管道始终处于安全可靠的工作状态；管道在物理和功能上是完整的；管道处于受控状态；管道运营单位不断采取行动防止管道事故的发生；与管道的设计、施工、运行、维护、检修和管理的各个过程是密切相关的。

管道完整性管理(pipeline integrity management，PIM)是指对管道面临的风险因素不断进行识别和评价，持续消除识别到的不利影响因素，采取各种风险消减措施，将风险控制在合理、可接受的范围内，最终实现安全、可靠、经济地运行管道的目的。

管道完整性管理是预防管道事故发生、实现事前预控的重要手段。它以管道安全为目标并持续改进的系统管理体系，其内容涉及管道的设计、施工、运行、监控、维修、更换、质量控制和通信系统等全过程，并贯穿管道整个运行期。其基本思路是利用全部有利因素来改进管道的安全性，并通过信息反馈，不断完善。简单地说，完整性管理体系就是在前期对整个燃气管网系统进行可靠性、风险性评价的基础上，利用完整性检测技术评价运行状态指标，确定再评价周期等。它反映了燃气管道安全管理从单一安全目标向提高效率、增加综合经济效益的多目标发展的趋势。

管道完整性管理就是通过根据不断变化的管道因素，对管道运营中面临的安全因素的识别和评价，制定相应的风险控制对策，不断改善识别到的不利影响因素，从而将管道运营的风险水平控制在合理的、可接受的范围内，达到减少管道事故发生，经济合理地保证管道安全运行管理技术的目的。完整性管理的实质是，评价不断变化的管道系统的安全风险因素，并对相应的安全维护活动做出调整。

2. 开展管道完整性管理的重要性

当前安全生产的严峻形势，对长输管道行业管理提出了新挑战。随着长输管道的相继建设和投入运行，管道的安全管理已经越来越显示出其重要性。管道长期埋设在地下，受到各种不确定性因素的影响和破坏，会不同程度地出现腐蚀等缺陷，给系统安全带来潜在的巨大危害。一旦发生爆炸事故，将给人民生命和财产安全造成严重影响。必须借鉴国际管道管理的先进经验，结合中国国情，消化、吸收国外先进的管道管理技术理论和方法。

世界各国油气管道发生事故的原因尽管在不同国家所占比例不同，但主要原因基本相同，主要为外力损伤、腐蚀、材料及施工缺陷三大原因。可见管道的完整性不仅仅是一个技术问题，更重要的是持续不断地提高整体管理水平。

管道完整性管理是国外油气管道工业中的一个迅速发展的重要领域。据统计，全球(包括中国)油气管道的20%～40%达到了设计寿命，需要进行"延寿"管理。2013年，"11·22"青岛经济技术开发区(即黄岛区)输油管线泄漏爆燃特别重大事故的教训对管道的安全性管理提出了更高的要求。

依据管道运行资料，管道企业要做好以下工作。

(1) 识别和分析已发生的和潜在的可能导致管道事故的先兆性事件。

(2) 分析管道事故的可能性及潜在严重程度。

(3) 提供一体化的综合性方法，以核查、对比风险分布及可行的风险削减措施。

（4）提供结构化的、简单明了的选择和实施风险削减措施的方法。

（5）确认并跟踪管道状况，以达到改进的目的。

《管道完整性管理规范》提供了可供管道运营公司在油气管道运行过程中进行风险评价和决策的一套做法，以达到降低管道事故数量和减轻事故后果的目标。

3. 管道完整性管理原则

完整性管理原则是开展完整性管理的目的和具体内容的基础。管道系统的完整性与管道系统安全运行不可分割，且完整性管理是持续发展的。

（1）在设计、建设和运行新管道系统时，应融入管道完整性管理的理念和做法。新建管道系统的规划、设计、选材和施工，应考虑完整性管理的功能要求。

（2）要建立负责进行管道完整性管理机构、管理流程、配备必要手段。管道系统的完整性，要求所有操作人员执行全面、系统的过程程序，安全地操作和维护管道系统。有效的完整性管理程序应明确管道企业的组织机构、过程程序和管道系统。

（3）结合管道的特点，进行动态的完整性管理。完整性管理程序是持续发展和具有灵活性的。为满足各管道企业的自身条件，应制定有针对性的完整性管理程序。为适应管道工况、运行环境的变化，以及加入管道系统最新的数据和资料，应定期对完整性管理程序进行评价和修改，以保证管理程序能吸纳改进技术的相关优点，采用当时最先进的预防、检测和减缓措施。此外，在执行完整性管理程序时，应对活动的效果进行再评价和改进，以确保完整性管理程序及全部活动持续有效。

（4）要对所有与管道完整性管理相关的信息进行分析。完整性管理框架的一个关键要素是在进行风险评价时，对所有相关信息进行整合。管道企业了解管道系统重要风险的信息来自各个方面，其自身所处的位置最有利于收集和分析这类信息。通过对所有相关信息的分析，管道企业可确定何处事故风险最大，从而做出评价和降低这类风险的慎重决策。

（5）管道完整性的风险评价是一个连续的过程。管道企业应定期收集新的相关信息和系统运行经验，补充到下一次风险评价和风险分析中，完善后的风险评价和风险分析，可能要对系统完整性方案进行调整。

（6）应对新技术进行评价和适当采用。管道企业应利用经过验证并实用的新技术。新技术可提高管道企业预防事故、识别风险或减缓风险的能力。完整性管理过程中，管道运营公司应了解现有有效技术和工艺，不断采用新技术，提高对管道状态的认知能力、对风险的评价能力，从而提升管道系统的完整性。

（7）需对管道系统的完整性和完整性管理程序进行持续性评价。管道运营公司可通过内部审核来保证完整性管理程序的有效性，实现既定目标。管道运营公司也可委托第三方进行评价。

4. 国内外管道完整性管理进展

管道安全评价和完整性管理是世界各大管道公司目前采取的一项重要管理内容。国外油气管道安全评价与完整性管理始于 20 世纪 70 年代的美国，至 90 年代初期，美国的许多油气管道都已应用了安全评价与完整性技术来指导管道的维护工作。

为了增强管道的安全性，美国国会于 2002 年 11 月通过了专门的 H. R. 3609 号法案

《关于增进管道安全性的法案》,2002 年 12 月 27 日布什总统签署生效。H.R.3609 号法案第 14 章中要求管道公司在高风险地区(HCA)实施管道完整性管理。美国运输部制定了《在管道高后果区实施管道完整性管理》(CFR42 PART195)。美国增强管道安全性的法案的目的是：推进并加速管道高风险区域的完整性评价；促进管道公司建立和完善完整性管理系统；促进政府发挥审核管道完整性管理计划方面的作用；增强公众对管道安全的信心。

国内油气管道的安全评价与完整性管理开始于 1998 年,中国石油管道科技中心建立了管道完整性管理体系、管道基础数据库。自 2001 年起中国石油陕京输气管道建立了管道完整性管理体系,全面实施了管道完整性管理。2009 年 2 月 19 日,中国石油管道公司经过 4 年多的研究实践,《管道完整性管理规范》(Q/SY 1180.1～7-2009)成为我国第一套自主研发编制的管道完整性管理企业标准。2015 年和 2016 年,我国先后发布了《油气输送管道完整性管理规范》(GB 32167-2015)、《输油管道完整性管理规范》(SY/T 6648-2016)、《输气管道系统完整性管理规范》(SY/T 6621-2016)等国家标准和行业标准。

二、采用的术语和定义及缩略语

1. 采用的主要术语和定义

(1) 完整性管理方案(integrity management program)：对管道完整性管理活动作出针对性计划和安排的文件,系统地指导数据采集与整合、高后果区识别、风险评价、完整性评价、风险消减与维修维护、效能评价等完整性管理工作。

(2) 线性参考(linear referencing)：沿长输管道等线性系统的相对位置(如里程等)存储数据的一种方法。

(3) 数据对齐(data aligning)：通过阀门、短节、环焊缝等易于识别的特征将多来源或多批次管道数据按照线性参考系统进行位置校准。

(4) 基线检测(baseline inspection)：管道实施的第一次完整性检测,包括中心线、变形检测和漏磁内检测以及其他检测活动。

(5) 基线评价(baseline assessment)：在基线检测的基础上开展的首次管道完整性状况评价。

(6) 高后果区(high consequence areas,HCAs)：管道泄漏后可能对公众和环境造成较大不良影响的区域。

(7) 地区等级(location class)：按管道沿线居民户数和(或)建筑物的密集程度等划分的等级,分为四个地区等级。地区等级划分标准见 GB 50251-2015。

(8) 潜在影响区域(potential impact zone)：管道泄漏可能使其周边公众安全和/或财产遭到严重影响的区域。

(9) 完整性评价(integrity assessment)：采取适用的检测或测试技术,获取管道本体状况信息,结合材料与结构可靠性等分析,对管道的安全状态进行全面评价,从而确定管道适用性的过程。常用的完整性评价方法有：基于管道内检测数据的适用性评价、压力试验和直接评价等。

（10）内检测（in-line inspection，ILI）：借助于流体压差使检测器在管内运动，检测管道缺陷（内外壁腐蚀、损伤、变形、裂纹等）、管道中心线位置和管道结构特征（焊缝、三通、弯头等）的方法。

（11）规定的最小屈服强度（specified minimum yield strength，SMYS）：针对某种管材，在技术条件中所规定的屈服强度的最小值。

（12）直接评价（direct assessment，DA）：一种采用结构化过程的完整性评价方法，即通过整合管道物理特性、系统的运行记录或检测、检查和评价结果的管段等信息，给出预测性的管道完整性评价结论。

（13）失效（failure）：管道或相关设施等失去原有设计所规定的功能或造成一定损失的物理变化，包括泄漏、损坏或性能下降。

（14）金属损失（metal loss）：管道表面部分区域集中失去金属的现象。金属损失通常是由于腐蚀所致，但划痕或机械损伤也可能导致金属损失。

（15）制造缺陷（manufacturing defects）：在钢板制造或者钢管、管件、法兰、阀门等元件生产过程中产生的缺陷。

（16）变形（deformation）：管体形状的改变，如弯曲、屈曲、凹陷、椭圆度、波纹、褶皱或影响管道截面圆度或平直度的其他变化。

（17）适用性评价（fitness for purpose，FFP）：对含缺陷或损伤的在役构件结构完整性的定量评价过程。

（18）第三方损坏（third-party damage）：管道企业及与其有合同关系的承包商之外的个人或组织无意或蓄意损坏管道系统的行为。

（19）效能评价（performance measurement）：对某种事物或系统执行某一项任务结果或者进程的质量好坏、作用大小、自身状态等效率指标的量化计算或结论性评价。

（20）最大操作压力（maximum operating pressure，MOP）：在正常运行条件下，管道系统实际达到的最高压力。

（21）最大允许操作压力（maximum allowable operating pressure，MAOP）：油气管道处于水力稳态工况时允许达到的最高压力，等于或小于设计压力。

（22）安全运行压力（safe operating pressure）：通过完整性评价得出的管道允许操作压力。

（23）高后果区识别率（HCA identification rate）：完成高后果区识别或更新的管道里程占在役油气管道里程的比例。

（24）风险控制率（risk control rate）：已采取控制措施将风险降低到可接受范围以内的管道风险点数占识别的风险点总数的比例。

2. 常用的缩略语

- CUI：保温层下腐蚀（corrosion under insulation）
- ECDA：外腐蚀直接评价（external corrosion direct assessment）
- ERW：电阻焊（electric resistance welding）
- HCAs：高后果区（high consequence areas）
- ICDA：内腐蚀直接评价（internal corrosion direct assessment）

- LOF：失效可能性(likelihood of failure)
- MIC：微生物腐蚀(microbially induced corrosion)
- MOP：最大操作压力(maximum operating pressure)
- SCADA：数据监测和收集系统(supervisory control and data acquisition)
- SCC：应力腐蚀开裂(stress corrosion cracking)
- SCCDA：应力腐蚀开裂直接评价(stress corrosion cracking direct assessment)
- SMYS：规定的最小屈服强度(specified minimum yield strength)
- TPD：第三方损坏(third-party damage)

三、管道完整性管理程序

为开展完整性管理,管道企业需要制定对管道完整性管理活动作出针对性计划和安排的文件,建立管道完整性管理方案,形成文件化的管道完整性管理程序(IMPs),系统地指导数据采集与整合、高后果区识别、风险评价、完整性评价、风险消减与维修维护、效能评价等完整性管理工作,从而促使管道企业及时采取适当措施,确保管道系统持续在对公众、员工、环境或顾客的风险最低状态下运行。管道企业制定管道完整性管理程序一般应包括以下内容。

(1) 识别危害管道完整性的因素。

(2) 识别泄漏事件对公众和环境的潜在后果。

(3) 根据风险等级对管段进行排序。

(4) 依据识别的危害因素和风险及时对每一处管段实施完整性评价,尽可能降低泄漏失效概率。

(5) 制定并执行维修或减缓风险的措施,防止泄漏发生。

(6) 确定再评价时间。

(7) 针对完整性评价中未覆盖的危害因素,制定预防与减缓风险的措施。

(8) 根据完整性评价结果更新和改进完整性管理程序。

管道企业制定管道完整性管理程序还应满足下列一般性要求。

(1) 完整性管理应贯穿管道全生命周期,包括设计、采购、施工、投产、运行和废弃等各阶段,并应符合国家法律法规的规定。检验检测机构资质要求应满足特种设备相关法律法规规定。

(2) 新建管道的设计、施工和投产应满足完整性管理的要求。

(3) 数据采集与整合工作应从设计期开始,并在完整性管理全过程中持续进行。

(4) 在建设期开展高后果区识别,优化路由选择。无法避绕高后果区时应采取安全防护措施。

(5) 管道运营期周期性地进行高后果区识别,识别时间间隔最长不超过 18 个月。当管道及周边环境发生变化,及时进行高后果区更新。

(6) 对高后果区管道进行风险评价。

(7) 积极采用新技术。

(8) 管道企业应明确管道完整性管理的负责部门及职责要求,并对完整性管理从业人员进行培训。

完整性管理是持续循环的过程,包括数据采集与整合、高后果区识别、风险评价、完整性评价、风险消减与维修维护、效能评价六个环节,如图 6-1 所示。

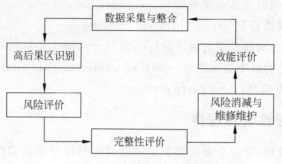

图 6-1　完整性管理工作流程

图 6-1 中的完整性管理工作流程可用于制定完整性管理程序。完整性管理工作流程是一个对管道状态进行监控,持续识别和评价风险,并且不断采取措施降低重大风险的循环往复的过程。管道风险评价应周期性地开展,保证其结果能够反映当前实际状态,以便管道运营公司能够有效地分配其有限的资源,实现无操作失误、无泄漏运行的目标。

第二节　数据采集与整合

为分析管道完整性的影响因素,确定泄漏发生后对高后果区的影响程度,管道企业需要收集、审查和整合相关的信息,包括管道设计资料、管道属性信息、运行压力范围、历史泄漏记录、内检测、水压试验等检测和评价结果,已采取的维修或风险减缓措施,腐蚀或阴极保护检测结果,以及为预防泄漏或降低泄漏后果影响采取的措施,还包括行业数据分析报告、法律法规要求以及其他管道企业的经验数据。

一、数据采集

(一)数据采集流程

管道企业应明确管道全生命周期不同阶段需采集数据的种类和属性,并按照源头采集的原则进行采集。数据来源包括设计、采购、施工、投产、运行、废弃等过程中产生的数据,还包括管道测绘记录、环境数据、社会资源数据、失效分析、应急预案等。

(二)数据采集内容

管道建设期数据采集内容应包含管道属性数据、管道环境数据、施工过程中的重要过程及事件记录、设计文件、施工记录及评价报告等。

运行期数据采集内容应包含管道属性数据、管道环境数据和管道检测维护管理数据。

管道完整性管理数据应包括用于定位所有设备的全部必要数据。管道完整性管理数据采集清单见表 6-1。表 6-1 给出了一系列其他能够提升管道完整性管理的数据采集类目和对应的数据采集阶段。

表 6-1　完整性管理数据采集类目

序号	分　类	数据子类名称	数据采集源头阶段
1	中心线	测量控制点	建设期
		中心线控制点	建设期,运行期
		标段	建设期
		埋深	建设期,运行期
2	阴极保护	阴极保护记录	建设期
		牺牲阳极	建设期,运行期
		阳极地床	建设期,运行期
		阴极保护电源	建设期,运行期
		排流装置	建设期,运行期
3	管道设施	站场边界	建设期
		标桩	建设期,运行期
		埋地标识	建设期,运行期
		附属物	建设期,运行期
		套管	建设期,运行期
		防腐层	建设期,运行期
		穿跨越	建设期,运行期
		弯管	建设期,运行期
		收发球筒	建设期,运行期
		非焊缝连接方式	建设期,运行期
		钢管	建设期,运行期
		开孔	建设期,运行期
		阀门	建设期,运行期
		环焊缝	建设期,运行期
		三通	建设期,运行期
		水工保护	建设期,运行期
		隧道	建设期,运行期
4	第三方设施	第三方管道	建设期
		公共设施	建设期,运行期
		地下障碍物	建设期,运行期
5	检测维护	内检测记录	运行期
		外检测记录	运行期
		适用性评价	运行期
		管体开挖单	运行期
		焊缝检测结果	建设期
		试压	建设期
		管道维修	运行期

续表

序号	分　类	数据子类名称	数据采集源头阶段
6	基础地理	建构筑物	建设期，运行期
		河流	建设期
		土地利用	建设期
		行政区划	建设期
		铁路	建设期
		公路	建设期
		土壤	建设期
		地质灾害	建设期，运行期
		面状水域	建设期
7	运行	输送介质	运行期
		运行压力	运行期
		失效记录	运行期
		巡线记录	运行期
		泄漏监测系统	建设期，运行期
		清管	建设期，运行期
8	管道风险	高后果区识别结果	建设期，运行期
		管道风险评价结果	建设期，运行期
		地质灾害评价结果	建设期，运行期
9	应急管理	单位联系人	建设期，运行期
		应急组织机构	建设期，运行期
		应急组织人员	建设期，运行期
		应急抢修设备	建设期，运行期
		应急预案	建设期，运行期
		应急抢修记录	建设期，运行期
		储备物资	建设期，运行期

（三）数据采集方法

1. 中心线测量

新建管道中心线测量应在管道施工阶段进行，并在回填之前完成。测量的管道中心线数据应包括地埋坐标、高程、埋深。测量数据应与桩、环焊缝、拐角点等信息对应。与公路、铁路、管道、河流、建筑物等交叉点的坐标数据应标注。

在管道运行阶段，应根据管理要求和规定维护和更新测绘数据。宜通过卫星定位系统和埋地管道探测确定管道坐标，也可采用管道内检测技术结合惯性测绘获得管道中心线坐标。对采用管线探测仪或探地雷达不能确定位置的管段，应采用开挖确认、走访调查、资料分析或其他有效方法确定其中心线位置。

管道改线时，应测量新的中心线，并及时进行数据更新。

管道中心线测量坐标精度应达到亚米级精度。

2. 管道设施数据、基础地理等环境数据采集

管道设施数据宜在管道建设期从设计资料、施工记录和评价报告中进行采集，并在管

道测绘的同时采集基础地理数据及管道周边人口、行政等数据。

管道企业宜通过现场调查或影像数字化来开展管道沿线属性数据采集工作。数据采集宜包括建设和运行阶段产生的施工记录和专项检测评价报告等。这些记录应至少包括施工记录、质量检验记录、运行记录、维修和检测记录等。

(四) 数据对齐

管道附属设施数据和周边环境数据应基于环焊缝信息或其他拥有唯一地理空间坐标的实体信息进行对齐,对齐的基准应以精度较高的数据为准。

施工阶段和运行阶段的管道中心线对齐宜遵循如下要求:

(1) 管道中心线对齐应以测绘数据或内检测提供的环焊缝信息为基准。若进行了内检测,中心线对齐以内检测环焊缝编号为基准。若没有进行内检测,中心线对齐应基于测绘数据。测绘数据精度不能满足要求时,宜根据外检测和补充测绘结果更新中心线坐标。

(2) 当测绘数据与内检测数据均出现偏差时,应进行开挖测量校准。

二、数据移交

在试运行之前,管道建设单位应将管道设计资料、中心线数据、施工记录、评价报告、相关协议等管道数据提交给管道运营公司。

数据形式应为电子数据和纸质数据。管道工程资料数据可按工程竣工资料要求的格式和内容提交。管道中心线等电子数据宜采用标准格式,数据表结构见表 6-2~表 6-11。

管道建设单位或管道施工单位等移交方应确保移交数据的准确性、完整性,要求如下:

(1) 建设期的数据应按上述数据对齐的要求进行对齐整合,并建立数据之间的线性关联关系。

(2) 建设期管道中心线及沿线地物坐标精度应达到亚米级精度。在人口密集区应适当提高数据精度。

表 6-2 管道中心线位置表

数据项名称	计量单位	域值名称	填写说明
管道 ID			
控制点 ID			
路由控制点坐标 X	度:分:秒		投影坐标应备注投影信息
路由控制点坐标 Y	度:分:秒		投影坐标应备注投影信息
埋深	m		
高程	m		
备注			

注:1. 管道企业应给所属的每个管道分配唯一的名称及编号,每条管道的空间数据坐标系应保持一致。

2. 路由控制点坐标 X、坐标 Y 为经纬度坐标或投影坐标。具体投影信息应在"管道中心线元数据表"中描述。

3. 埋深为地表到管顶的垂直距离。

4. 高程为管顶高程。

表 6-3　管道中心线属性表

数据项名称	计量单位	域值名称	填写说明
管道企业 ID			
管道企业名称			
管道 ID			
管道名称			
管道长度	m		
输送介质		产品类型	
投产时间			
设计单位名称			
建设单位名称			
备注			

注：1. "管道企业 ID"为管道系统实际运营者的唯一编号。

2. 应给每个管道分配唯一的名称及编号。

3. "管道长度"字段填写该管道长度，单位为米(m)，保留两位小数。

4. "产品类型"为管道系统运输的产品性质，字段提供了域值。

5. "投产时间"按照年/月/日(YYYYMMDD)格式数字序列填写。

表 6-4　管段属性表

数据项名称	计量单位	域值名称	填写说明
管道 ID			
管段 ID			
管段长度	m		
直径	mm		
壁厚	mm		
设计压力	MPa		
运行状态			
位置数据质量		位置数据质量	
属性外键			
更新说明		更新说明	
备注			

注：1. 管段是管道的子区域，管段 ID 由管道企业分配。原则上管段在位置上不存在重叠和空隙。每个管段仅有两个端点，不允许有分支，管道应划分尽量少的管段，仅在如下情况下划分管段：

(1) 管道相交(指物理连通)，例如一个支线和干线；

(2) 管道相关属性(如直径、壁厚)变化。

2. "属性外键"字段填写连接地理空间要素(管道)与其属性记录之间的外键。

3. "直径"和"壁厚"字段分别填写管段公称直径和壁厚，单位为毫米(mm)，保留两位小数。

4. "位置数据质量"字段的域值具体含义为："优"表示空间坐标数据的误差小于 1m；"良"表示误差在 1～10m；"中"表示误差在 10～50m；"差"表示误差在大于 50m。

5. "更新说明"标识自上次提交数据以来此次数据的修改方式，域值包括：①新增管道；②空间数据修改；③属性数据修改；④空间和属性数据修改；⑤删除；⑥无变更。

表 6-5 管道企业联系信息表

数据项名称	计量单位	域值名称	填写说明
管道企业 ID			
管道企业名称			
主要联系人姓名			
主要联系人职务			
主要联系人所在机构名称			
主要联系人地址 1			
主要联系人地址 2			
主要联系人邮编			
主要联系人手机号码			
主要联系人工作电话号码			
主要联系人传真号码			
主要联系人电子邮箱地址			
技术联系人姓名			
技术联系人职务			
技术联系人所在机构名称			
技术联系人地址 1			
技术联系人地址 2			
技术联系人邮编			
技术联系人手机号码			
技术联系人工作电话号码			
技术联系人传真号码			
技术联系人电子邮箱地址			

注：1. 公众联系人负责处理公众关于相关管道的问题，管道企业允许有多个联系人负责不同运营单元。

2. "管道企业 ID"为管道系统实际运营者的唯一编号。

表 6-6 站场表

数据项名称	计量单位	域值名称	填写说明
管道企业 ID			
管网 ID			
管道 ID			
站场 ID			
站场名称			
所在城市名			
所在省名			
业主			
投影方式			
坐标系			
X 坐标			
Y 坐标			

数据项名称	计量单位	域值名称	填写说明
度量单位			
备注			

注：1. "管道 ID"为该站场所属管道的唯一编号，管网 ID 为该站场所属的管网的唯一编号；管道企业 ID 为该管网所属的管道企业的唯一编号。

2. 坐标系要求：至少应提交 CGCS2000 坐标系成果，对其他坐标系成果应提交原始坐标系成果和转换后 CGCS2000 坐标系成果。

3. "所在城市名""所在省名"为该站场所在的城市名称、省份名称。

4. "X 坐标""Y 坐标"为站场区中心位置坐标；保留后面三位小数。

5. "度量单位"为 X、Y 坐标采用的单位，如度(°)、分(′)、秒(″)、米(m)或千米(km)。

表 6-7　高后果区管段表

数据项名称	计量单位	域值名称	填写说明
管道 ID			
高后果区编号			
行政区划			
起始里程			
终止里程			
起始桩号			
与起始桩的距离	m		
终止桩号			
与终止桩的距离	m		
高后果区长度	m		
高后果区类型		高后果区类型	
地区等级		地区等级	
识别时间			
备注			

注：1. "高后果区编号"为由管道企业进行编号，在一个高后果区识别工作周期内应保证同一管道内高后果区编号唯一，并可采用数字顺序编号。

2. 两种高后果区位置提交方式：①提交该高后果区管段的起始里程和终止里程；②提交桩加偏移量数据。单位都为米(m)。

3. "高后果区长度"的单位为米(m)。

4. "识别时间"按照年/月/日(YYYYMMDD)格式数字序列填写。

表 6-8　管道占压表

数据项名称	计量单位	域值名称	填写说明
管道 ID			
行政区划			
里程	m		
桩号			
与桩的距离	m		

续表

数据项名称	计量单位	域值名称	填写说明
占压方位		占压方位	
占压物类型		占压物类型	
占压危害程度		占压危害程度	
占压物所在详细地址			
占压长度	m		
占压面积	m²		
占压开始时间			
目前主要对策及保护措施			
计划清理完成时间			
备注			

注：1. 有里程数据时优先提交里程信息，没有里程数据可提交桩加偏移量数据。

2. "行政区划"填写占压位置所在县级行政区划，可填写多个，以半角逗号分隔。

3. "占压危害程度"分为 A、B、C 三级，"A 级"指公众聚集场所、居民楼和易燃易爆场所等建筑设施；"B 级"指有人口居住、活动且可能引发人员伤亡，或影响管道安全运行的建、构筑设施；"C 级"指"A 级"和"B 级"以外的建、构筑设施。

4. "占压长度"单位为米（m），"占压面积"单位为平方米（m²）。

5. "占压开始时间"和"计划清理完成时间"按照年/月/日（YYYYMMDD）格式数字序列填写。

表 6-9　高风险管段表

数据项名称	计量单位	域值名称	填写说明
管道 ID			
高风险管段编号			
起始里程	m		
终止里程	m		
起始桩号			
与起始桩的距离	m		
终止桩号			
与终止桩的距离	m		
主要危害因素		主要危害因素	
风险评价时间			
管段风险描述			
风险评价单位名称			
备注			

注：1. 两种位置提交方式：①该高风险管段的起始里程和终止里程；②提交桩加偏移量数据。单位都为米（m）。

2. "高风险管段编号"是由管道企业进行编号，在一个风险识别工作周期内应保证同一管网内高风险管段编号唯一，并可采用数字顺序编号。

3. "风险评价时间"按照年/月/日（YYYYMMDD）格式数字序列填写。

表 6-10　管道中心线元数据表

数据项名称	计量单位	域值名称	填写说明
元数据 ID			
管道企业 ID			
管道 ID			
提交日期			
覆盖省列表			
坐标系		坐标系	
度量单位			
投影方式		投影方式	
备注			

注：1. "元数据 ID"为系统自动生成，不需填写。

2. "管道企业 ID"为管道系统实际运营者的唯一编号。

3. "提交日期"按照年/月/日（YYYYMMDD）格式数字序列填写。

4. "覆盖省列表"字段为提交管道中线数据覆盖的省级行政区列表。

5. "坐标系"要求：至少应提交 CGCS2000 坐标系成果，对其他坐标系成果应提交原始坐标系成果和转换后 CGCS2000 坐标系成果。

6. 提交的数据跨多个分带时须在备注字段中说明所跨的各分带号。

表 6-11　域值表

域值名称	域值代码	域值含义
产品类型	1	原油
	2	成品油
	3	天然气
运行状态	1	在用的
	2	损坏
	3	修复中
	4	建设中
	5	已废弃
位置数据质量	1	优
	2	良
	3	中
	4	差
	5	未知
更新说明	1	新增管道
	2	空间数据修改
	3	属性数据修改
	4	空间和属性数据修改
	5	删除
	6	无变更

续表

域值名称	域值代码	域值含义
投影方式	1	西安 80 坐标系 6 度分带
	2	西安 80 坐标系 3 度分带
	3	北京 54 坐标系 3 度分带
	4	北京 54 坐标系 s 度分带
	5	其他
坐标系	1	CGCS2000 大地坐标系
	2	WGS84 世界大地坐标系
	3	54 北京坐标系
	4	80 西安坐标系
	5	城市坐标系
	6	其他
度量单位	1	十进制
	2	米
	3	千米
	4	其他
高后果区类型	1	未知
	2	高人口密度区
	3	其他人口密集区
	4	河流水源
	5	交通设施
	6	生态保护区
	7	其他
地区等级	1	未知
	2	等级 1——在规定面积内少于 15 户
	3	等级 2——在规定面积内多于 15 户少于 100 户
	4	等级 3——在规定面积内多于 100 户
	5	等级 4——交通发达的城镇商业区
	6	其他
占压方位	1	管道正上方
	2	管道两侧各 5m 范围内
占压物类型	1	建(构)筑物
	2	圈占
	3	深根植物
	4	重物
	5	堆积物
	6	其他
危害程度	1	A 级
	2	B 级
	3	C 级

续表

域 值 名 称	域 值 代 码	域 值 含 义
主要危害因素	1	未知
	2	腐蚀
	3	误操作
	4	制造与施工缺陷
	5	地质灾害
	6	第三方损坏
	7	其他

注：1. 本表中域值名称对应表 6-2～表 6-10 中域值名称。

2. 每种域值含义对应一个域值代码，域值代码用于设计数据库字段时使用；域值含义表示该域值名称所含有的类型。

三、数据存储与更新

宜采用线性参考系统对管道属性等数据进行组织和维护，对无法纳入线性系统的数据基于坐标进行保存。应采用结构化的实体数据模型，实现全生命周期数据的管理和有效维护。

结构化数据的存储宜通过搭建基于数据模型的数据库进行存储。文档、图片、视频等非结构化数据的存储应建立文件清单。非结构数据应保证提交数据与文件清单相一致。应采取管理措施确保数据精度和时效性。应具备数据内容更新方式和数据校验方法，宜使用更新过的或校验过的数据。

数据更新应符合下述要求。

（1）存储的数据宜进行例行性检查，确保其一致性和完整性。

（2）设施信息更新，例如防腐层或管段更换都应被采集并存储。

（3）更新应标识版本详细信息，并能通过历史数据和当前数据的比较反映管道及周边环境的变化。

（4）管道数据的更新应按照数据变更管理流程进行，并做好相应记录。

（5）宜保留历史数据。

第三节　高后果区识别与风险评价

完整性管理流程包括识别管道泄漏对高后果区产生影响的管段以及风险评价。高后果区识别包括收集人口聚居区、环境敏感区和航道水域信息，将这些信息标记在管道走向图上，并确定何处泄漏将影响这些区域。高后果区可能随时间或管道系统的变化而改变，因此高后果区识别应持续进行。可用已收集的数据进行管道系统或管段的风险评价，识别可能诱发管道失效的具体事件的位置和/或状况，了解事件发生的可能性和后果。风险评价结果应包括管道可能发生的最大风险的性质和位置。

一、高后果区识别

1. 识别准则

输油管道、输气管道经过区域符合表 6-12 识别项中任何一条的为高后果区。

识别高后果区时,高后果区边界设定为距离最近一幢建筑物外边缘 200m。高后果区分为三级,Ⅰ级代表最小的严重程度,Ⅲ级代表最大的严重程度。

表 6-12 输油管道、输气管道高后果区管段识别分级表

管道类型	识 别 项	分级
输油管道	管道中心线两侧各 200m 范围内,任意划分成长度为 2km 并能包括最大聚居户数的若干地段,四层及四层以上楼房(不计地下室层数)普遍集中、交通频繁、地下设施多的区段	Ⅲ级
	管道中心线两侧 200m 范围内,任意划分 2km 长度并能包括最大聚居户数的若干地段,户数在 100 户或以上的区段,包括市郊居住区、商业区、工业区、发展区以及不够四级地区条件的人口稠密区	Ⅱ级
	管道两侧各 200m 内有聚居户数在 50 户或以上的村庄、乡镇等	Ⅱ级
	管道两侧各 50m 内有高速公路、国道、省道、铁路及易燃易爆场所等	Ⅰ级
	管道两侧各 200m 内有湿地、森林、河口等国家自然保护地区	Ⅱ级
	管道两侧各 200m 内有水源、河流、大中型水库	Ⅲ级
输气管道	管道经过的四级地区,地区等级按照 GB 50251-2015 中相关规定执行	Ⅲ级
	管道经过的三级地区	Ⅱ级
	如管径大于 762mm,并且最大允许操作压力大于 6.9MPa,其天然气管道潜在影响区域内有特定场所的区域,潜在影响半径按照式(6.1)计算	Ⅱ级
	如管径小于 273mm,并且最大允许操作压力小于 1.6MPa,其天然气管道潜在影响区域内有特定场所的区域,潜在影响半径按照式(6.1)计算	Ⅰ级
	其他管道两侧各 200m 内有特定场所的区域	Ⅰ级
	除三级、四级地区外,管道两侧各 200m 内有加油站、油库等易燃易爆场所	Ⅱ级

除三级、四级地区外,由于天然气管道泄漏可能造成人员伤亡的潜在影响区域包括以下地区。

(1) 特定场所Ⅰ:医院、学校、托儿所、幼儿园、养老院、监狱、商场等人群疏散困难的建筑区域。

(2) 特定场所Ⅱ:在一年之内至少有 50 d(时间计算不需连贯)聚集 30 人或更多人的区域。例如,集贸市场、寺庙、运动场、广场、娱乐休闲地、剧院、露营地等。

输气管道的潜在影响区域是依据潜在影响半径计算的可能影响区域。输气管道潜在影响半径示例,参见图 6-2。输气管道潜在影响半径可按式(6-1)计算。

$$r = 0.099\sqrt{d^2 p} \tag{6-1}$$

式中,d 为管道外径,单位为 mm;p 为管段最大允许操作压力(MAOP),单位为 MPa;r 为受影响区域的半径,单位为 m。

注:系数 0.099 仅适用于天然气管道。

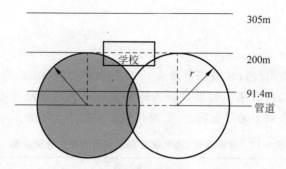

图 6-2　输气管道潜在影响区示意图

注：本图是直径 762mm、最大允许操作压力为 7MPa 管道的研究成果。

2. 高后果区识别工作的基本要求

高后果区识别工作应由熟悉管道沿线情况的人员进行，识别人员应参加有关培训。识别统计结果应按照统一的格式填写。

当识别出高后果区的区段相互重叠或相隔不超过 50m 时，作为一个高后果区段管理。

当输油管道附近地形起伏较大时，可依据地形地貌条件、地下管涵等判断泄漏油品可能的流动方向，对表 6-12 中输油管道（3）～（6）的距离进行调整。

当输气管道长期低于最大允许操作压力运行时，潜在影响半径宜按照最大操作压力计算。

3. 高后果区的管理

建设期识别出的高后果区应作为重点关注区域。试压及投产阶段应对处于高后果区管段重点检查，制订针对性预案，做好沿线宣传并采取安全保护措施。

运营阶段应将高后果区管道作为重点管理段。

应定期审核管道完整性管理方案，以确保高后果区管段完整性管理的有效性。必要时应修改完整性管理方案，以反映完整性评价等工作中发现的新的运行要求和经验。

地区发展规划足以改变该地区现有等级时，管道设计应根据地区发展规划划分地区等级。对处于因人口密度增加或地区发展导致地区等级变化的输气管段，应评价该管段并采取相应措施，满足变化后的更高等级区域管理要求。当评价表明该变化区域内的管道能够满足地区等级的变化时，最大操作压力不需要变化；当评价表明该变化区域内的管道不能满足地区等级的变化时，应立即换管或调整该管段最大操作压力。

4. 高后果区识别报告

管道高后果区识别可采用地理信息系统识别或现场调查。在高后果区识别报告中应明确所采用的方法。高后果区识别报告包括如下内容。

（1）概述。概述应包括：①本次高后果区识别工作情况概述，包括识别单位、识别方法、识别日期等；②管道参数以及信息的获取方式；③管道周边人口和自然环境情况。

（2）识别结果。识别结果的内容应至少包括：①高后果区管段识别统计表；②高后果区管段长度比例图；③减缓措施；④再识别日期。

二、风险评价

1. 评价目标

管道风险评价主要目标如下。

(1) 识别影响管道完整性的危害因素,分析管道失效的可能性及后果,判定风险水平。

(2) 对管段进行排序,确定完整性评价和实施风险消减措施的优先顺序。

(3) 综合比较完整性评价、风险消减措施的风险降低效果和所需投入。

(4) 在完整性评价和风险消减措施完成后再评价,反映管道最新风险状况,确定措施有效性。

风险评价工作应达到如下要求。

(1) 管道投产后 1 年内应进行风险评价。

(2) 高后果区管道进行周期性风险评价,其他管段可依据具体情况确定是否开展评价。

(3) 应根据管道风险评价的目标来选择合适的评价方法。

(4) 应在设计阶段和施工阶段进行危害识别和风险评价,根据风险评价结果进行设计、施工和投产优化,规避风险。

(5) 设计与施工阶段的风险评价宜参考或模拟运行条件进行。

2. 评价方法

应基于评价目标,结合现有数据的完整程度以及经济投入等因素,选择适用的评价方法。可采用一种或多种管道风险评价方法来实现评价目标。风险评价方法包括但不限于专家评价法、安全检查表法、风险矩阵法、指标体系法、场景模型评价法、概率评价法等。常用的风险评价方法有风险矩阵法和指标体系法。指标体系法见 SY/T 6891.1-2012 或 GB/T 27512-2011,本书在第四章已对此做了详细介绍。风险矩阵法见表 6-13～表 6-16。

表 6-13　失效可能性等级

失效可能性分级	描　　述	等级
高	企业内曾每年发生多次类似失效,或预计 1 年内发生失效	5
较高	企业内曾每年发生类似失效,或预计 1～3 年内发生失效	4
中	企业内曾发生过类似失效,或预计 3～5 年内发生失效	3
较低	行业中发生过类似失效,或预计 5～10 年内发生失效	2
低	行业中没有发生类似失效,或预计超过 10 年后发生失效	1

表 6-14　失效后果等级

后果分类	后果描述				
	A	B	C	D	E
人员伤亡	无或轻伤	重伤	死亡人数 1～2	死亡人数 3～9	死亡人数 ≥10
经济损失	<10 万元	10 万～100 万元	100 万～1000 万元	1000 万～1 亿元	>1 亿元
环境污染	无影响	轻微影响	区域影响	重大影响	大规模影响
停输影响	无影响	对生产重大影响	对上/下游公司重大影响	国内影响	国内重大或国际影响

表 6-15 风险矩阵

失效后果	后果描述				
	1	2	3	4	5
E	Ⅲ	Ⅲ	Ⅳ	Ⅳ	Ⅳ
D	Ⅱ	Ⅱ	Ⅲ	Ⅲ	Ⅳ
C	Ⅱ	Ⅱ	Ⅱ	Ⅲ	Ⅲ
B	Ⅰ	Ⅰ	Ⅰ	Ⅲ	Ⅲ
A	Ⅰ	Ⅰ	Ⅰ	Ⅱ	Ⅲ

表 6-16 风险等级的界定

风险级别	等级内涵及描述
Ⅰ（低）	风险水平可以接受,当前应对措施有效,可不采取额外技术、管理方面的预防措施
Ⅱ（中）	风险水平可以接受,但应保持关注
Ⅲ（较高）	风险水平不可接受,应在限定时间内采取有效应对措施降低风险
Ⅳ（高）	风险水平不可接受,应尽快采取有效应对措施降低风险

　　管道风险矩阵应包括管道失效可能性、失效后果和风险的分级标准。失效可能性分级由表 6-13 确定。失效后果由表 6-14 确定,分析过程中分别考虑人员安全、财产损失、环境污染和停输影响等。风险分级见表 6-15。各风险等级的含义见表 6-16。

3. 评价流程

风险评价流程详细见本书 2.2 节。

1）危害识别

应定期进行管道危害因素识别。应从管道历史失效原因总结分析管道常见危害因素。管道失效原因的分类见表 6-17。

表 6-17 管道危害因素

分类	危 害 因 素	子 因 素
时间相关	外腐蚀	
	内腐蚀/磨蚀	
	应力腐蚀开裂/氢致损伤	
	凹陷疲劳损伤	
固有因素	与制管有关的缺陷	①管体焊缝缺陷；②管体缺陷
	与焊接/施工有关的因素	①管道环焊缝缺陷,包括支管和 T 形接头焊缝；②制造焊缝缺陷；③褶皱弯管或屈曲；④螺纹磨损/管体破损/接头失效
与时间无关	机械损伤	①甲方、乙方,或第三方造成的损坏(瞬时/立即失效)；②管子旧伤(如凹陷、划痕)(滞后性失效)；③故意破坏
	误操作	—
	自然与地质灾害	①低温；②雷击；③暴雨或洪水；④土体移动

　　应识别不符合国家法律法规和标准要求的管道状况,以及造成管道风险升高的因素,包括但不限于:

（1）占压。

（2）管道与周边设施安全距离不足。

（3）周边环境对管道日常管理和维抢修的影响。

（4）外界对管道可能造成的损伤。

（5）管道本体或者附属设施的结构和功能缺失。

（6）输送介质或者管道的系统特征造成的管道现有工艺与设计的偏差。

（7）特定管道风险的应急预案与技术缺失。

（8）管道企业内部、管道企业与施工方、周边公众信息沟通不畅。

在管道建设期进行的风险评价，应考虑以下因素。

（1）根据管道沿线的地方政府规划，考虑现有设计是否能满足规划要求。

（2）根据沿线土地的使用情况及规划用地情况分析可能存在的第三方损坏、占压等情况。避免投产后引起的占地纠纷、交叉施工过多带来的第三方损坏风险、短期内改线等情况。

（3）应充分考虑腐蚀、疲劳、热应力等风险因素，在满足输量的情况下，合理选择管道材质、管径、壁厚等参数，并依据设计的正常工况及可能出现的紧急情况，对管道材质及壁厚选取进行校核；调研材质及焊接工艺对环境温度、湿度、土质等的敏感性，使管材及焊缝在运行环境中不产生异常失效速率。

（4）根据沿线土壤腐蚀性、岩土类型、沿线电气化设施等分析可能出现的防腐层损坏、杂散电流和腐蚀易发区等风险。对局部腐蚀环境、杂散电流等腐蚀控制措施的有效性进行评价。防腐层及补口材料的选择应考虑具体的管径、壁厚、施工温度、土壤类型等因素。

（5）应对管道穿跨越（含隧道）位置、活动断裂带及特殊不良地质地段的风险进行评价，管道应选择在稳定的缓坡地带、灾害地质较少的地段通过，避免通过滑坡、崩塌、泥石流、陡坡、陡坎等易造成管道破坏的地带；通过活动断裂带可选用应变能力强的钢管，宜适当加大壁厚，并尽量减少使用弯头等管件，断裂带两侧的过渡段范围内管道宜采用弹性敷设方式。

（6）考虑施工阶段可能对周围环境和地形、地貌造成的扰动和破坏，依据地貌、土壤类型、降雨等信息，分析可能存在的地质灾害类型及危险程度。对于可能存在的山体滑坡、冻胀融沉等灾害，审核其监测设施运行有效性。管道铺设应尽量避免横坡铺设。

（7）应识别施工可能对管道本体产生的危害，并给出评价结论。使用特殊的施工工艺应考虑对将来完整性评价的影响。

（8）考虑工程变更时的风险，识别出由于变更对今后运行可能产生的危害，并提出消除危害和预防风险的措施。

应识别出在运行过程中可能出现的风险源、发生事故的可能性、发生事故的可能后果和在这些威胁存在情况下所采取的措施需要投入的安全成本。通过分析，对可能发生的运行风险提出预防措施，或优化设计，规避风险。

在条件具备情况下，试运投产阶段应开展定性或定量风险评价，对识别出的风险因素，应逐一评价、落实各个风险点的风险控制措施是否满足运行要求。

建设期各阶段的风险评价宜作为各阶段工作成果的评价依据之一。在风险评价报告所提出的风险消减措施应得到有效落实。

2）数据采集与管段划分

根据管道的属性和管道周边环境对管道进行管段划分。管段划分示意图见图 6-3。对每个管段进行数据采集和状况描述具体包括但不限于：

（1）管材、管径、防腐层类型、管道附属设施及其起止里程。

（2）管体、防腐层和附属设施状况的评价。

（3）管道运行参数，包括输送介质、运行压力和温度等。

（4）管道沿线自然环境。

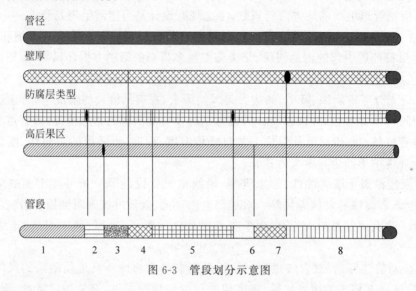

图 6-3　管段划分示意图

3）失效可能性分析

对识别出的危害因素应进行失效可能性分析，并考虑已经采取的风险消减措施的效果，如检测、修复、第三方损坏防护等。对划分的每个管段应确定其失效可能性。失效可能性可以定性或定量表示。

失效可能性分析采用的方法应以评价对象、可用的数据和模型而定。可利用历史失效数据对评价结果进行验证。如直接采用历史失效数据进行失效可能性分析，或用来对失效可能性分析结果进行验证，需对历史数据的适用性和与被评价管道的可比性进行分析。

4）失效后果分析

失效后果分析用于确定管道失效对周边人员、财产和环境潜在不利影响的严重程度。这些不利影响可能由毒性、可燃性介质从管道中的意外泄漏、扩散引起。同时也可考虑管道失效造成的停输影响以及对管道企业声誉的影响。对划分的每个管段应确定其失效后果。失效后果可以定性或定量表示。

失效后果分析应考虑以下因素。

（1）输送介质的性质，例如易燃性、毒性和反应性等。

（2）管道属性，如管径、压力等。

（3）地形。

（4）周边环境。

（5）失效模式，泄漏孔大小。

（6）减小泄漏量的控制措施，如泄漏检测和截断阀等。

（7）输送介质的扩散模式。

（8）着火的可能性。

（9）事故场景，包括热辐射、爆炸、中毒或窒息等。

（10）周边受影响对象暴露水平及其影响程度。

（11）应急响应。

5）风险等级判定

风险等级判定是确定各管段风险是否可以接受的过程。风险值是失效发生的可能性与失效后果两个因素的综合。制定与评价方法相适应的风险可接受标准，确定各管段的风险可接受性。

对不能接受的风险应采取以下措施。

（1）进行更深入的风险分析，降低之前评价过程中的不确定性。

（2）采用有效风险消减措施来降低风险。

6）提出风险消减措施建议

消减风险的措施应包括降低失效可能性的措施和降低失效后果的措施。应对提出的风险消减措施建议的有效性进行分析。

4. 风险可接受性

确定风险可接受性标准应考虑以下因素。

（1）国家法律法规和标准相关要求。

（2）管道的重要性。

（3）管道状况。

（4）降低风险的成本。

可通过以下几个途径来确定风险的可接受性标准。

（1）参照国内外同行业或其他行业已经确立的风险可接受标准。

（2）根据以往经验判断认为可接受的情况。

（3）根据管道平均安全水平，参见表 6-18。

（4）与其他已经认可的活动和事件相比较。

如未满足风险可接受标准，应改进管道完整性管理活动或改进管道设计施工管理活动。

5. 风险再评价

管道风险评价的时间间隔应根据风险评价的结论来确定，且不宜超过 3 年。应每年检查风险评价数据变化情况并及时更新数据。管道属性和周边环境发生较大变化后，应进行风险再评价。

表 6-18   管道泄漏频率和推荐可接受标准表

来　　源	输油管道泄漏频率/ $[次 \cdot (10^3 km \cdot a)^{-1}]$	输气管道泄漏频率/ $[次 \cdot (10^3 km \cdot a)^{-1}]$	油气管道整体泄漏频率/ $[次 \cdot (10^3 km \cdot a)^{-1}]$
美国管道与危险品安全管理局 PHMSA(2012 年)	2.155	0.400	0.906
欧洲 CONCAW 石油组织(2012 年)	0.194	—	0.194
欧洲输气管道失效数据库 EGIG(2001—2010 年)	—	0.167	0.167
英国陆上管道管理协会(2008—2012 年)	—	—	0.122
加拿大运输安全局 TSB(2012 年)	—	—	0.438
国内相关管道企业	2.151	0.193	—
推荐的失效可接受标准	2.0	0.4	—

6. 风险评价报告

在风险评价报告中应对管道风险评价过程和结果进行描述。应针对评价目标向报告使用者描述评价结果,并说明所采用评价方法的局限性和评价因素的不确定性。管道风险评价报告包括以下内容。

(1) 评价概述。

(2) 管道系统概述。

(3) 评价方法。

(4) 评价的假设和局限性。

(5) 危害因素识别结果。

(6) 失效可能性分析结果。

(7) 失效后果分析结果。

(8) 风险判定结果及风险消减措施建议。

(9) 风险因素敏感性和不确定性分析。

(10) 问题讨论。

(11) 结论和建议。

第四节　完整性评价

管道企业应根据管道特点,制订或者更新管道完整性评价计划。完整性评价应基于近期风险评价确定的风险等级排序结果,从风险等级最高的管段开始。对于高后果区管段,管道企业可采用内检测、水压试验或其他方法评价管道的完整性,并制订完整性评价时间表,说明选择该完整性评价方法的理由,确定采取的减缓措施。

一、评价方法及评价周期

新建管道在投用后 3 年内完成完整性评价。输油管道高后果区完整性评价的最大时间间隔不超过 8 年。

应根据管道失效的历史和风险评价的结果选择适用的检测内容和技术指标。宜优先选择基于内检测数据的适用性评价方法进行完整性评价。如管道不具备内检测条件，宜改造管道使其具备内检测条件。对不能改造或不能清管的管道，可采用压力试验或直接评价等其他完整性评价方法。

内检测时间间隔需要根据风险评价和上次完整性评价结果综合确定，最大评价时间间隔应符合表 6-19 要求。

表 6-19　内检测时间间隔表

操作条件下的环向应力水平 σ		
＞50%SMYS	30%SMYS＜σ≤50%SMYS	≤30%SMYS
10 年	15 年	20 年

宜通过压力试验和管材性能的综合分析、所需要的实际运行压力和最高试压压力的差值大小、随时间增长的缺陷增长速率等提出压力试验的再评价周期。无法确定缺陷增长速率的管道，最长不应超过 3 年。允许有其他被证实为科学可信的方法来确定再评价周期。

直接评价的再评价周期宜根据风险评价结论和直接评价结果综合确定，最长不应超过 8 年。对特殊危害因素应适当缩短再评价周期。宜根据管道缺陷特征或可能新出现的缺陷，选择不同的检测评价技术或多种技术方法组合。

二、内检测

1. 建设期要求

管道系统的设计应保障内检测器的可通过性，应考虑以下因素：

（1）安装永久收发球筒或预留连接临时收发球筒的接口，收发球筒前应留有足够的作业空间和安全距离。

（2）上下游收发球筒间距宜控制在 150km 以内，最长不能超过 200km。对投产后可能存在杂质较多、管道结蜡或者管道内表面对清管器磨损严重的管道，应适当缩短间距。

（3）收发球筒应满足使用内检测器的长度的要求。平衡管、阀门、三通等附件的设置满足清管和内检测的要求。

（4）最小允许弯管曲率半径。

（5）最大允许的内径变化。

（6）支管连接设计及线管材料兼容性。

（7）内涂层与内检测的相互影响。

（8）过球指示器。

（9）旁通与盲板的间距。

（10）在确定球筒方位时应考虑进入路线和相邻设施的安全。

投产前宜开展内检测，对其发现的特征进行分类，依据相关施工标准的要求进行修复，并记录在案。投运前或投运后 3 年内的基线检测与评价结论可以作为工程验收依据。

2. 内检测管理

应建立内检测管理程序。综合考虑风险评价建议和管道缺陷特征等确定需要选择的检测器类型，制订内检测计划。应优先采用高精度内检测器。

内检测器的适用性取决于待检测管道的条件和检测目标与检测器之间是否匹配。检测器类型及适用性的一般性分类和常见的检测技术性能规格分别参见《油气输送管道完整性管理规范》(GB 32167-2015)附录 H、附录 I，本书不再介绍。

检测服务方的技术资质应符合《管道内检测》(SY/T 6889-2012)和《管道内检测系统的鉴定》(SY/T 6825-2011)的规定。金属损失检测、几何变形检测、裂纹检测、管道测绘检测等应符合 SY/T 6889-2012 的规定。当检测服务方能够证明或承诺其检测设备、数据分析人员达到上述标准要求时，可认可其具有检测资质。宜通过牵引试验或开挖验证等程序验证其资质与能力，也可参照检测服务方提供的验证结果或第三方评价结论。评价达到标准要求后，方可具备允许检测条件。

首次应用的内检测技术、新设备或检测新的缺陷类型应进行检测性能验证，验证方法可选择牵引试验验证或者依据检测结果开挖验证。

应定期进行清管作业，保持管道的可检测性。管道内检测前应进行清管。内涂层、内衬修复等应不影响内检测性能。如影响内检测性能，则应考虑其他方法。检测设备可具有单一功能，也可将多种功能组合在一起使用。内检测可按照图 6-4 中推荐的实施流程进行。

管道企业和检测服务方宜指派代表共同分析待检测管道和检测器性能是否满足管道检测寻求。检测器的选择依赖于管道的检测条件和检测所需达到的目的。应根据以下条件评价内检测方法的可靠性。

（1）检测多种异常的能力。

（2）检测器性能规格和置信水平（如异常的检出率、分类和量化）。

（3）检测服务方使用这种检测方法的历史。

（4）成功/失败率。

（5）检测器检测数据是否能覆盖管段的全长和全圆周。

3. 内检测实施

在清管和内检测项目实施前应进行风险识别并制定控制措施，纳入清管及内检测实施方案。内检测的实施过程见《钢质管道内检测技术规范》(GB/T 27699-2011)的相关规定。管道企业负责内检测过程中的应急准备和工艺操作。

检测报告格式及内容应符合 GB/T 27699-2011、SY/T 6825-2011 中的规定，并提交相应的数据查看软件。

4. 开挖验证

应通过开挖验证，判断检测结果是否达到了合同中所约定的检测精度。评价方法按照 SY/T 6825-2011 执行。检测数据的可接受标准可按照 SY/T 6889-2012 中的要求确定。

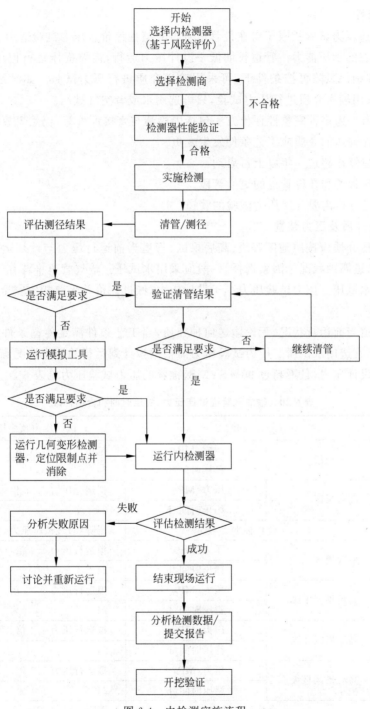

图 6-4 内检测实施流程

三、压力试验

1. 适用性

这里所述压力试验只限于对在役管道进行完整性评价。压力试验适用于评价管道本体在当时状态的承压能力。管道长期低于设计压力运行，需要提压运行但压力仍然低于设计压力，在确保风险可控条件下，可采用输送介质进行压力试验。如满足以下条件之一，则不可采用输送介质进行压力试验，只可选用水或者空气试压。

(1) 管道采用多种完整性评价方法包括内检测与直接评价等，仍然事故频发。

(2) 设计输送的介质或工艺条件发生变更。

(3) 管道停输超过一年以上再启动。

(4) 新建管道和在役管道的更换管段。

(5) 经过分析需要开展压力试验的管道。

2. 试压介质及压力装置

管道试压介质应按照地区等级、高后果区、管道当前运行压力与计划运行压力、管道服役年限、管道腐蚀状况等因素选择，一般应采用水试压。输气管道推荐在三类地区和四类地区采用水试压。压力试验压力小于设计压力，经过评价并采取相应安全措施后，也可采用气体试压。

考虑管道当前运行状况，无论输送何种介质，当工艺条件满足停输条件，且能够进行置换和排空，宜选用水试压。压力试验压力需根据拟计划运行的压力情况确定，一般不允许超过管道设计压力，且不超过 90%SYMS，推荐的压力试验压力见表 6-20。

表 6-20　输油气管道试压压力、稳压时间和合格标准

输送介质	分　　类		试压压力及稳压时间
输油管道	一般地段	压力/MPa	拟运行压力 1.1 倍
		稳压时间/h	24
	高后果区	压力/MPa	拟运行压力 1.25 倍
		稳压时间/h	24
	合格标准		压降≤1%试压压力，且≤0.1MPa
输气管道	一般地区	压力/MPa	拟运行压力 1.1 倍
		稳压时间/h	24
	高后果区Ⅰ级	压力/MPa	拟运行压力 1.25 倍
		稳压时间/h	24
	高后果区Ⅱ级	压力/MPa	拟运行压力 1.4 倍
		稳压时间/h	24
	高后果区Ⅲ级	压力/MPa	拟运行压力 1.5 倍
		稳压时间/h	24
	合格标准		压降≤1%试压压力，且≤0.1MPa

注：不论地区等级如何，服役年限大于 30 年小于 40 年的管道建议至少按照 1.25 倍运行压力试压，对于超过 40 年以上的管道宜按照拟运行压力的 1.1 倍试压。

对于架空管道进行水试压应核算管道及其支撑结构的强度,防止管道及支撑结构受力变形。水试压的方案和操作过程按照《输送石油天然气及高挥发性液体钢质管道压力试验》(GB/T 16805-2017)执行。

3. 试压风险

应根据风险评价的结果和缺陷严重程度,确定压力试验的时间。应对压力试验方法及过程进行风险评价,应在风险可控的条件下实施。试压前应进行风险识别,内容包括但不限于:

(1) 工艺参数变化的风险。

(2) 注水与排水对管道腐蚀的风险。

(3) 管道泄漏风险及其引起的人员伤亡风险。

(4) 试压过程中对整个系统扰动的风险。

(5) 压力试验后管材屈服及应力变化、材料退化、缺陷增长的风险。

在任何阶段发生的泄漏都应按照"失效管理"的要求进行切管分析,并制定针对性的应对措施,在此之前,不宜继续升压测试。

4. 试压过程监控

应全面监控管道压力变化情况,分析是否有管材破裂、穿孔等泄漏情况发生。应安排线路巡护人员重点观察沿线地面有无介质泄放,地面附着物有无异常。按照 GB/T 16805-2017 记录试压过程和结果。

5. 泄漏点处置

应对试压过程中发现的泄漏点进行开挖验证,分析泄漏原因并采取修复措施。泄漏点处置完毕后,应再次进行系统试压直至达到预定要求。

6. 压力试验报告

压力试验报告包括以下内容。

(1) 工程情况。

(2) 试压方案。

(3) 记录。

(4) 发现的缺陷与异常。

(5) 修复情况。

(6) 再评价周期。

(7) 结论。

四、直接评价方法

1. 适用性

直接评价只限于评价三种具有时效性的缺陷,即外腐蚀、内腐蚀和应力腐蚀开裂(包括压力循环导致的疲劳评价)。需要事先了解管道的主要风险,有针对性地选择评价方法。对于同时面临其他风险的管道,该方法具有局限性。

直接评价一般在管道处于以下状况下选用。

(1) 不具备内检测或压力试验实施条件的管道。

（2）不能确认是否能够实施内检测或压力试验的管道。

（3）使用其他方法评价需要昂贵改造费用的管道。

（4）确认直接评价更有效，能够取代内检测或压力试验的管道。

如管道不具备开展直接评价条件，为了对管道防腐层或阴极保护等质量进行检测，也可以参照直接评价的某些内容进行检测。

外观检查或其他传统的无损检测方法或其他新发展的技术，可用于开挖或地面管道检测，但只能作为对部分点或区段的检测，其结论不能作为管道系统完整性评价结果。

2．直接评价过程和方法

直接评价方法主要有外腐蚀直接评价（ECDA）、内腐蚀直接评价（ICDA）、应力腐蚀裂纹直接评价（SCCDA）等。直接评价的过程和方法可参照表 6-21 相关标准执行。

表 6-21　直接评价主要类型及其相关标准

直接评价方法	相 关 标 准
ECDA	SY/T 0087.1
	NACE SP0502
ICDA	NACE SP0206
	NACE SP0110
	NACE SP0208，SY/T 0087.2
SCCDA	NACE SP0204

3．直接评价管理

在选用直接评价方法时，应明确其局限性。将开挖验证等作为管道安全状况评价依据时，应说明其局限性。

除上述的方法以外，也可采用其他经过验证的完整性评价方法。

五、适用性评价

1．评价要求

应对管道缺欠进行评价，确定其可接受度。管道完整性评价报告宜作为评价管道施工质量的依据。

缺陷评价应确定管道在规定的安全极限范围内是否有足够的结构强度承载运行过程中的载荷。对于报告的管道缺陷，应调查其性质、范围和原因。应评价缺陷是否可以接受，确定当前安全运行压力。

适用性评价内容主要包括：评价数据收集、缺陷数据统计与致因分析、评价方法选择、剩余强度评价、剩余寿命预测与再检测周期、措施与建议等。安全运行建议和维修建议的制定应考虑高后果区、介质温度、压力变化及土壤应力等综合情况，不应只依据静压评价给出相应结论或建议。

当管道的运行工艺条件发生重大变化时，宜重新进行评价。

2．评价数据采集

适用性评价所需收集的数据宜包括：管道属性、缺陷参数、母材及焊缝力学性能、载荷参数、建设数据、运行数据、历史数据、内检测数据以及地理及环境信息、风险评价结果等。应对所收集数据的可靠性进行分析。

3．缺陷数据统计与致因分析

应对缺陷数据进行统计分析，宜根据缺陷的类型、分布规律以及与管道高程、地理环境的对应关系，分析缺陷的可能成因。适用性评价中应考虑缺陷致因分析的结果。

4．评价方法选择

评价方法应根据缺陷类型、载荷状况、评价目标以及评价数据的质量和类型等因素进行选择。缺陷类型与常用的缺陷评价方法参见表6-22。缺陷评价方法选择应考虑以下因素。

（1）法律法规要求。

（2）管道企业的管理规定与安全运行策略。

（3）缺陷类型、性质及管材属性。

（4）缺陷处管道承受的载荷类型（除内部压力外，缺陷处管道承受的弯曲载荷、轴向载荷、装配应力等其他载荷情况）。

表 6-22　缺陷类型与评价标准适用性对照表

缺 陷 类 型	推荐标准	
	国内	国际
腐蚀	SY/T 6151 SY/T 6477 SY/T 10048 GB/T 19624	ASME B31G DNV-RP-F101 API 579 BS 7910
划痕	—	API 579 BS 7910 Shannon 方法
管体制造缺陷①	—	API 579 BS 7910 Shannon 方法
凹陷	SY/T 6996	API 1156 API 1160 ASME B31.4 ASME 831.8 CSAZ662
焊缝缺陷②	SY/T 6477 GB/T 19624	API 579 BS 7910
裂纹	SY/T 6477 GB/T 19624	API 579 BS 7910

注：① "管体制造缺陷"涵盖的管体缺陷范围很大，评价时宜进一步区分为平面型、体积型或其他类型。

② "焊缝缺陷"评价应首先明确缺陷类型（平面型、体积型），对于类型不明宜结合历史失效事故或现场检测进一步验证，或按平面性缺陷进行评价。碰死口、返修口处的环焊缝缺陷通常承受较大的装配应力或残余应力，评价时应重点考虑。

（5）评价方法的适用范围与局限性。

（6）开挖验证信息与历史失效分析。

5. 剩余强度评价与剩余寿命预测

按照标准、行业实践及管道企业的运行策略，结合管道的历史失效事故开展剩余强度评价与剩余寿命预测，并应确定不同类型缺陷的可接受准则。对于与时间相关的缺陷，应基于管道投用时间、缺陷致因等信息，建立管道缺陷增长预测模型，预测缺陷增长趋势。

应结合缺陷失效模式、高后果区失效后果严重程度以及预测的缺陷剩余寿命，给出缺陷修复的时间和修复方法建议。在适用性评价基础上应结合管道的历史失效事故、运行工况等，给出缺陷修复前，含缺陷管道安全运行压力建议。

宜综合考虑检出缺陷精度及置信度、缺陷增长对未来管道完整性的影响、预测结果随时间增长的分散性、未来需维修缺陷数量增长趋势与再检测的经济性对比，给出再检测评价的时间间隔和再检测评价的方法建议。

缺陷维修响应时间应从现场检测完成时开始计算。应结合后期开挖验证结果修正预测腐蚀速率，并修正评价报告。

6. 评价报告要求

适用性评价报告包括以下内容。

（1）管道概况。

（2）评价参照的法规标准。

（3）评价使用的管道相关参数。

（4）检测数据的统计分析。

（5）不同类型缺陷的完整性评价。

（6）评价结论及维修维护建议。

（7）再检测计划建议和管道安全运行建议。

对与时间有关的缺陷，在再评价周期内，宜结合修复或开挖测量修正评价报告。

六、管道继续使用评价

对于运行时间长、事故频发，有证据表明存在大量缺陷，但无合适的方法进行完整性管理的管道，应评价管道是否可继续使用。管道经评价如可继续使用，应根据完整性评价建议进行如管体缺陷的维修维护等相应措施，并确定在继续使用期内的再评价周期。当评价结果显示不适宜继续使用时，管道宜报废。

对于已停用的管道，在重新启用前应进行完整性评价。

第五节　风险消减与维修维护

在开展管道完整性评价后，制订和实施保障完整性的风险预防和消减措施，并应根据评价结果开展修复，确保及时修复危害管道完整性的缺陷。同时应评价是否需要采取额外的管道保护措施。

一、日常管理与巡护

应根据高后果区识别结果、风险评价和完整性评价等结论与建议制定管道巡护方案，明确巡护的内容、频次和重点关注位置，高后果区应作为巡护的重点段。日常管理和巡护发现的异常和变化信息应及时上报并跟踪，实现闭环管理。

在管道埋入地下至投产前应制定巡护方案等实施巡护管理。管道巡护的方式和方法可根据完整性管理方案，选择人工巡护或飞行器巡护等。日常管理内容与方法应根据管道完整性管理方案确定。

二、缺陷修复

对完整性评价结果为不可接受的缺陷应进行修复或者实施降低 MOP 等应对措施。对临时修复的缺陷应及时进行永久修复。对于不同类型缺陷的修复方法见表 6-23。

三、第三方损坏风险控制

管道企业应建立第三方施工管理程序。任何管道交叉处或管道中心线两侧 5m 内的施工活动都应纳入第三方施工管理程序，按照有关要求办理相关手续，对 5m 范围外可能对管道造成影响的施工也宜密切关注。对已与第三方建立联系的施工，如施工活动侵入了管道通行带，应在施工活动开始前对管道准确定位，设置临时标识，并在施工活动损坏或覆盖标识后及时维护，直到施工活动结束。

管道企业应与施工活动方建立联系，并签署管道保护协议。施工时管道企业有人现场监护，应通过巡线、管道周边信息排查及其他可能的方式预防打孔盗油等故意破坏的发生。管道企业还应参照风险评价报告的风险信息进行公众宣传，应向公众提供管道企业联系方式，如电话号码、电子邮箱等；公众宣传按照《管道公众警示程序》(SY/T 6713-2008)执行；宜采用管道泄漏监测或安全预警系统等防范措施。

四、自然与地质灾害风险控制

管道企业应遵循《油气管道地质灾害风险管理技术规范》(SY/T 6828-2017)的要求，建立地质灾害风险管理程序；应建立预防和减缓方案防止天气和地质灾害等损伤管道；应在土体侵蚀、地表沉降等特殊区域采取预防和减缓措施；应根据地质灾害风险评价结果，采取针对性监测或工程治理措施。

五、腐蚀风险控制

1. 外腐蚀

管道企业应遵循《钢质管道外腐蚀控制规范》(GB/T 21447-2018)、《埋地钢质管道阴极保护技术规范》(GB/T 21448-2017)的要求，建立外腐蚀控制程序；应定期检测管地电位；如电位不满足阴极保护准则，应调查原因并采取相应措施；应识别、测试、减缓杂散电流对管道的影响；对发现的防腐层缺陷应及时修复。

表 6-23　不同类型缺陷修复方法表

缺陷类型①	打磨	A型套筒	压缩套筒	B型套筒	复合材料套筒	沉积焊接金属	螺栓紧固固定夹具	阻止泄漏夹具	补丁、缀片	带压开孔封堵②
1. 泄漏（任何原因引起）或缺陷 >0.8WT	否	否	否	永久	否	否	永久	临时③	否	永久
2. 外腐蚀										
2a. 浅至中度深坑 <0.8WT	否	永久	永久	永久	永久	永久	永久	否	临时	永久
2b. 深坑 >0.8WT	否	否	否	永久	否	否	永久	否	否	永久
2c. 焊缝选择性缺陷	否	否	永久③	永久④	否	否	永久④	否	临时	否
3. 内部缺陷或腐蚀	否	永久⑤	永久⑤	永久⑤	永久⑤	否	永久⑤	否	否	否
4. 划痕或其他管体金属损失	永久⑥	永久⑤	永久⑦	永久⑤	永久⑤	永久⑦	永久⑤	否	否	永久
5. 电弧灼伤、内含物或叠层	永久⑥	永久	永久	永久	永久	永久	永久	否	否	永久
6. 硬点	否	永久	永久	永久	否	否	永久	否	否	永久
7. 凹陷	否	永久⑧	永久	永久	永久⑧	否	永久	否	否	否
7a. 平滑凹陷	永久⑨	永久⑨⑩⑪	永久⑨⑩⑪	永久	永久⑨⑩⑪	否	永久	否	否	永久
7b. 焊缝或管壁应力集中的凹陷	永久⑨	否	永久	永久	否	否	永久⑫	否	否	否
7c. 环焊缝应力集中的凹陷	永久⑬	永久⑦	永久⑦	永久④	永久⑦	永久⑦	永久④	否	临时	永久
8. 裂纹	否	永久⑦	永久⑦	永久④	永久⑦	永久⑦	永久④	否	否	永久
8a. 浅裂纹 <0.4WT										
8b. 深裂纹 >0.4WT										

续表

缺陷类型①	打磨	A型套筒	压缩套筒	B型套筒	复合材料套筒	沉积焊接金属	螺栓紧固夹具	阻止泄漏夹具	补丁,缀片	带压开孔封堵②
9. 焊缝缺陷①										
9a. 体缺陷	永久⑥	永久⑦	永久	永久	永久⑦	否	永久①	否	否	永久
9b. 线缺陷	永久⑥	永久⑦	永久	永久①	永久⑦	否	永久①	否	否	永久
9c. 电阻焊缝上或附近缺陷	否	否	永久	永久⑩	否	永久①	永久①	否	否	否
10. 环焊缝缺陷	永久⑥	否	否	永久⑭	否	否	永久⑫	否	否	否
11. 褶皱,扭曲或屈服	否	否	否	永久	否	否	否	否	否	否
12. 鼓泡,HIC	否	永久	永久	永久	否	否	永久	否	否	否

注：① 任何缺陷都可以通过换管方式进行修复。
② 带压开孔只能用于通过开孔可以去除的小尺寸缺陷。
③ 阻止泄漏夹具只能用于能被夹具封堵的小泄漏处。
④ 确保缺陷长度短于压缩套筒的长度。
⑤ 确保内部缺陷或腐蚀缺陷没有继续向外部生长；需要对缺陷进行监控或将来进行修复。
⑥ 如缺陷金属已经去除或者局部金属损失不多，就可以进行0.4WT的打磨。
⑦ 如缺陷的材料已经去除损伤材料并且通过输送管道进行检验。
⑧ 推荐在去除损伤材料后对输送管道进行检验。
⑨ 推荐使用填充材料和工程疲劳强度评定。
⑩ 需要遵守操作规程上对最大回陷尺寸的限制。
⑪ 需要满足操作规程对最大允许打磨量的限制。
⑫ 开口套筒夹具应能传递轴向载荷且保证结构完整性。
⑬ 对打磨去除后焊前和焊后要进行检查。
⑭ 对回陷、扭曲等变形缺陷在解除约束应力后尺寸应减小的缺陷，宜按照原尺寸评价后结论修复。

2．内腐蚀

管道企业应对输送介质的腐蚀性进行分析,并依据分析结果选择合适的内腐蚀控制措施。可通过安装探针、电阻监测装置、直接测量壁厚等方法,来监测关键位置的内腐蚀情况。内腐蚀减缓措施可按照《钢质管道内腐蚀控制规范》(GB/T 23258-2009)的要求执行。

六、应急支持

1．应急预案编制

风险评价和完整性评价结论所提出的高风险段、高风险因素和缺陷情况应作为应急预案编制过程中重点预控对象,具体编制工作按照《生产经营单位生产安全事故应急预案编制导则》(GB/T 29639-2020)的规定执行。

管道企业应按照识别高后果区的分析结果,确定应急预案需要重点关注的管段和内容;应急响应成员应包含完整性管理人员。

2．应急措施准备

宜依据风险评价的结果,确定管段一旦发生失效潜在后果的种类和影响范围,并依据分析结果制定管道在紧急状态下应采取的应急措施。

管道泄漏后火灾、爆炸事故应作为安全防范的重点。可利用量化风险评价技术,确定不同泄漏模式下的泄漏速率和泄漏量,并计算介质泄漏后的影响。

应将输油管道泄漏后潜在的环境影响作为应急抢险防范的重点。可通过环境敏感性分析技术确定管道泄漏后油品在水中和土壤中的扩散轨迹以及扩散速率。

3．应急资源准备

管道企业应依据风险分析结果和缺陷分布情况,对应急资源,包括人员、物资、机具等配备的有效性进行评价,以确保应急措施能够顺利实施,包括应急资源配置与分布、人员资质及能力、现场是否满足作业条件等。

4．应急数据准备

管道企业应将应急抢险所需的资料进行整理,并配发给应急指挥中心、维抢修中心等相关单位或个人,以确保应急管理人员能够获取所需的资料。这些资料宜包括但不限于:

(1) 图纸,包括管道走向图、管道路由影像图、管道高程图等。

(2) 管道基本信息,包括材质、管径、壁厚、焊接工艺、管道埋深等。

(3) 管道周边设施的信息,主要包括:①管道中心线两侧各 50m 范围内与之平行或交叉的第三方管道等地下设施、地上构筑物;②管道中心线各 200m 范围内的人口、水体、公路、铁路等信息;③管道所经区域内或附近的道路上消防、医院、派出所等应急资源信息;④管道途径城市的地下排水排污等设施信息。

当数据管理规定的数据发生变更时,应及时更新相关数据。应基于管道路由影像图、地图、高程图和水力分布图,预估泄漏点对环境的影响。

5．应急响应措施

管道企业应依据完整性管理获取的管道信息为抢修方案制订提供支持。

七、降压运行

可采用临时降压运行作为消减管道风险的措施。

第六节 效能评价、失效管理、变更管理等要求

一、效能评价

管道企业应定期开展效能评价确定完整性管理的有效性,可采用管理审核、指标评价和对标等方法。管理审核可采用内部审核或外部审核方式,发现并改进管理存在的不足。

效能评价应考虑针对具体危害因素的专项效能和完整性管理项目的整体效能设定评价指标,包括但不限于管道完整性管理覆盖率、高后果区识别率、风险控制率及缺陷修复情况;应通过对标,查找与行业先进水平的差距;效能评价活动结束后,应出具效能评价报告。

二、失效管理

管道企业应对失效进行分析,包括泄漏、管体不可接受缺陷、对管道安全造成影响的周边环境变化或附属设施损坏以及其他造成重大经济损失的情况等;应根据现场调查结果及收集到的背景资料,结合试验分析结果等,综合分析判断失效模式,找出失效的直接原因与根本原因等;应针对失效原因分析复核完整性管理方案和执行情况,查找管理制度和管理活动中存在的不足。

应由具有相关能力的人员负责事件调查并编写调查报告。事件调查报告应在管道企业内部进行发布和宣贯。管道企业应建立统一的失效事件信息收集标准,事件信息统计表见表 6-24。

表 6-24 管道失效事件信息统计表

序 号	分 类	信 息
1	事件基础信息	管道名称
		管道失效日期
		失效发生地点
		桩号
		偏移量,m
		失效发生部位
		失效位置管径,mm
		失效处壁厚,mm
		失效处埋深,m
		失效时压力,MPa
		失效位置环境
		区域等级
		是否高后果区

续表

序　号	分　类	信　息
2	失效模式及原因	失效直接原因
		失效根本原因
		失效事件等级
		失效模式
		失效发现途径
		调查人员信息
		损伤类别
		损伤尺寸
3	事件损失	是否发生爆炸
		是否发生着火
		泄漏量
		泄漏量单位
		死亡人数
		重伤人数
		轻伤人数
		停输时间,h
		停输损失,元
		维抢修费用,元
		油(气)损失,元
		环境污染损失,元
		其他损失,元
		总经济损失,元
4	管道维护信息	是否进行过压力试验
		压力试验日期
		压力试验介质
		压力试验压力,MPa
		压力试验保压时间,h
		压力试验是否发现异常
		压力试验异常描述
		是否进行过内检测
		内检测日期
		内检测类型
		是否发生内检测异常
		内检测异常描述
		其他检测描述
5	管道抢修信息	维抢修队伍名称
		路上时间,h
		抢修时间,h
		更换管道长度,m
		更换防腐层面积,m²
		重新焊接长度,m
		更换阀门数量,个
		其他(文字描述)
		备注

三、记录与文档管理、沟通和变更管理

1. 记录与文档管理

管道企业的记录与文档管理应保存以下内容。

（1）全生命周期管道安全运行与维护所需的历史信息。

（2）管道管理有效性和合规性的客观证据。

（3）决策制定和允许的相关资料。

管道企业应建立管理计划以识别、收集、储存和废弃以下记录和文档：

（1）与管道管理相关。

（2）与上述记录与文档管理应保存的要求相符合。

（3）其他完整性管理方案相关文档。

管理计划应包含电子和纸质记录与文档的管理流程。管道企业应建立和管理涉及管道设计、采购、施工、运行、维护和废弃阶段完整性管理活动的记录和文档。各阶段的报告等应通过专业评审，并对报送备案的情况进行记录。

2. 沟通

管道企业应制订和实施沟通计划，以保证内外部有关人员能够获知完整性管理相关信息。

管道企业与各外部相关方的沟通应考虑以下内容。

（1）政府部门：①管道企业联系方式；②管道走向图；③应急预案。

（2）管道沿线居民：①管道企业联系方式；②管道位置；③管输介质；④识别、报告和应对泄漏的方式。

管道企业内部相关部门沟通内容应包括以下内容。

（1）完整性管理的关键要素及其相关情况。

（2）必要的内部报告及其效果和结果。

（3）及时有效的完整性管理实施的相关信息。

3. 变更管理

管道企业应制定变更管理程序，以规范变更管理。对于工艺调整、改线、修复等变更，应及时更新数据，变更完整性管理方案。

四、培训和能力要求

1. 培训考核与能力分级

管道完整性管理培训与能力应分级管理。取得较高能力要求水平的人员可从事该级别以下规定的管理活动，较低能力水平的人员不得从事较高能力要求规定的管理活动。从事管道完整性管理的相关人员应掌握以下相应技能，并通过培训和考核。

（1）数据管理。

（2）风险评价与高后果区识别管理。

（3）管道检测与适应性评价。

（4）管体缺陷修复管理。

（5）管道日常管理。

（6）效能评价与管理。

（7）管道完整性管理方法。

依据工作范围，参加管道完整性管理相关人员应通过相应的培训，达到能力水平要求后从事相对应的业务工作。开展高后果区识别和数据采集等基础工作的人员应达到初级能力水平及以上要求，开展管道基础风险评价等工作人员应达到中级能力水平及以上要求，开展完整性评价、综合风险评价和效能评价等工作达到高级能力水平及以上要求的人员方可进行。

当学员熟练掌握理论知识，具备实际作业能力时，需对其能力进行考核。测试过程包括理论知识、工程实践考核，可通过书面、计算机或答辩等方式实施。

完整性管理人员应至少每 3 年再接受一次知识更新培训，以更新其岗位知识和技能。

2. 培训大纲

管道企业应编制并贯彻执行对完整性管理人员的培训大纲，定期审查培训计划，并根据需要进行修订。培训大纲可参照表 6-25 和表 6-26 制定实施。当新标准、法规发布，新设备、新工艺程序或新管理理念应用时，应对培训大纲进行审查，并根据需要予以修订。

表 6-25　管道完整性管理能力培训要求

项目/级别	主　要　内　容
初级	（1）掌握管道完整性管理的基本理念及基础知识，能够依照标准或体系文件实施完整性管理的各项要求； （2）熟悉管道数据的类型，能够编制数据采集方案，并能够配合数据采集项目的开展；正确使用高后果区识别的相关规程； （3）了解检测作业的风险及控制措施，能够配合检测作业的开展；了解管体缺陷常见修复方法的具体工序及要求，能够对管体缺陷修复施工进行监管与配合；能够依照标准或体系要求进行巡线和阴极保护系统测试；能够对巡线或测试过程中发现的次标准依照流程进行处理
中级	（1）掌握完整性管理的基本理念，能够依照标准或体系文件实施完整性的各项要求；能够依据评价结果制定合理的完整性管理决策，能够编制完整性管理方案； （2）熟悉管道数据的类型；能够依据完整性管理的要求对数据采集项目提出具体要求，并能够编制和审核数据采集方案；了解完整性管理数据流程；正确使用高后果区识别的相关规程；了解多种风险评价方法优缺点，能从事基础风险评价，并能正确解读评价结果；了解内检测作业的流程、风险及控制措施，能够配合检测作业的开展，熟练掌握检测报告的应用；掌握管体缺陷常见修复方法的具体工序及要求，能够对管体缺陷修复施工进行监管；能够依照标准或体系要求进行巡线和阴极保护系统测试；能够对巡线或测试过程中发现的次标准依照流程进行处理；能够对问题进行原因分析，通过类比发现其他管道的潜在问题

续表

项目/级别	主要内容	
高级	中级管道完整性管理能力要求应按照符合培训条件的,通过中级能力要求的高级管理人员,应按照不同专业方向进行专业、系统的培训	
	方　向	培训所达要求
	完整性综合管理、体系管理方向	掌握完整性管理的基本理念和知识,能够依照标准或体系文件实施完整性管理的各项要求;能够依据评价结果制定合理的完整性管理决策,能够编制完整性管理方案;能够独立开展或者指导团队开展管道完整性管理工作
	数据管理方向	能够准确读取、分析数据;熟悉管道数据的类型;能够依据完整性管理的要求对数据采集项目提出具体要求,并能够编制和审核数据采集方案;依据完整性管理数据现状优化数据流程
	风险评价与高后果区识别管理方向	正确使用高后果区识别的相关规程;能够依据管道不同特点选择评价方法;熟悉不同的评价方法并根据管道特点选择适合的评价方法;能够开展管道综合风险评价,编制和审核风险评价报告
	管道检测与评价管理方向	掌握检测技术的基本原理与缺陷评价方法;掌握现场检测作业的风险识别及控制措施;能够合理选择内检测器种类并配合内检测作业的开展;熟知内检测信号特征,内检测器数据性能评价;选择缺陷评价方法开展完整性评价并掌握检测报告的应用;熟悉目前通用的缺陷评价方法;能够组织内外检测作业;能够组织并编写管道完整性评价报告
	管体缺陷修复管理方向	了解管体缺陷修复相关标准具体条款的制定原则;管体缺陷修复程序和标准制定的原则;提供推荐性的缺陷修复计划,其中包括能够参考管体缺陷施工管理的经验和修复方法;在实际情况无法满足标准规定时需要以管体缺陷修复相关标准为准则制定,对施工方案提出建议,以满足管体缺陷修复相关标准具体条款的制定原则及原因;能够根据管体缺陷的程度及标准规定选择适用的修复方法;以及现场开挖及修复报告
	管道日常管理方向	(1) 能够掌握管道腐蚀以及防腐措施所涉及的相关标准; (2) 能够依照标准或体系要求进行巡线和阴极保护系统测试; (3) 能够对巡线或测试过程中发现的次标准依照流程进行处理; (4) 能够对问题进行原因分析,通过类比发现其他管道的潜在问题; (5) 能够对存在的问题提出治理措施,对潜在问题提出预防措施

表 6-26　管道完整性管理培训能力大纲明细例表

项目	资格要求	专业能力	培训大纲	要　求
初级	从事管道完整性相关工作1年以上或2年以上相关工作经验	风险评价与高后果区识别管理	管道风险评价技术; 管道风险评价相关法规及标准规范; 风险评价方法应用; 地质灾害调查与识别	相关岗位工作满2年的人员直接通过确认; 不足2年的人员参加完相关培训后通过考试认证
		管道检测与评价管理	管道内检测基本原理及应用; 缺陷评价技术基础	相关岗位工作满2年的人员直接通过确认; 不足2年的人员参加完相关培训后通过考试认证

续表

项目	资格要求	专业能力	培训大纲	要　求
中级	具有相关知识背景,从事完整性管理工作 2 年以上或从事管道管理工作 5 年以上	风险评价与高后果区识别管理	管道风险评价技术; 管道风险评价相关法规及标准规范; 风险评价方法应用; 地质灾害调查与识别	参加完相关培训后通过考试确认
		管道检测与评价管理	管道内检测基本原理及应用; 缺陷评价技术基础	参加完相关培训后通过考试确认
高级	具有相关技术背景的高级管理人员。从事管道完整性管理工作 3 年以上	风险评价与高后果区识别管理	管道风险评价; 地质灾害调查与识别; 风险识别与评价; 高后果区识别标准	参加完相关培训后通过面谈进行相关确认
		管道检测与评价管理	管道内检测管理; 管道工程适用性评价技术; 管道外检测管理	参加完相关培训后通过面谈进行相关确认

3. 培训教师的要求

培训教师的要求如下。

(1) 一般培训师应满足其中之一:①在管道完整性领域具备 5 年以上工作经验,具备工程师及以上资质;②编制过完整性技术与管理相关的行业标准或参与过国家标准编写;③培训机构中在管道完整性管理方向具有 3 年以上培训经验;④达到完整性高级培训要求的可培训初级、中级课程。

(2) 高级培训师应满足其中之一:①在管道完整性领域具备 10 年以上工作经验,具有高级工程师及以上资质,研究成果在工程上应用;②编制过完整性技术与管理相关的国家标准或参与过国际标准、出版完整性类的中英文专著;③开展过一般水平培训 5 年以上,并经高级培训师 3 人以上推荐。

第七节　管道完整性管理体系的建立

一、建立管道完整性管理框架体系文件

完整性管理体系框架文件是实施管道完整性管理的重要前提和实施完整性管理的指南。其包括管道企业完整性管理状况调研、提出完整性管理体系方案设计、完整性管理体系文件的开发与应用。

完整性管理体系框架文件的开发目标是通过对管道安全管理要求的分析和完整性管理的需求分析,研究建立一套适合管道企业管道完整性管理体系的标准方法和规范要求。完整性管理体系适用于指导管道企业的管道运行安全管理,其主要内容为:完整性管理体系框架设计、完整性管理流程及文件体系标准、完整性管理体系实施标准规范。

1. 完整性管理流程及文件体系标准

完整性管理流程及文件体系标准如图 6-5 所示,主要内容如下。

(1) 完整性管理工作流程标准。

(2) 完整性管理的组织机构职责规范。

(3) 完整性管理文件体系标准。

(4) 相关标准规范的整理、采用等。

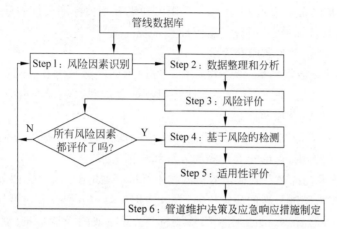

图 6-5 油气管道完整性管理流程

2. 完整性管理体系实施标准规范

(1) 完整性管理数据采集、检查与综合标准。

(2) 检测实施标准规范。

(3) 完整性评价技术标准研究。

(4) 直接评价技术标准。

(5) 试压评价标准。

(6) 管道地质灾害的识别与监测管理规范。

(7) 第三方破坏的管理与统计分析方法。

(8) 维护与修复标准规范。

(9) 培训标准规范。

(10) 完整性管理效能评价管理标准规范。

3. 管道完整性管理规程集成

具体实施方法分述如下。

1) 完整性管理体系规划

组织机构调研,对今后完整性管理的具体内容和体系框架进行系统的研究,提出完整性管理体系的总体规划内容。

2) 完整性管理流程及文件体系

(1) 完整性管理工作流程。完整性管理流程主要通过完整性管理软件系统来实施。管理软件是保证完整性管理实施的基础和工具,提出管理管理流程和软件系统的建立标准和规范是保证完整性管理软件结构、功能和管理效能的关键,主要包括在管理流程、软件功能要求、数据结构等方面。在软件系统方面需要提出系统的功能要求,以满足管理和完整性评价等的需要,在数据结构方面提出的标准规范有利于数据的共享和管理。

(2)完整性管理的组织机构职责规范。根据完整性管理和评价的需求,按照规范要求,明确完整性管理过程中各环节的组织机构和职责范围。

(3)完整性管理文件体系。从国内外标准、程序文件、作业文件、操作规程等方面的研究入手,讨论基于完整性管理要求的文件。

(4)相关标准规范的整理、采用等。在国内外现有相关标准文件的基础上,收集和整理系统的完整性管理标准,并研究其适用性。

3)完整性管理体系实施标准规范

(1)完整性管理数据采集、检查与整合。考虑不同的运行方式、不同的地质环境、不同的材质特性、不同输送介质,进行完整性管理数据收集和采集标准研究,建立完整性管理数据采集、检查与整合标准体系。

(2)检测实施规范。通过对不同检测方法范围的认定研究,研究不同检测方法在管道完整性管理中的作用,讨论建立检测的方法和规范要求。

① 内检测技术。针对不同缺陷的检测技术标准,例如用于内外腐蚀危险的金属损失检测标准、用于应力腐蚀开裂的裂纹检测器标准、用于第三方损坏和机械损坏引起的金属损失和变形的检测器标准、裂纹型缺陷检测标准、腐蚀缺陷检测标准、腐蚀检测器操作标准。

② 外检测标准。管体检测技术:超声导波技术的工程应用标准和其他管体缺陷 NDT 检测技术;涂层检测技术;其他基础数据检测:包括土壤腐蚀性、电阻率、CP 参数等基础数据的检测标准。

③ 管体材料性能测试标准。针对完整性管理需要对管材性能测试标准。

(3)完整性评价技术。

① 完整性管理风险评价技术。完整性管理风险评价体系是管道完整性管理的重要内容,其风险评价体系的有效实施将最大限度地预防事故发生,及早识别危险源,所包含的内容包含(但不局限于)风险评价的分段、风险评价方法的建立、风险评价方法、风险分析、油气管道 HCA 中场所的确定的标准、风险分析排序和完整性风险评价和减缓措施等。

② 风险后果评价。后果评价不仅包括人员和财产、房屋的安全半径,还包括财产的损失、人员的伤亡损失、社会的影响、市场的影响、政治的影响等,包括以下内容(但不局限于):风险后果的分类标准、潜在影响区域、需考虑的影响事故后果的因素和危险性与可操作性分析。

③ 管道缺陷评价标准和规范。评价标准主要包括体积型缺陷、平面型裂纹、焊缝缺陷、几何变形缺陷等。不同的管道适用的标准不同。评价规范主要包括缺陷的评价技术规范、管道的寿命预测理论方法等。

④ 外防腐有效性完整性评价规范。

(4)直接评价技术。

① 埋地管道外腐蚀直接评价规范。

② 管道内腐蚀直接评价规范。

（5）试压评价。在役管道适用性试压方法和评价标准。

（6）地质灾害的识别与监测管理。提出地质灾害的识别与监测管理办法。

（7）第三方破坏的管理与统计分析。提出第三方破坏的管理与统计分析办法。

（8）维护与修复标准规范。管道的维护与修复部分主要包括管道完整性管理计划的实施方法和规范要求，主要内容为完整性管理维修计划实施方法和规范、完整性管理计划实施的指导规范、修复管理方法和规范和管理的变更管理方法等。

（9）培训标准规范。研究管道完整性管理培训方法和规范。

（10）完整性管理审核规范。研究完整性管理效能评价方法和规范。

二、建立管道完整性管理系统信息平台

管道完整性管理系统信息平台主要内容如下。

（1）线路管道完整性管理系统：①地理信息系统的建设；②基于管道地理信息平台的风险评价与完整性评价系统，包括风险评价模型、完整性评价模型等。

（2）场站完整性管理系统：①三维场站数据管理子系统；②场站定量风险评价子系统。

（3）应急管理系统：①应急处置方案；②应急管理。

就智能化管道管理系统这一整体而言，需要结合管道企业现有的地理信息系统，进行完善，分步实施。具体实施方法分述如下。

第一步，实现数据的采集，进行管理流程的梳理，实现数据的采集和入库功能，开展风险因素识别分析，初步搭建数据管理平台。

第二步，开展线路风险评价、完整性评价模型的开发和利用，进行风险评价。

第三步，拟开展场站完整性平台开发，完善应急抢险指挥功能，实现风险、应急处置、指挥一体化的功能。

实现管道完整性管理信息共享平台可以定位在两个方面：①实现管道各业务部门的风险管理功能，通过它实现各级部门与基层间的完整性管理信息共享；②作为管道应急指挥平台，形成风险与应急数据库间进行优化与智能化处理提供可能。其定位如图6-6所示。

风险、完整性、修复、应急评价业务流程配置如图6-7所示。

管道完整性管理系统通过共享数据平台访问空间数据库，实现数据信息的共享、交互、集成。完整性数据库包括设备设施数据、管道运营数据、管道风险相关数据。

设备设施数据包括空间属性和业务属性。其中，空间属性主要包括管线、阀门所处地理坐标位置、相关的地形、地貌、地质构造等特征；管道属性主要包括管线和阀门等设备的材质、材料、口径、设计流量、设计压力阈值、工作温度、温度阈值、弹性系数、安全系数等特征。

管道运营数据是指每个监测点在不同时点的工作数据，包括流量、压力、温度等信息；相关业务数据是指各业务部门日常工作流程生成的数据。

管道风险相关数据，包括沿线医院、消防队、挖掘机、人口密度和分布以及大型机具分

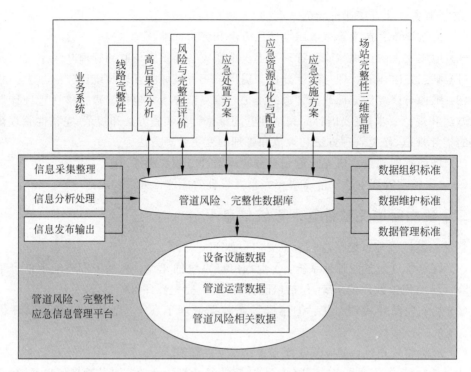

图 6-6　管道完整性管理信息管理平台

布、人文文化、降雨量、水文、河流等。

　　由于管道完整性系统是个较复杂的系统，一方面须从技术层面上进行信息数据的分析、资源优化分析处理、信息输出来实现空间数据的共享、融合；另一方面须建立一套完整的风险、完整性与应急数据组织标准、数据维护标准、数据管理标准保证系统平台的正常运行。只有经过技术层面和体制层面的整合，在合理的范围内实现信息和资源的充分共享才能使管道完整性管理系统达到最大的使用效益，如图 6-8 所示。

三、完整性数据的收集及阶段要求

　　收集与操作、维护、巡线、设计、运行历史相关的信息以及每个系统和管段特有的具体事故和问题的相关信息，以及收集致使缺陷扩张或可能造成新缺陷的情况和行为是建立完整性体系的基础。

1. 管道工程数据收集

　　管道施工阶段管道工程数据的收集是后期实施数据积累并进行完整性管理工作的数据基础，例如对于焊口、阀门、弯头、穿跨越入土点、地质变化点、标志桩、阴极保护桩、地下障碍物的位置及相关的图片记录等。结合完整性管理的实施，可委托第三方机构进行数据收集。

2. 管道运行数据的收集

　　现阶段已投入运行的管道，由于施工阶段部分数据的不完善，通过委托第三方进行数

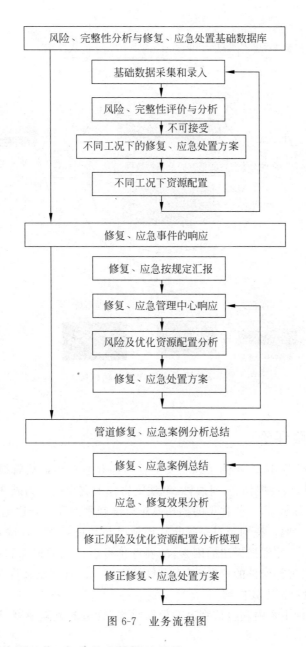

图 6-7　业务流程图

据收集,实施各类检测工作,完成基础数据的补缺。

3. 管道完整性管理信息(数据)收集

其来源有管道装置图、走向图、航拍图、原始施工图、运行管理计划、应急处置计划、操作规范等相应的工业标准,包括专家或公共社会对某事件达成的共识所量化的经验值。

在各类数据的收集过程中,应注意与现有 GIS 系统的整合,开发建立数据录入、管理平台,建立健全各类数据的收录格式。审核及录入机制,编制《完整性管理数据录入规范》,做到 GIS 系统中对于各类管道本质属性及运行参数的整合,为后期数据分析及风险

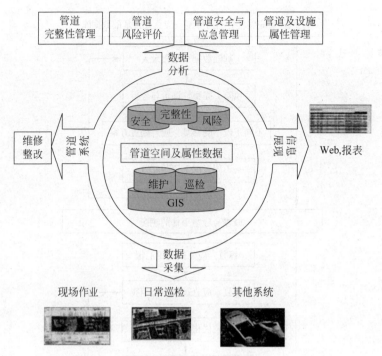

图 6-8　管道完整性系统结构图

评价提供数据依据。

四、管道风险评价

国内外管线工业界 40 多年的实践和安全管理经验总结出造成管线破坏的几个主要原因是：外部人为机械性损伤、管材腐蚀、地质灾害及薄弱点的人为破坏。

在管线使用寿命期间，一些种类的损伤是难以准确预测和完全避免的，从而难以在常规设计中解决这些问题。特别是对一些非常规情况与环境条件。风险评价的开展，可预先提出风险因素所在，并根据提出的因素，准确评价可能造成的损失和后果，以此作为基础，提出在高风险段进行保护的依据，对于燃气管道的风险管理意义重大。

1. 管道的风险评价主要内容

管道的风险评价主要内容包括管道的数据收集、管道的风险模型、风险后果分析、高后果区划分。

在实践中，不存在"绝对安全"的管线。国外长输管线半个多世纪运行、管理和使用的经验证明，不论设计得多么谨慎，运行与管理得多么小心，维护得多么仔细，总有在偶然情况下的管道破坏事件发生。风险评价的方法是在对灾害后果的量化和对可能发生事故频率的概率估计基础上，通过对各种可降低事故频率的措施和（或）控制灾害后果的措施及可能出现的几种灾害后果作综合量化分析，找出可达到目标风险度或可接受风险度的解决方案。例如，在灾害后果可能很严重但又难以降低其程度的地段，通过降低事故频率的概率来将风险降低到可以接受的程度。所以，风险评价又是一个具体情况具体分析的过程。特别是对常规设计原则下难以考虑的情况和设计时未能考虑的情况，风险评价提供了可行的,且最经济的解决方法。风险评价以其量化分析的特点,为论证管线的安全性提供了更为科学的技术数据和决策依据。

管道的破坏形式为:由管道壁破裂或管道断裂造成原油泄漏、在一定环境或外界条件下泄漏原油被引燃甚至造成管道爆炸、剧烈爆炸和大面积燃烧对距现场一定范围内的人员和建筑物造成伤害和破坏。其中对人员造成伤害的风险可通过对具体个人的风险或对一特定群体的风险来定量计算。对群体的风险的确定体现在某一特定的事故频率对伤亡人数的影响关系中。

风险评价系统包括多个模拟和分析模块,分别计算破坏频率(主要考虑由机械性损伤、腐蚀和疲劳等原因引发的破坏)、瞬态气体泄漏、气体扩散、燃烧、高温辐射及其对邻近人员的伤害程度。风险评价方法综合考虑了破坏频率和灾害后果这两个因素,特别是考虑了高压输气管线在特定设计与操作条件下意外事故的发生和持续与时间的关系。

2. 风险评价分三个阶段实施

第一阶段:初步评价。在这一阶段,根据管线提供的有关管道路线、沿线地形及沿所关注管段邻近区域内的人口密度,以及其他可获得的信息,对各管线通过地区分别判断最有可能的管道破坏原因。与管线运行人员合作进行"灾害识别"工作。对灾害后果的一般性分析将使用不同的软件,针对各管段有代表性的管道设计参数范围,如管径、压力和气体组成,预测该管段破坏时可能发生的火灾范围和程度。该阶段工作的实施需要有关管道设计和各方面的资料。所计算出的灾害后果距离将被用来对所设计管线线路作初步筛选式评价,考虑建筑物与交通(包括主要公路,铁路和河流),识别对人员有高风险的区段;也许会在这一阶段需要有关人口分布的资料(如建筑物分布的卫星摄影图或详细的线路踏勘记录)。

第二阶段:识别高风险管段。在第一阶段识别可能造成管道破坏诸多原因的基础上,第二阶段工作将对沿管线的各个区段估计破坏发生的频率。该阶段工作需要较详细的管线设计资料,包括所用管材的材料性能参数、管材的名义壁厚、管道覆盖深度、对各种威胁所采取的防范与保护措施(包括对管壁腐蚀的控制方法,对管道的监测方法或各种保护措施)。对每一种破坏原因,将估计其造成破裂或穿透的相对概率。在此基础上,识别具有高破坏频率的管段。然后将这些评价结果与灾害后果分析的结果及第一阶段筛选式评价的结果相结合,确定高风险度管段。

第三阶段:详细的风险评价和确定降低风险的方法。对那些在第二阶段评价中所确定的对人员和对连续供气具有很高风险的管段将在第三阶段作较详细的分析。对那些对人员具有高风险的管段,对其风险作量化风险评价。这项工作将考虑更多的参数,如名义管线特性、距邻近场站和截断阀的位置、该管段覆盖土壤的类型、气体组成、气候条件以及沿该管段区域内更详细的人口分布密度(包括敏感性人口密集区,如学校和医院等)。分析结果将与可接受风险指标做比较,通过比较确定那些根据现有设计方案风险度超过可接受指数的管段。这些可供选择的方案可包括增加风险段的防护、降低或提高工作压力、增加覆盖层厚度、其他防护措施(如提高对管线的检测或采用机械性保护)和增加对管壁腐蚀的检测频率。对每一种方案,将按照上述风险评价程序逐个进行分析,找出最经济的降低风险方案。

　　风险评价中对灾害后果的量化分析要依据大量的实验和试验数据及实际经验,对事故发生频率的概率分析很大程度上依赖于对结构抵抗破坏能力的量化估计和对大量实例的统计分析。

　　【例 6-1】　管材研究所在引进和借鉴加拿大 PIRAMID 风险评价技术基础上,结合我国管线的特点,进行二次开发,形成了 TGRC-RISK 管道风险评价软件。软件采用以下两种方法计算管道失效概率:统计分析方法、可靠性理论;考虑以下三种失效后果:直接财产损失、人员伤亡、环境污染。TGRC-RISK 管道风险评价软件使用情况见图 6-9～图 6-12。管道风险评价软件结构图见图 6-13。

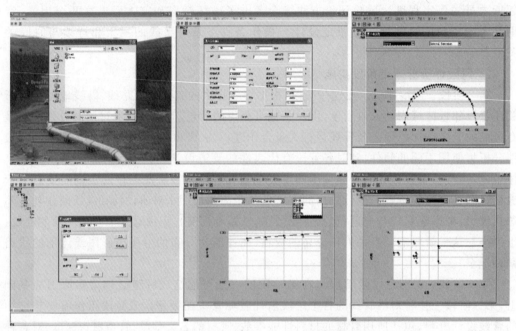

图 6-9　TGRC-RISK 管道风险评价软件界面

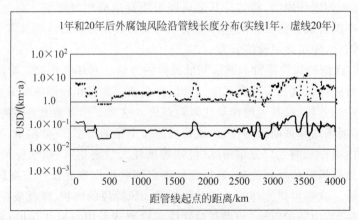

图 6-10　外腐蚀风险

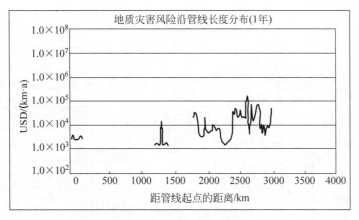

图 6-11 地质灾害风险

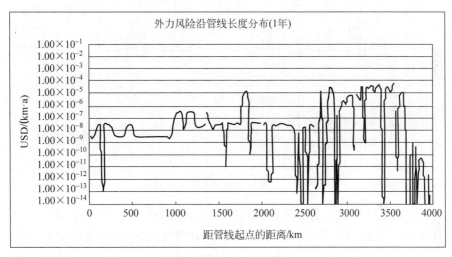

图 6-12 第三方损伤害风险

五、完整性评价

1. 完整性管理风险评价

完整性管理风险评价体系是管道完整性管理的重要内容,其风险评价体系的有效实施将最大限度地预防事故发生,及早识别危险源。完整性管理风险评价的内容包含(但不局限于)风险评价的分段、风险评价方法的建立、风险评价方法、风险分析、风险分析排序和完整性风险评价和减缓措施等。

2. 风险后果评价

后果评价不仅包括人员和财产、房屋的安全半径,还包括财产的损失、人员的伤亡损失、社会的影响、市场的影响、政治的影响等,风险后果评价包括(但不局限于):风险后果的分类标准、潜在影响区域、需考虑的影响事故后果的因素和危险性与可操作性分析。

3. 管道缺陷评价

管道缺陷评价也就是完整性评价中的适用性评价。为了保证燃气管道的安全运行,

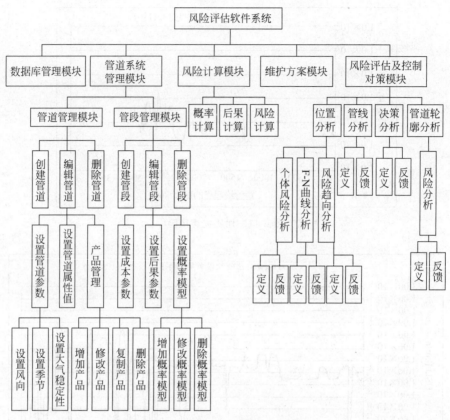

图 6-13　管道风险评价软件结构图

结合燃气管道智能检测工作逐渐开展和实施,根据检测的结果,对燃气管道定期进行一次科学的、有理论根据的安全评价是非常必要的,并在评价的基础上,及时对燃气管道做出维修决策,及时预防事故的发生,将事故消灭在萌芽之中,这对于管道的科学管理和安全运行意义重大。开发管道安全运行和寿命预测的评价软件,同时在软件中对含缺陷管道进行寿命预测,其数学模型应充分考虑腐蚀、疲劳等因素的影响,应用此软件对管道作出完整性评价,给出管道承压能力和安全系数,以及维护和修复决策,并提出对若干缺陷点进行监测,确定合理的检测周期等。

管道缺陷评价系统(适用性评价系统)开发的内容包括第三方损伤缺陷评价、焊缝异常缺陷评价、平面型缺陷评价、体积型缺陷利用 DNV RP-F101、ASMEB 31. G、RESRENEG 评价。

管线缺陷评价主要包括剩余强度评价和剩余寿命预测。管线的剩余强度评价主要是通过缺陷检测与力学计算,给出在管道的最大允许工作压力(MAOP)下检测到的缺陷是否可以接受;管线的剩余寿命预测是通过建立缺陷动力学发展规律和预测方法,估算出管道的安全服役寿命或管道检测周期。

管线的剩余强度评价作为管线安全评价工作的一个重要方面,其目的主要是确定对服役中的管线是否需要更换、能否升压运行、能否降压运行、是否运行安全等问题。其评价的主要对象类型有：管道外部的腐蚀性、机械损伤性体积型缺陷（主要是腐蚀所造成的点、槽、片状等腐蚀缺陷）、平面型缺陷（主要是指应力腐蚀缺陷、氢致宏观裂纹、焊缝裂纹缺陷、疲劳裂纹缺陷等）和弥散损伤型缺陷（主要是氢鼓泡和氢致诱发微裂纹）。由于现场检测到的缺陷主要为腐蚀，为体积型缺陷，以下仅对体积型缺陷剩余强度评价方法进行简单介绍。

对于含体积型缺陷管道，初步根据《ASME B31. G Manual for determining the remaining strength of corroded pipelines 确定含缺陷管道剩余强度手册》《DNV RP-F101 CORRODED PIPELINE ASSESSMENT 管道腐蚀评价》的要求，采用许用应力法和安全系数法进行评价，针对相互作用的复杂缺陷，给出每一段和每一个缺陷点的承压能力，据此选择相应的计算评价软件对管道剩余强度进行评价和计算。

适用性评价软件结构框图见图 6-14。

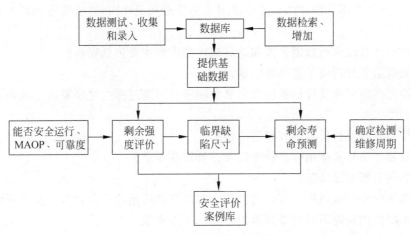

图 6-14 适用性评价软件结构框图

管道完整性管理是保障管道安全运行的重要手段，也是管道安全管理发展的方向和重点。完整性管理的关键技术包括管道数据库和 GIS 技术、风险评价技术、基于风险的管道检测技术、完整性评价技术和地震及地质灾害评价技术。国内在适用性评价和风险评价方面取得了大量研究成果，实际应用也取得了很好的经济和社会效益，但尚需进一步完善和发展。今后应加大管道数据库和 GIS 系统、管道内检测技术和地质灾害评价技术的开发和应用力度。

对管道完整性管理提出以下几点建议：

（1）按照"持续改进，追求卓越"的原则，在实践中不断完善管道完整性管理体系（见图 6-15）。

（2）在应用不断完善和改进管道风险评价技术的同时，进一步开展管道完整性评价技术研究。

（3）建立健全管道完整性管理的技术标准。

图 6-15 管道完整性管理体系文件结构

复习思考题

1. 什么是管道完整性？试解释管道完整性管理。

2. 简要说明管道完整性管理原则。

3. 什么是适用性评价？什么是效能评价？

4. 简要说明管道完整性管理方案的内容及作用。

5. 简要说明管道完整性管理工作流程及工作内容。

6. 简述数据采集方法。

7. 简要说明高后果区识别报告的内容。

8. 从管道历史失效原因总结分析管道常见危害因素有哪些类别？

9. 包括不符合国家法律法规和标准要求的管道状况在内，造成管道风险升高的因素主要有哪些？

10. 对每个管段进行数据采集和状况描述的内容主要包括哪些？

11. 失效后果分析应考虑哪些因素？

12. 确定风险可接受性标准应考虑哪些因素？可通过哪些途径来确定风险的可接受性标准？

13. 管道风险评价报告内容包括哪些？

14. 简要说明管道适用性评价方法及评价周期要求。

15. 如何分析试压风险？

16. 简要说明管道适用性评价的主要内容以及道适用性评价报告的基本内容。

17. 简要说明风险消减与维修维护方面的工作要求。

18. 简述效能评价的基本要求。

19. 简述实效管理的基本要求。

20. 简述管道企业与各方的沟通应考虑的内容。

21. 从事管道完整性管理的相关人员一般应掌握哪些相应技能？

22. 简述压力试验报告包括的内容。

23. 试为管道企业编写一份完整性管理人员培训大纲。

24. 简述高后果区识别准则。

25. 简述在管道完整性管理中风险评价的主要目标和风险评价工作应达到的要求。

26. 根据哪些条件评价内检测方法的可靠性？

27. 缺陷评价方法选择应考虑的因素包括哪些？

参 考 文 献

[1] W. Kent Muhlbauer. 管道风险管理手册[M]. 杨嘉瑜,张德彦,李钦华,等译. 2 版. 北京：中国石化出版社,2005.

[2] 杨印臣. 地下管道检测与评价[M]. 北京：石油工业出版社,2008.

[3] 吴宗之,高进东,张兴凯. 工业危险辨识与评价[M]. 北京：气象出版社,2000.

[4] 孙永庆,张峥,钟群鹏. 燃气管道风险评价的关键技术和主要进展[J]. 天然气工业,2005,25(8)：132-134.

[5] 徐晓,吴新南,张河清. 输气管道缺陷及寿命评价专家系统[J]. 华南理工大学学报(自然科学版),2000,28(5)：69-73.

[6] 钱成文,侯铜瑞,刘广文,等. 管道的完整性评价技术[J]. 油气储运,2000,19(7)：11-15.

[7] 胡士信,葛艾天,何悟忠,等. 管道覆盖层绝缘性能参数测试方法的选择[J]. 防腐保温技术,2001(3)：87-93.

[8] 建设部标准定额研究所.《城镇燃气埋地钢质管道腐蚀控制技术规程》宣贯教材[M]. 北京：中国计划出版社,2004.

[9] 曹备,等. 城市土壤腐蚀性及其对地下管网建设和防腐蚀管理的作用[C]. 97 全国城市地下管线防腐蚀工程技术交流会论文集,1997.

[10] 俞蓉蓉,等. 地下金属管道的腐蚀与防护[M]. 北京：石油工业出版社,1998.

[11] 田再强,袁秀鹏,王芷芳. 土壤对埋地钢管腐蚀的勘测与分析[J]. 煤气与热力,2004,24(4)：231-234.

[12] 全国土壤腐蚀试验网站. 材料土壤腐蚀试验方法[M]. 北京：科学出版社,1990.

[13] 米琪,李庆林,等. 管道防腐蚀手册[M]. 北京：中国建筑工业出版社,1994.

[14] 宋承存,郑少葵. 管道腐蚀检测仪 C-SCAN 简介[J]. 广东燃气,2004(1)：34-36.

[15] 曹备,张琳,杨印臣. 地下管道腐蚀控制与检测评价[M]. 北京：中国方正出版社,2007.

[16] 翁永基,李相怡. 埋地管道阴极保护电位 IR 降评价方法的研究[J]. 腐蚀科学与防护技术,2004,16(6)：360-362.

[17] 彭荣,马学峰,黄海,等. 断电法在管道阴极保护效果评价中的运用[J]. 腐蚀与防护,2005,26(10)：458-460.

[18] 胡士信,熊信勇,石薇,等. 埋地钢质管道阴极保护真实电位的测量技术[J]. 腐蚀与防护,2005,26(7)：297-301.

[19] 程善胜,张力君,杨安辉. 地铁直流杂散电流对埋地金属管道的腐蚀[J]. 煤气与热力,2003,23(7)：435-437.

[20] 王勇. 深圳地铁的杂散电流防护措施分析[J]. 铁道机车车辆,2001(5)：32-34.

[21] 汪涛,叶健,张鹏. 城市天然气管网的模糊风险评价方法[J]. 油气储运,2004,23(12)：3-7.